U0937647

国家中等职业教育改革发展示范校建设系列教材

禽病防治

胡发硕　龚筱丽　主编

科学出版社

北　京

内 容 简 介

本书主要介绍了禽的病毒性传染病（15种）、细菌性传染病（9种）、寄生虫病（9种）、营养代谢病（7种）、中毒病（2种）共42种常见禽病的诊断和防治方法，并附有400多张清晰易辨的彩色图片。本书图文并茂、条理清晰、文字精简，实用性强。书中针对重要疾病制定了临床诊断指标并模拟设计了临床案例，以便于师生的教与学，还设有职业能力测试题，可供师生教学评价。

本书既可作为中等职业学校畜牧兽医专业教材，也可作为广大养禽者、养禽场员工、乡村兽医和执业兽医诊断和防治禽病的参考用书。

图书在版编目（CIP）数据

禽病防治／胡发硕，龚筱丽主编．—北京：科学出版社，2015
（国家中等职业教育改革发展示范校建设系列教材）
ISBN 978-7-03-044207-9

Ⅰ．①禽…　Ⅱ．①胡…　②龚…　Ⅲ．①禽病－防治－中等专业学校－教材　Ⅳ．①S858.3

中国版本图书馆CIP数据核字（2015）第090526号

责任编辑：张　斌　王丽丽／责任校对：刘玉靖
责任印制：吕春珉／封面设计：一克米工作室

科学出版社 出版
北京东黄城根北街16号
邮政编码：100717
http://www.sciencep.com
北京虎彩文化传播有限公司 印刷
科学出版社发行　各地新华书店经销
*
2015年12月第　一　版　开本：787×1092　1/16
2021年1月第五次印刷　印张：10
字数：243 000

定价：60.00元

（如有印装质量问题，我社负责调换〈虎彩〉）
销售部电话 010-62134988　编辑部电话 010-62135319-2012

本书编委会

主　编　胡发硕　（广西柳州畜牧兽医学校）

　　　　　龚筱丽　（广西柳州畜牧兽医学校）

副主编　文艳玲　（广西柳州畜牧兽医学校）

　　　　　王　芳　（广西柳州畜牧兽医学校）

编　者（按姓氏笔画为序）

　　　　　任　婧　（广西柳州畜牧兽医学校）

　　　　　张丹琳　（广西柳州畜牧兽医学校）

　　　　　陈　红　（广西柳州畜牧兽医学校）

　　　　　陈　坚　（广西柳州畜牧兽医学校）

　　　　　钟兴福　（广西钦州市钦南区沙埠镇水产畜牧兽医站）

　　　　　唐名艳　（广西柳州畜牧兽医学校）

　　　　　龚凌勇　（广西金陵农牧集团有限公司）

　　　　　梁　桂　（广西柳州畜牧兽医学校）

　　　　　梁淑芳　（广西柳州种畜场）

前　言

PREFACE

本书是国家中等职业教育改革发展示范校建设系列教材之一，是编者在赴养禽场、动物疾病预防控制中心等单位深入调查研究的基础上精心组织编写的。本书图文并茂、条理清晰、文字精简，具有突出的实用性，尤其符合当前形势下中等职业院校学生的学习习惯和学习特点。读者可通过自主学习、合作学习、案例学习等多种形式，循序渐进地掌握常见禽病的诊断和防治的重要技能。

本书按“模块—项目—任务”的结构，参照动物疫病防治员的国家职业标准简明扼要地介绍了鸡、鸭、鹅、鸽等禽类常见疾病，对于重要疾病科学客观地制订了临床诊断指标，并结合生产实际模拟设计了实践案例，以便于师生的教与学。书中的职业能力测试针对性强，特别适用于学生的自我评价，同时也可作为教师全面评价学生的工具。

本书由广西柳州畜牧兽医学校胡发硕、龚筱丽担任主编，文艳玲、王芳担任副主编。参与编写的还有广西柳州畜牧兽医学校的任婧、张丹琳、陈红、陈坚、唐名艳和梁桂，广西钦州市钦南区沙埠镇水产畜牧兽医站的钟兴福、广西金陵农牧集团有限公司的龚凌勇和广西柳州种畜厂的梁淑芳。

本书共应用了455张实拍图片，涵盖了最常见的禽类疾病，需要说明的是其中包括翻拍的19张禽病专家的图片，具体为崔治中2张，杜元钊2张，范根成1张，张知良及黄建芳1张，王伟东2张，陈建红8张，郭玉蹼1张，此外还采用了2张来自网络的图片（作者不详），在此一并表示衷心感谢。其余434张图片由胡发硕提供，是其十几年来临床实践中积累的珍贵素材。

由于编者水平有限，书中难免存在疏漏和错误之处，恳请读者给予批评指正。

编　者

2015年1月

目 录

CONTENTS

绪言 ………………………………………………………………………………………… 1

模块 1　禽传染病防治

项目 1　禽病毒性传染病防治 ………………………………………………………………… 7
任务 1　新城疫的诊断与防治 ………………………………………………………………… 7
任务 2　禽流感的诊断和防治 ………………………………………………………………… 13
任务 3　鸡传染性支气管炎的诊断和防治 …………………………………………………… 26
任务 4　鸡传染性喉气管炎的诊断和防治 …………………………………………………… 30
任务 5　鸡马立克氏病的诊断和防治 ………………………………………………………… 33
任务 6　鸡传染性法氏囊病的诊断和防治 …………………………………………………… 39
任务 7　禽痘的诊断和防治 …………………………………………………………………… 46
任务 8　鸭病毒性肝炎的诊断和防治 ………………………………………………………… 50
任务 9　鸭瘟的诊断和防治 …………………………………………………………………… 54
任务 10　小鹅瘟的诊断和防治 ……………………………………………………………… 57
任务 11　鸡传染性贫血的诊断和防治 ……………………………………………………… 60
任务 12　禽病毒性关节炎的诊断和防治 …………………………………………………… 62
任务 13　禽白血病的诊断和防治 …………………………………………………………… 63
任务 14　禽脑脊髓炎的诊断和防治 ………………………………………………………… 65
任务 15　鸡产蛋下降综合征的诊断和防治 ………………………………………………… 66
项目 2　禽细菌性传染病防治 ………………………………………………………………… 69
任务 1　禽沙门氏杆菌病的诊断和防治 ……………………………………………………… 69
任务 2　禽巴氏杆菌病的诊断和防治 ………………………………………………………… 77
任务 3　禽大肠杆菌病的诊断和防治 ………………………………………………………… 83
任务 4　鸭传染性浆膜炎的诊断和防治 ……………………………………………………… 88
任务 5　鸡毒支原体病的诊断和防治 ………………………………………………………… 94
任务 6　鸡传染性鼻炎的诊断和防治 ………………………………………………………… 99
任务 7　禽葡萄球菌病的诊断和防治 ………………………………………………………… 103
任务 8　鸡弯曲杆菌性肝炎的诊断和防治 …………………………………………………… 106
任务 9　禽曲霉菌病的诊断和防治 …………………………………………………………… 109

模块 2　禽寄生虫病防治

项目 3　禽原虫病防治 …… 115
　任务 1　鸡球虫病的诊断和防治 …… 115
　任务 2　鸡住白细胞虫病的诊断和防治 …… 119
　任务 3　鸡组织滴虫病的诊断和防治 …… 122
项目 4　禽蠕虫病及蜘蛛昆虫病防治 …… 127
　任务 1　鸡蛔虫病的诊断和防治 …… 127
　任务 2　鸡异刺线虫病的诊断和防治 …… 129
　任务 3　鸡绦虫病的诊断和防治 …… 130
　任务 4　禽蜘蛛昆虫病的诊断和防治 …… 132

模块 3　禽非传染性疾病防治

项目 5　禽营养代谢病防治 …… 137
　任务　常见禽营养代谢病的诊断和防治 …… 137
项目 6　禽中毒病防治 …… 146
　任务　常见禽中毒病的诊断和防治 …… 146

附录 …… 149
主要参考文献 …… 150

绪　言

一、禽病的病因及分类

（一）禽病的病因

1. 外因

1）生物性致病因素：该致病因素是禽病病因中最重要的一类。主要包括各种病原微生物和寄生虫，分别引起传染病和寄生虫病，本书将在模块 1 和模块 2 重点介绍。

2）化学性致病因素：主要包括强酸、强碱、重金属盐类、农药、某些药物等。

3）物理性致病因素：主要包括高温、低温、电流、光线、电离辐射、气压等。

4）机械性致病因素：主要包括打、压、刺、砍、咬、摔和擦等机械力。

5）饲养管理因素：主要包括营养物质的摄取不足或营养过剩、饲养密度过大、光照不足和通风不良以及惊吓、长途运输等因素。

2. 内因

1）品种差异：不同品种的禽类，对各种致病因素的抵抗力也不尽相同。

2）年龄差异：不同年龄的家禽对外界致病因素刺激的反应也不尽相同，一般而言，幼禽和老龄禽的抵抗力低。

3）性别差异：不同性别的家禽，其组织器官的结构也不同，内分泌的特点也不一致，因此对病原刺激的反应性也不同。

4）营养差异：营养状态与机体抵抗疾病的能力密切相关，营养不良的家禽对疾病的易感性明显增高。

5）免疫状态差异：经过免疫的禽类比未免疫禽类能更好地抵抗病原体的入侵。

（二）禽病的分类

禽病常按其传染性及病原的种类划分。主要分为以下三大类。

1. 传染病

1）病毒性传染病：如新城疫、禽流感、鸡传染性支气管炎、鸡传染性喉气管炎、鸡马立克氏病、鸡传染性法氏囊病、禽痘、鸭病毒性肝炎、鸭瘟、小鹅瘟、鸡传染性贫血、禽病毒性关节炎、禽白血病、禽脑脊髓炎和鸡产蛋下降综合征等。

2）细菌性传染病：如禽沙门氏菌病、禽巴氏杆菌病、禽大肠杆菌病、鸭传染性浆膜炎、鸡毒支原体病、鸡传染性鼻炎、禽葡萄球菌病、鸡弯曲杆菌病和禽曲霉菌病等。

3）真菌性传染病：如禽曲霉菌病，因其发病特点与细菌性传染病相似，因此本书将其归入细菌性传染病进行介绍。

2. 寄生虫病

1）原虫病：如球虫病、住白细胞虫病、组织滴虫病等。

2）蠕虫病：如蛔虫病、异刺线虫病、鸡绦虫病等。

3）蜘蛛昆虫病：如禽羽虱、鸡皮刺螨和突变膝螨等。

3. 非传染性疾病

1）营养代谢病：如维生素 A 缺乏症、维生素 B_1 缺乏症、维生素 B_2 缺乏症、钙磷缺乏症、维生素 E-硒缺乏症、痛风和啄癖等。

2）中毒病：如磺胺类药物中毒及黄曲霉毒素中毒。

3）其他非传染性疾病。

二、禽类的法定传染病

（一）OIE 禽病名录

世界动物卫生组织（Office International Des Epizooties，OIE）是一个政府间组织，它是由 28 个国家于 1924 年签署的一项国际协议产生的，截至 2014 年 6 月，其成员国及地区已达到 180 个。OIE 的主要职能是通报各成员国及地区的动物疫情，协调动物疫病防控活动，制定动物及动物产品国际贸易中的动物卫生标准和规则，其标准和规则已被世界贸易组织采用。同时，OIE 还帮助完善成员国及地区的兽医工作制度，提升其兽医工作能力；促进动物福利，提供食品安全技术支撑。

2007 年版《陆生动物卫生法典》取消了 A 类和 B 类的疫病分类，修订为 OIE 疫病名录，禽病名录包括禽衣原体病、禽传染性支气管炎、禽传染性喉气管炎、鸡支原体感染（鸡毒支原体感染）、鸡支原体感染（滑液囊支原体感染）、鸭病毒性肝炎、禽霍乱、禽伤寒、鸡白痢、禽高致病性禽流感、传染性法氏囊病（甘保罗病）、马立克氏病、新城疫和火鸡鼻气管炎共 14 种。

（二）我国禽病名录

我国农业部 2008 年 12 月 11 日公布的禽病名录如下。

1. 一类疫病

包括高致病性禽流感、新城疫 2 种。

2. 二类疫病

包括鸡传染性支气管炎、鸡传染性喉气管炎、传染性法氏囊病、鸡马立氏病、产蛋下降综合征、禽白血病、禽痘、鸭瘟、鸭病毒性肝炎、鸭传染性浆膜炎、小鹅瘟、禽霍乱、鸡白痢、禽伤寒、鸡毒支原体感染、鸡球虫病、低致病性禽流感和禽网状内皮组织增殖症共 18 种。

3. 三类疫病

包括禽病毒性关节炎、禽脑脊髓炎、鸡传染性鼻炎和禽结核病共 4 种。

三、禽病的预防和控制

（一）生物安全措施

生物安全一般是指由现代生物技术开发和应用所能造成的对生态环境和人体健康产生的潜在威胁，及对其所采取的一系列有效预防和控制措施。养禽场生物安全具体是指将可传播的传染病、寄生虫病和害虫排除在养禽场外的安全性措施，主要包括：

1）搞好卫生消毒及隔离措施。

2）加强饲养管理，保证禽只健康成长。

3）提高禽只机体抵抗力，注意保护禽体免疫器官。

4）科学合理做好免疫接种，使禽体具有良好的免疫力。

（二）免疫接种

1）制定科学合理的免疫程序。

2）选用优质合适的生物制品，规范其保存和运输。

3）采用适宜的免疫途径。

4）避免引起免疫失败的因素。

（三）药物预防

1）选用适宜的给药方法。

2）合理使用药物。

3）避免滥用药物。

（四）消毒

1. 消毒设施

养禽场一般应配备车辆冲洗场、车轮消毒池、冲洗消毒设备、水浴消毒室、喷雾消毒间、脚踏消毒池、洗手消毒盆、消毒喷壶等设施。

2. 常用消毒剂

带禽消毒应选择无残留、无异味、刺激性小和杀菌力强的消毒剂。对环境和设备消毒也应该选对设备无破坏性、无残留毒性、对肉蛋产品无残留的消毒剂。常用的消毒剂有氢氧化钠、过氧乙酸、漂白粉、次氯酸钠、二氯异氰尿酸钠、聚维酮碘、络合碘、复合碘、戊二醛、复合酚等。常用的商品化消毒剂品牌有农福（杜邦）、卫可（杜邦）、卫康（大北农）、百胜（硕腾）、惠福星（惠华）等。

3. 环境消毒

禽舍周围环境每 2～3 周用 4%氢氧化钠溶液消毒 1 次。禽场周围及场内污水、排粪坑、下水道出口，每个月用漂白粉消毒 1 次。禽场大门的消毒池可用 4%氢氧化钠或复合酚溶液消毒。

4. 人员消毒

禽场工作人员及外来人员进入生产区需进行喷雾消毒、洗手消毒、洗澡、更衣等消毒措施。

5. 禽舍消毒

1）机械性消毒：禽舍清栏后，首先需经铲粪、清扫、冲洗等机械性消毒。
2）化学性消毒：一般需经 2～3 次消毒剂喷洒消毒。必要时可做熏蒸消毒。

6. 设备及用具消毒

料槽、饮水器、蛋托、禽舍用具及车辆要定期或不定期清洗消毒。消毒方法可用浸泡法、喷洒法、熏蒸法等。

7. 带禽消毒

带禽消毒是指在禽类饲养期内，定期用消毒药液对禽舍、笼具及禽体进行喷雾消毒。发生疫情时更应及时进行带禽消毒。带禽消毒应选择无残留、无异味、刺激性小和杀菌力强的消毒剂，消毒时不宜将禽体喷得过于潮湿。

（五）杀虫、灭鼠

1. 杀虫

禽场应定期或不定期对禽场及禽场周围进行杀虫，尤其是在蚊虫活动频繁的夏秋季节。杀虫可用灭蚊灯等物理方法，也可用敌敌畏、氯氰菊酯等喷雾杀虫。敌敌畏等有机磷杀虫剂不可用于带禽杀虫。

2. 灭鼠

灭鼠可用电鼠器、鼠夹、粘鼠板等物理方法，也可投用磷化锌、灭鼠灵、敌鼠钠盐等化学灭鼠药。

四、我国禽病发生特点

1）以传染病的危害最大，尤其是病毒性传染病。
2）新病或有待研究的新病不断出现。
3）免疫抑制病危害严重。
4）多重感染频发和多因素疾病增多。
5）非典型、超强毒株及变异毒株的出现。
6）细菌耐药性严重。

模块 1

禽传染病防治

项目 1　禽病毒性传染病防治

项目 2　禽细菌性传染病防治

项目 1 禽病毒性传染病防治

任务 1　新城疫的诊断与防治

一、必备知识

新城疫，俗称鸡瘟，也称亚洲鸡瘟、伪鸡瘟，是由病毒引起的鸡、鸽和火鸡急性、高度接触性传染病，在非免疫鸡常呈败血经过。世界动物卫生组织（OIE）将新城疫纳入OIE疫病名录，我国将其列为一类动物疫病。

（一）病原

1）病原为新城疫病毒，属副黏病毒科，副黏病毒属。不同的毒株对鸡的致病性有明显的差异。

2）该病毒抵抗力不强，易被高温、干燥、日光和各种消毒剂杀灭。

3）常用消毒剂有次氯酸钠、复合碘、戊二醛、过氧乙酸、烧碱，常见消毒剂品牌有卫可、卫康、百胜、农福等。

（二）流行特点

1）鸡、火鸡、野鸡、鸽、鹌鹑、鸭、鹅等有易感染性，以鸡最为易感。

2）主要经呼吸道、消化道、可视黏膜、损伤皮肤等途径传播。

3）本病无季节性，各种年龄和品种鸡均易感，发病率和死亡率达 90%，非典型新城疫以 30～40 日龄免疫鸡群发病较多。

（三）主要症状

1）病禽精神不振，高度沉郁，呼吸困难，常发出“咯咯”声。

2）病禽嗉囊积液高度膨胀，常从口腔流出酸臭黏液。

3）病禽中后期出现扭颈、转圈、祈祷、后退和“观星状”的神经症状（图1-1-1～图1-1-4）。

图 1-1-1　病鸡出现扭颈、转圈的神经症状

图 1-1-2　病鸡出现祈祷、后退的神经症状

图 1-1-3 病山鸡出现“观星状”神经症状

图 1-1-4 病鸽出现“观星状”神经症状

4）病禽排绿色稀粪（图1-1-5和图1-1-6）。

图 1-1-5 病鸡排绿色稀粪

图 1-1-6 病鸽绿色稀粪沾污肛门周围羽毛

5）发病产蛋禽产软壳蛋，蛋壳变白。

（四）主要病变

1）病死禽喉头和气管黏膜充血、出血（图1-1-7）。

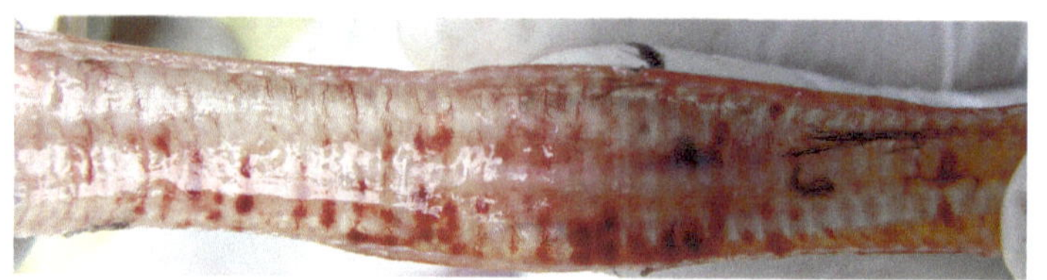
图 1-1-7 病死鸡气管黏膜充血、出血

2）病死禽腺胃乳头、腺胃黏膜出血（图1-1-8～图1-1-11）。

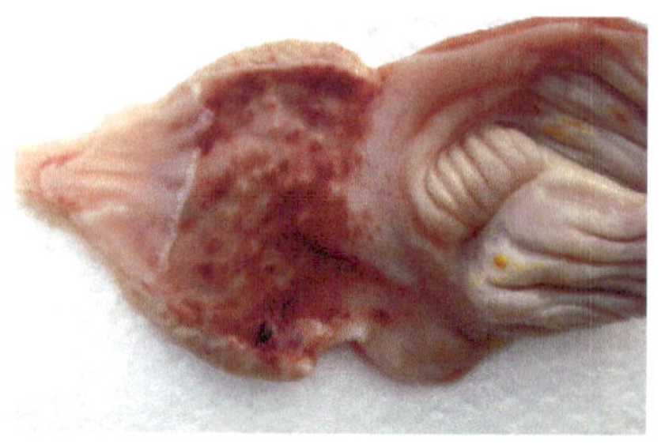
图 1-1-8 病死鸡腺胃黏膜出血

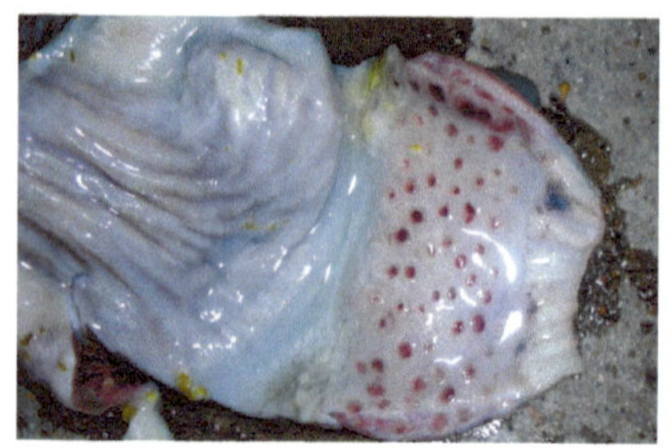
图 1-1-9 病死鸡腺胃乳头出血

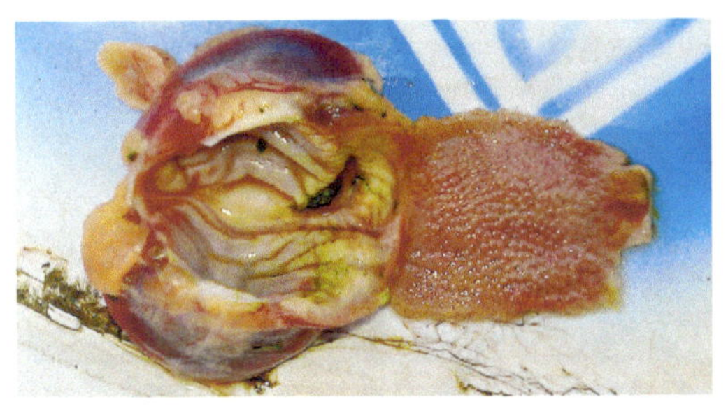

图 1-1-10　病死鸽腺胃乳头出血

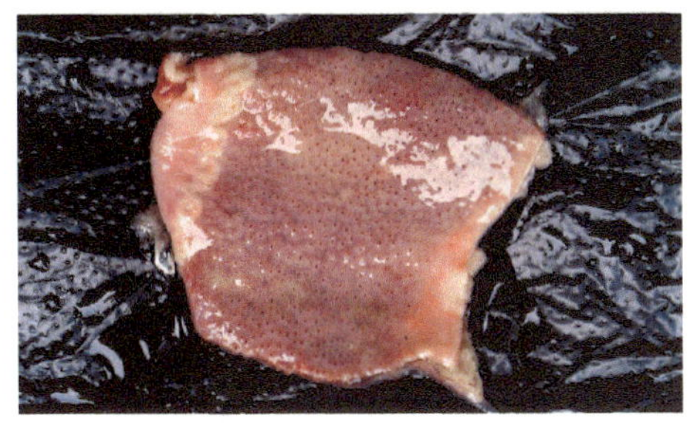

图 1-1-11　病死鸭腺胃乳头出血

3）病死禽腹部和皮下脂肪出现出血斑点（图1-1-12～图1-1-15）。

4）病死禽小肠枣核形或岛屿状出血、肿胀、坏死、溃疡（图1-1-16～图1-1-21）。

5）病死鸡盲肠扁桃体肿胀、出血、溃疡（图1-1-22）。

6）病死鸡泄殖腔黏膜充血、出血（图1-1-23）。

7）病死产蛋鸡出现卵泡变形、血肿和破裂（图1-1-24）。

8）病死鸡子宫中有未产出的软壳蛋（图1-1-25）。

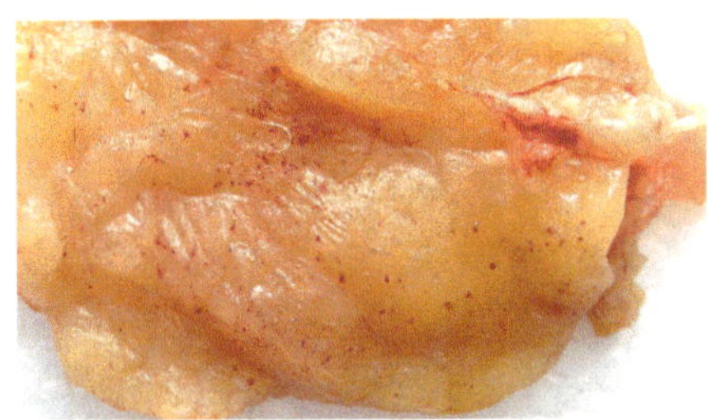

图 1-1-12　病死鸡腹部脂肪出血（1）

图 1-1-13　病死鸡腹部脂肪出血（2）

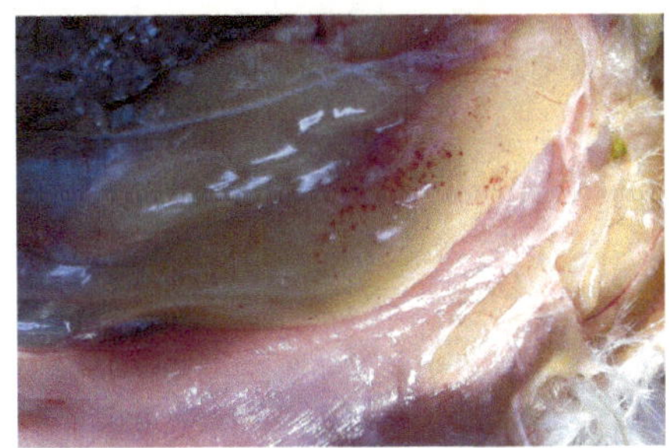

图 1-1-14　病鸡皮下脂肪出血

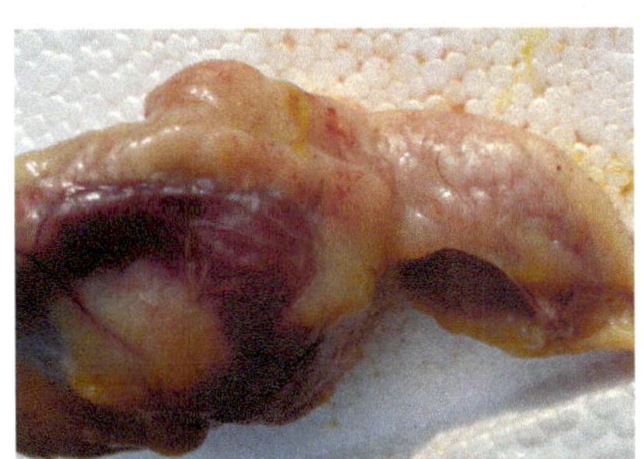

图 1-1-15　病死鸡腺胃、肌胃脂肪出血

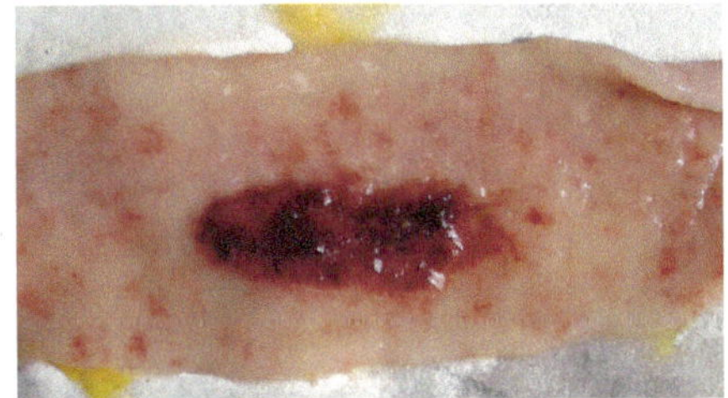

图 1-1-16　病死鸡小肠黏膜枣核状溃疡出血（1）

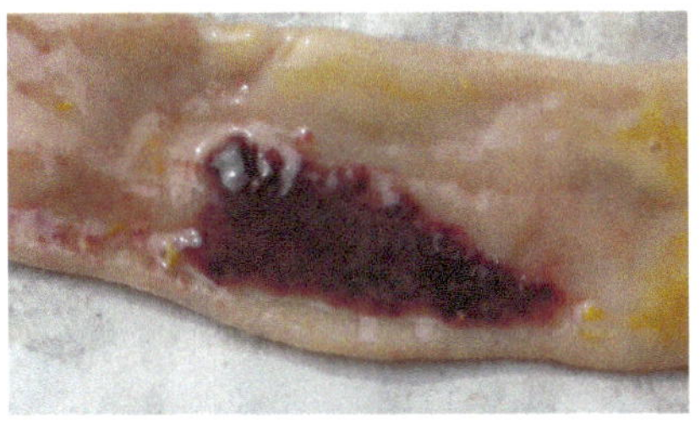

图 1-1-17　病死鸡小肠黏膜枣核状溃疡出血（2）

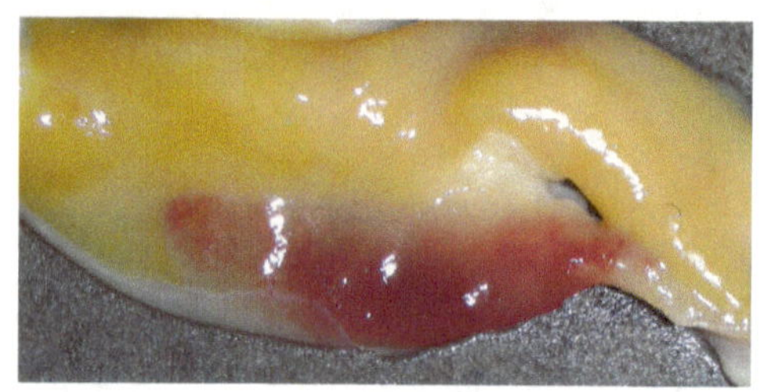

图 1-1-18 病死鸡小肠黏膜枣核状出血

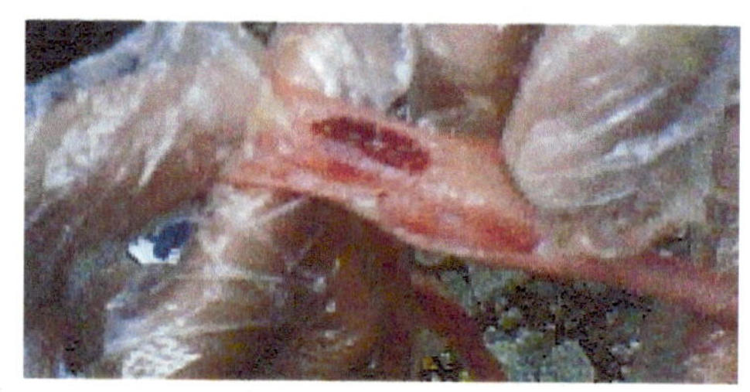

图 1-1-19 病死鹅小肠黏膜枣核状出血

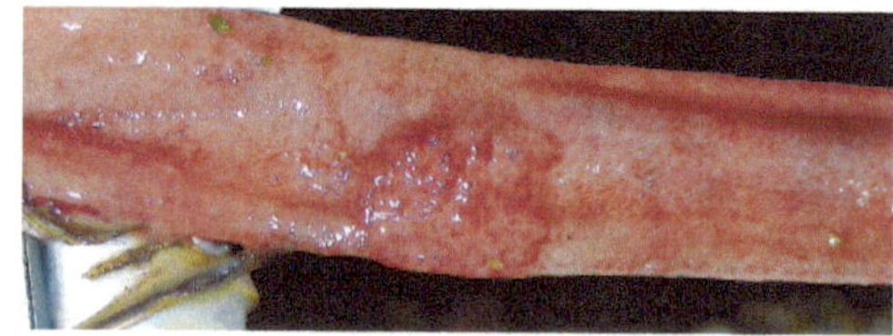

图 1-1-20 病死鹅小肠黏膜岛屿状肿胀、出血（1）

图 1-1-21 病死鹅小肠黏膜岛屿状肿胀、出血（2）

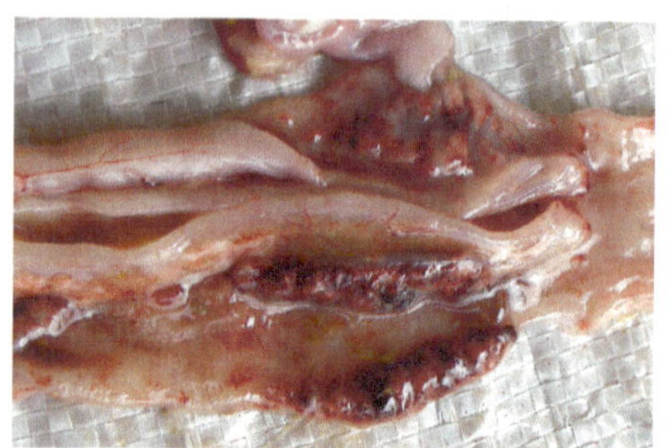

图 1-1-22 病死鸡盲肠扁桃体肿胀出血

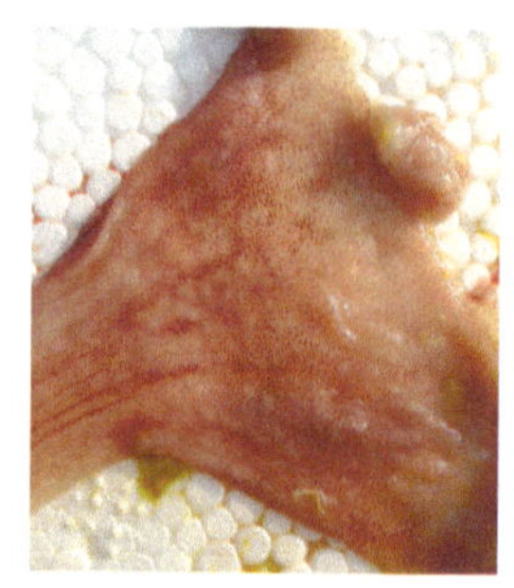

图 1-1-23 病死鸡泄殖腔黏膜充血、出血

图 1-1-24 病死鸡卵泡充血、出血

图 1-1-25 病死鸡子宫中未产出的软壳蛋

（五）诊断

1. 临床诊断指标

1）病禽排绿色稀粪。

2）病禽出现扭颈、转圈、祈祷、后退或呈“观星状”等神经症状。

3）病死禽小肠黏膜枣核状出血。

4）病死禽腺胃乳头、腺胃黏膜出血。

5）病死禽脂肪出血。

6）病死禽盲肠扁桃体肿胀、出血。

2. 确诊

血凝抑制试验、PCR、ELISA。

注意与禽霍乱、传染性支气管炎、传染性喉气管炎、禽流感等进行鉴别诊断。

（六）防治

1. 预防措施

1）加强饲养管理，做好生物安全措施。

2）合理做好免疫接种。

新城疫疫苗有新城疫Ⅰ系苗（M 株）、Ⅱ系苗（B1 株）、Ⅲ系苗（F 株）、Ⅳ系苗（Lasota 株）、克隆Ⅰ系苗、克隆-30 和新支二联苗等活疫苗及油佐剂灭活苗。临床中最常用的是新支二联苗（Lasota 株＋H120 株）、Ⅳ系苗（Lasota 株）、Ⅰ系苗（M 株）、克隆Ⅰ系苗和克隆-30 等。新城疫油剂苗产生抗体速度慢，但效价高、均匀度好，生产中常用于种鸡场和污染鸡场。

免疫参考程序如下：

肉鸡：4～7 日龄用新城疫Ⅳ系（Lasota 株）或新支二联苗点眼、滴鼻或饮水首免；18～22 日龄用新城疫Ⅳ系（Lasota 株）或新支二联苗饮水二免；2 月龄用Ⅰ系苗或克隆Ⅰ系苗肌注三免。

种鸡和蛋鸡有以下 2 种方案。

方案一：4～7 日龄用新城疫Ⅳ系（Lasota 株）或新支二联苗点眼、滴鼻或饮水首免，18～22 日龄用新城疫Ⅳ系（Lasota 株）或新支二联苗点眼、滴鼻或饮水二免，2 月龄新城疫Ⅰ系苗肌注三免，产蛋前 2 周新城疫Ⅰ系苗肌注四免。以后每隔 4 个月用新城疫克隆Ⅰ系苗加强免疫 1 次。

方案二：4～7 日龄用新城疫Ⅳ系（Lasota 株）或新支二联苗点眼、滴鼻或饮水首免，同时用新城疫油佐剂苗皮下注射。18～22 日龄用新城疫Ⅳ系（Lasota 株）或新支二联苗饮水二免；60 日龄用新城疫油佐剂苗皮下注射，产蛋前 2 周再注射一次油佐剂苗。以后每年皮下注射新城疫油佐剂苗 2 次。

2. 治疗措施

1）扑杀发病鸡和疑似发病鸡并进行彻底消毒。

2）对假定健康鸡群可用新城疫Ⅳ系（Lasota 株）或克隆Ⅰ系苗进行紧急接种，3～6 羽份/羽。对受威胁鸡群紧急接种新城疫Ⅳ系或克隆Ⅰ系苗，2 羽份/羽。

3）饲料和饮水中添加电解多维和抗菌素可减少应激并控制继发感染。

4）对发病鸡群进行紧急带鸡消毒以减少新增病例。

5）按农业部《新城疫防治技术规范》采取综合性防治措施。

二、实践案例

1. 病例

某养殖户饲养三黄鸡2000羽，未接种任何疫苗。45日龄时鸡群突然发病，精神沉郁，部分鸡出现黄绿色下痢，呼吸发出“咯咯”音，病程稍长者出现歪头、扭颈、转圈、共济失调及“观星状”等神经症状。每天死亡45～90羽，剖检病死鸡腺胃黏膜或腺胃乳头点状出血，盲肠扁桃体肿胀出血，部分病死鸡小肠黏膜有枣核形出血和溃疡，少数病死鸡脂肪有点状出血，嗉囊内有大量酸臭液体。

2. 诊断

根据发病情况、症状表现和剖检病变，对照新城疫的临床诊断指标初步诊断为新城疫。

3. 防治方案

1）隔离、扑杀、销毁新城疫病鸡和疑似病鸡并彻底消毒。

2）对假定健康鸡紧急注射新城疫克隆Ⅰ系苗4羽份/羽。

3）紧急接种后第三天开始每天用1∶200的复合碘溶液带鸡喷雾消毒，直至病情稳定。

4）植物血凝素＋氧氟沙星＋电解多维混合饮水1周。

一、填空题

1．新城疫污染严重鸡场较好的免疫方法是________和________同时接种；非典型新城疫多发生于________。

2．新城疫也叫亚洲鸡瘟，我国俗称为________；其典型病变主要是________、________、________。常用的疫苗有________、________、________、________、________。

3．引起鸡群产蛋率明显下降，又具有不同程度呼吸道或消化道症状的病毒性传染病有________、________、________、________。

4．可杀灭新城疫病毒和流感病毒的消毒药有________、________、________。

二、单项选择题

1．典型新城疫的特征性病变为（　　）。

A．腺胃乳头出血　　B．肝脏坏死

C．脚磷出血　　D．法氏囊出血

2．新城疫的病原属（　　）。

A．副黏病毒　　B．腺病毒

C．正黏病毒　　D．疱疹病毒

3．属于新城疫疫苗弱毒株的是（　　）。

A．LaSota株　　B．H120　　C．H52　　D．B87

4．属于一类动物疫病的是（　　）。

A．鸡传染性法氏囊病　　B．新城疫

C．鸡传染性贫血　　D．鸡传染性支气管炎

5．新城疫免疫监测常用的方法是（　　）。

A．环状沉淀试验　　B．琼扩试验

C．血凝抑制试验　　D．平板凝集试验

三、判断题

（　　）1．鸡新城疫Ⅰ系苗可用于20日龄以下的鸡。

（　　）2．鸭、鹅不会发生新城疫。

（　　）3．“观星状”姿势是新城疫的典型症状。

（　　）4．非典型新城疫多见于非免疫鸡群。

（　　）5．鸡新城疫主要防疫方法是种蛋严格消毒、发现病鸡及时治疗。

（　　）6．鸡新城疫的防治方法是制定合理的免疫程序，选用优良的疫苗进行有计划接种。

（　　）7．新城疫活疫苗滴鼻点眼、肌注和气雾免疫时均可用生理盐水稀释。

（　　）8．鸡新城疫的防治方法是制定合理免疫程序，选用优良的疫苗进行有计划接种。

（　　）9．鸡新城疫目前无特效治疗药物。

（　　）10．鸭、鹅、鸽也可发生副黏病毒Ⅰ型感染。

（　　）11．新城疫可出现明显的神经症状，但不会出现“观星状”姿势。

（　　）12．新城疫疫苗只要免疫1次即可获得长久的保护。

四、案例分析题

某专业户饲养雏鸡7000羽，现30日龄。鸡群突然发病，精神沉郁，部分鸡出现下痢。已死亡近500羽，剖检病死鸡腺胃黏膜或腺胃乳头有出血，盲肠扁桃体肿胀出血，部分病死鸡小肠有枣核形溃疡。请你诊断可能为何病？应采取什么防治措施？

任务2　禽流感的诊断和防治

一、必备知识

禽流感是由A型流感病毒引起的禽类的一种烈性传染病，世界动物卫生组织（OIE）将高致病性禽流感纳入OIE疫病名录，我国将其列为一类动物疫病。我国还将低致病性禽流感列为二类动物疫病。

（一）病原

1）病原为A型流感病毒，B型和C型自然条件下仅感染人。

2）A型流感病毒有许多亚型，各亚型之间无交叉免疫力。高致病性禽流感病毒亚

型有 H5N1、H5N2、H7N3、H7N4、H7N7 等，低致病性禽流感病毒亚型有 H9N2 等。

3）流感病毒对碘液特别敏感。次氯酸钠、戊二醛、过氧乙酸、烧碱、卫可、卫康、百胜、农福等也可迅速将流感病毒杀灭。

（二）流行特点

1）各种家禽、鸟、猪等均可感染禽流感病毒，其中鸡和火鸡最易感，人也可感染高致病性禽流感。

2）禽流感病毒主要经呼吸道、消化道、损伤皮肤、眼结膜等途径传播，候鸟迁徙也对禽流感病毒的传播起到了重要的作用。

3）禽流感以冬春季多见，常与新城疫或其他禽呼吸道病混合感染。高致病性禽流感死亡率最高可达 100%，低致病性禽流感死亡率多在 30%以下。

（三）主要症状

1. 高致病性禽流感

1）病禽精神高度沉郁、昏睡、迅速死亡（图 1-2-1～图 1-2-4）。

图 1-2-1　病鹅精神高度沉郁、死亡率高

图 1-2-2　急性发病死亡的病死鹅

图 1-2-3　急性发病死亡的大量病死鸭

图 1-2-4　病火鸡精神沉郁、死亡迅速

2）病禽眼睑肿胀、潮红、流泪，角膜混浊（图 1-2-5 和图 1-2-6）。

3）病禽出现歪头、扭颈等神经症状，以水禽最明显（图 1-2-7～图 1-2-11）。

4）病禽排绿色稀粪（图 1-2-12）。

5）病禽头部肿胀，鸡冠发绀、出血、坏死（图 1-2-13 和图 1-2-14）。

6）病鸡肉垂肿胀、出血、坏死（图 1-2-15 和图 1-2-16）。

7）病鸡脚鳞出血（图 1-2-17～图 1-2-22）。

8）病鸡胸腹部皮肤出血（图 1-2-23）。

图 1-2-5　病鸭流泪

图 1-2-6　病鸭头部肿大，角膜混浊、发蓝

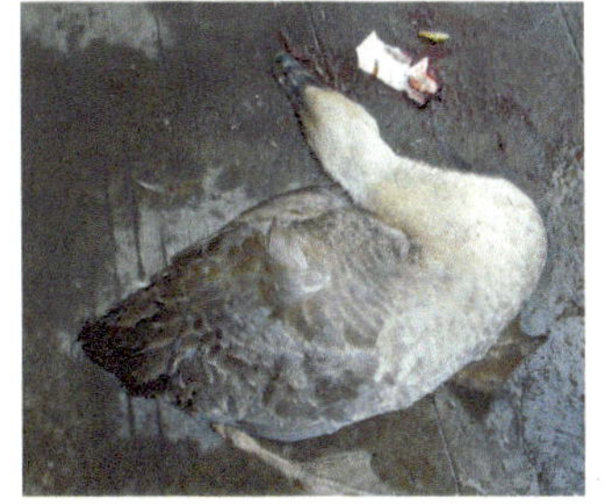

图 1-2-7　病鹅出现歪头、扭颈等神经症状

图 1-2-8　病鸭出现歪头、扭颈等神经症状（1）

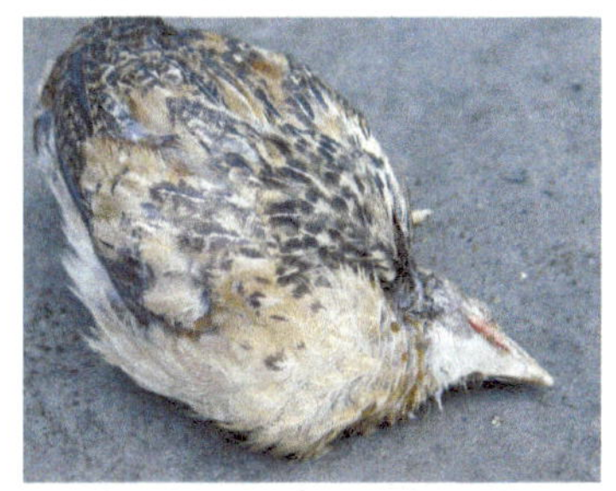

图 1-2-9　病鸭出现歪头、扭颈等神经症状（2）

图 1-2-10　病鸭出现角弓反张等神经症状

图 1-2-11　病鸭出现“观星状”等神经症状

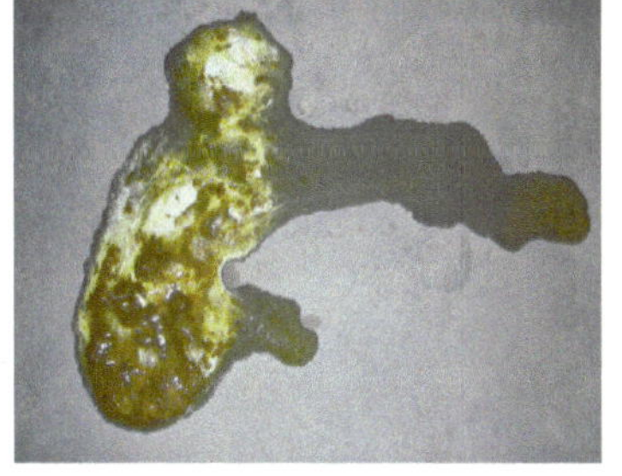

图 1-2-12　病鸡排黄绿色稀粪

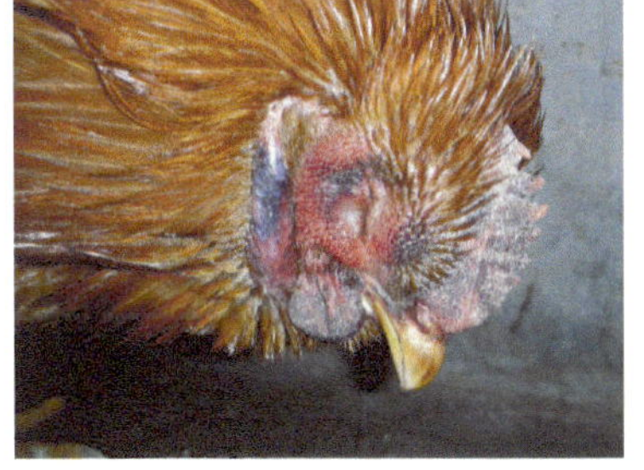

图 1-2-13　病鸡头部肿大、发绀（1）

图 1-2-14　病鸡头部肿大、发绀（2）

图 1-2-15 病鸡肉垂下颌肿大、发绀（1）

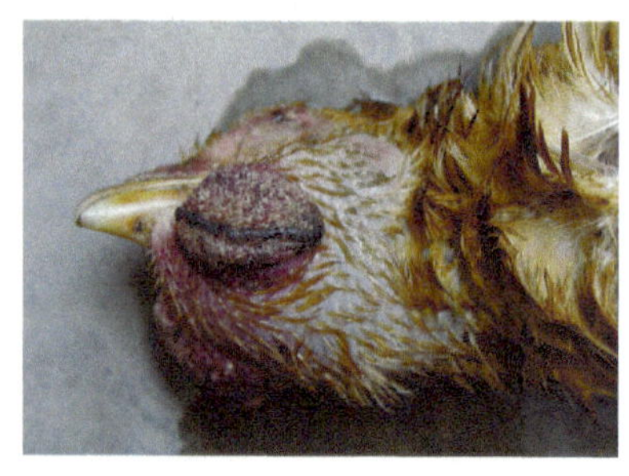

图 1-2-16 病鸡肉垂下颌肿大、发绀（2）

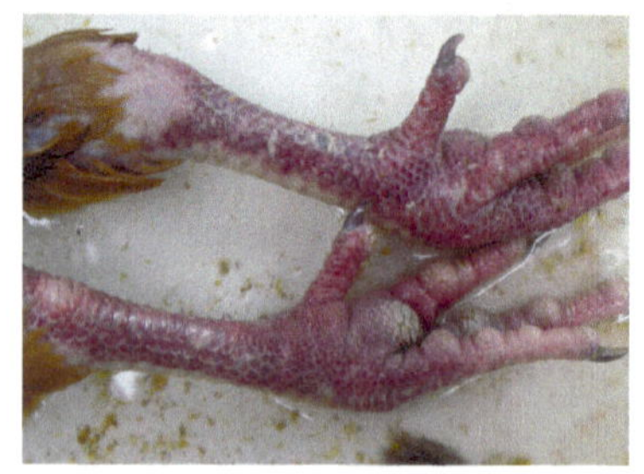

图 1-2-17 病鸡脚鳞出血（1）

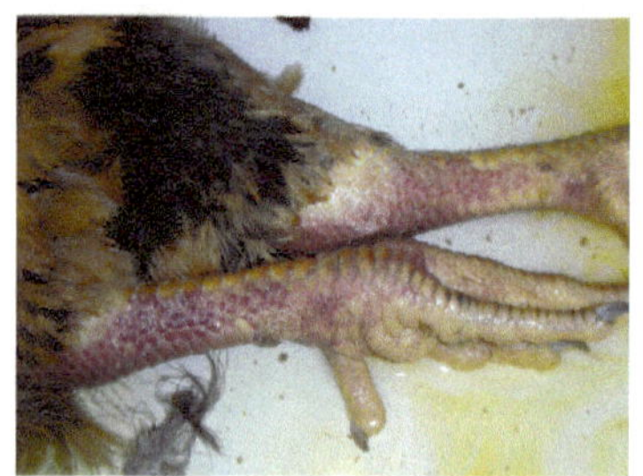

图 1-2-18 病鸡脚鳞出血（2）

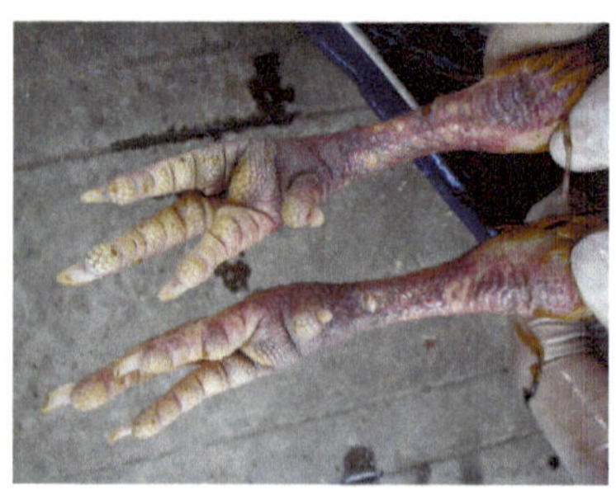

图 1-2-19 病鸡脚鳞出血（3）

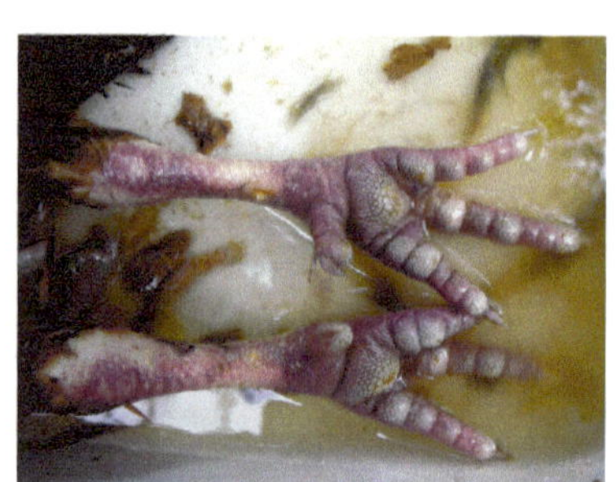

图 1-2-20 病鸡脚鳞出血（4）

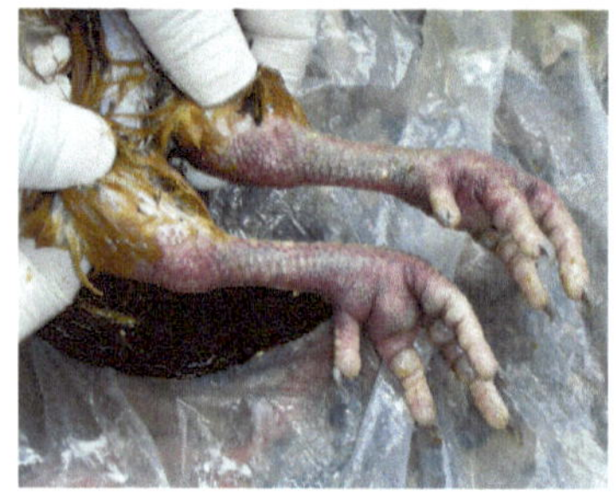

图 1-2-21 病鸡脚鳞出血（5）

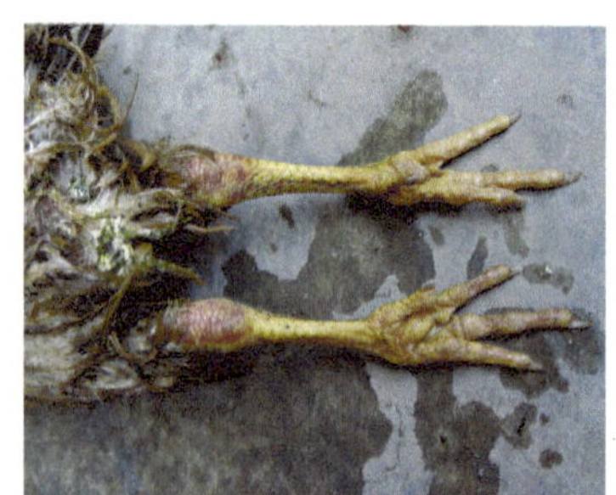

图 1-2-22 病鸡脚鳞出血，肛门羽毛被绿色稀粪沾污，皮肤脱水

2. 低致病性禽流感

病禽主要为呼吸道症状，初期症状较轻，后期出现啰音和怪叫声，有时咳出血痰。部分病程较长的病鸡出现明显的张口伸颈呼吸（图 1-2-24）。

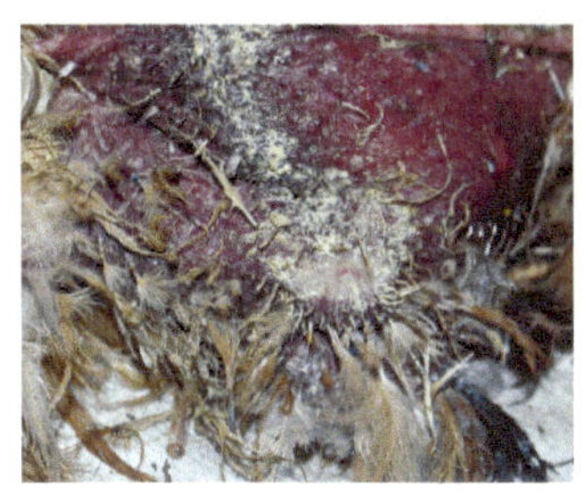
图 1-2-23　病鸡腹部皮肤出血

图 1-2-24　病鸡张口伸颈呼吸

（四）主要病变

1. 高致病性禽流感

1）病死禽喉头、气管黏膜充血、出血，有黏性分泌物（图 1-2-25）。

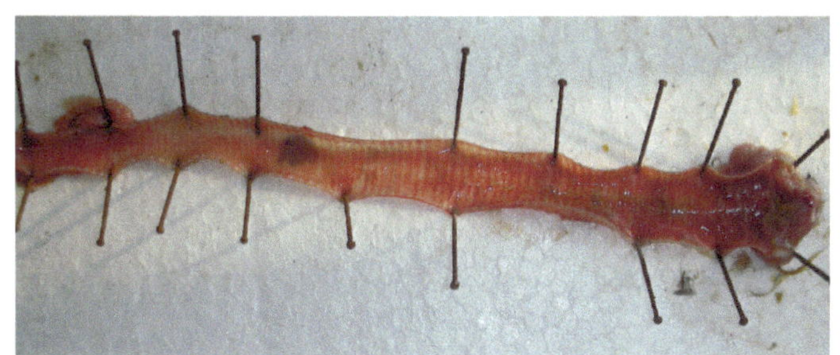
图 1-2-25　病死鸡喉头、气管黏膜充血、出血（上段比下段出血严重）

2）病死禽头部、冠、肉垂、胸腹部和腿部等部位的皮下胶冻样水肿、出血（图 1-2-26～图 1-2-33）。

3）病死禽腺胃、肌胃黏膜和浆膜出血、坏死（图 1-2-34～图 1-2-43）。

4）病死禽胰腺出血、坏死（图 1-2-44～图 1-2-47）。

5）病死禽脂肪出血（图 1-2-48～图 1-2-52）。

6）病死禽心内外膜出血，水禽还可见心肌坏死（图 1-2-53 和图 1-2-54）。

7）病死禽肌肉出血（图 1-2-55 和图 1-2-56）。

8）病死禽纤维素性气囊炎（图 1-2-57 和图 1-2-58）。

9）病死禽脾脏坏死（图 1-2-59）。

10）病死禽卵泡充血、出血（图 1-2-60）。

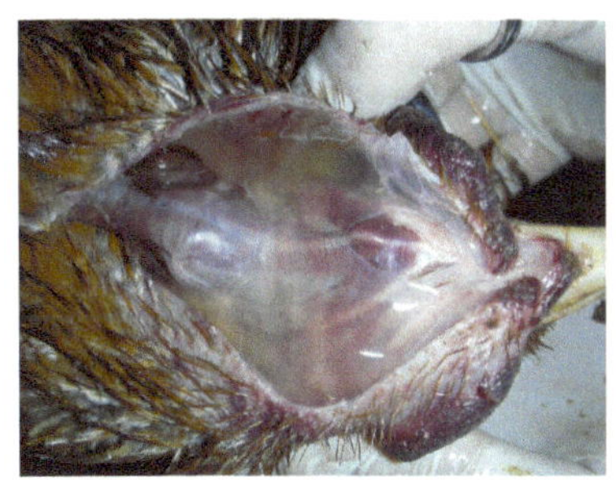
图 1-2-26　病死鸡颈部、颌下皮下胶冻样水肿（1）

图 1-2-27　病死鸡颈部、颌下皮下胶冻样水肿（2）

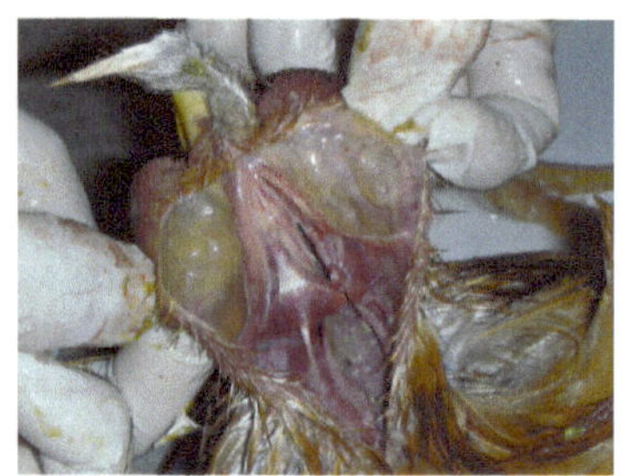
图 1-2-28 病死鸡肉垂皮下胶胨样水肿（1）

图 1-2-29 病死鸡肉垂皮下胶胨样水肿（2）

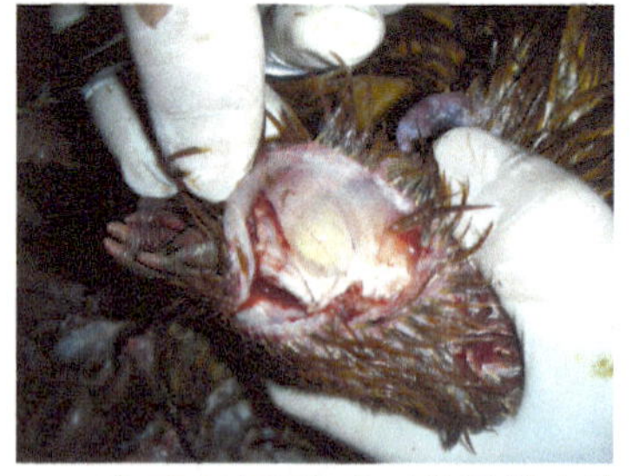
图 1-2-30 病死鸡头颈部皮下胶胨样水肿（1）

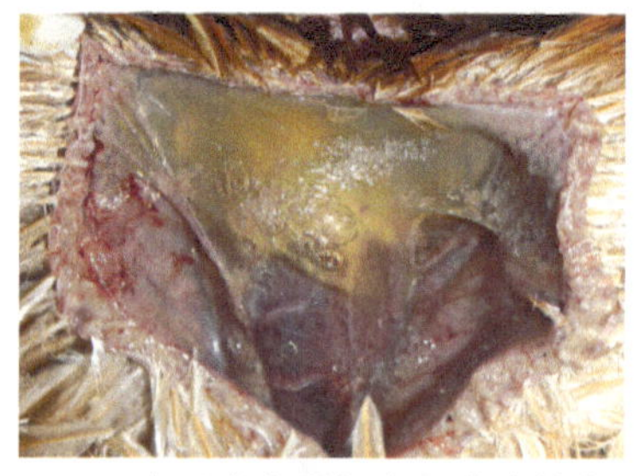
图 1-2-31 病死鸡头颈部皮下胶胨样水肿（2）

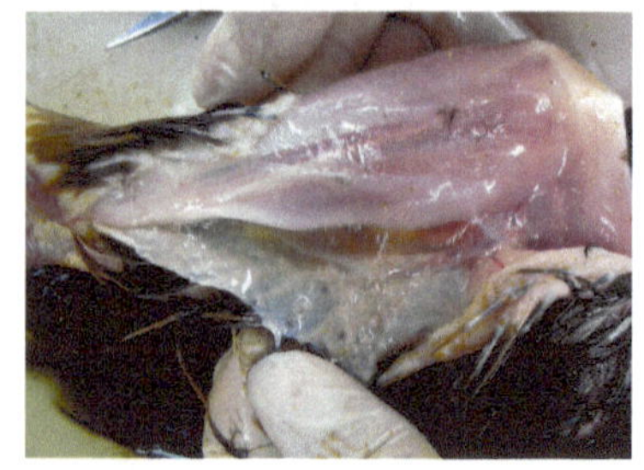
图 1-2-32 病死鸡小腿部皮下胶胨样水肿（1）

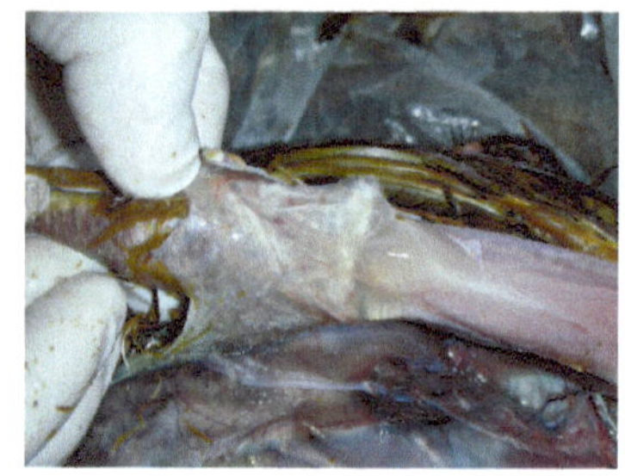
图 1-2-33 病死鸡小腿部皮下胶胨样水肿（2）

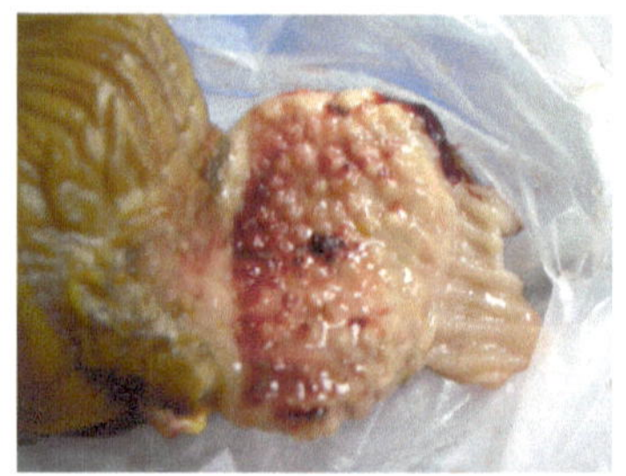
图 1-2-34 病死鸡腺胃黏膜出血

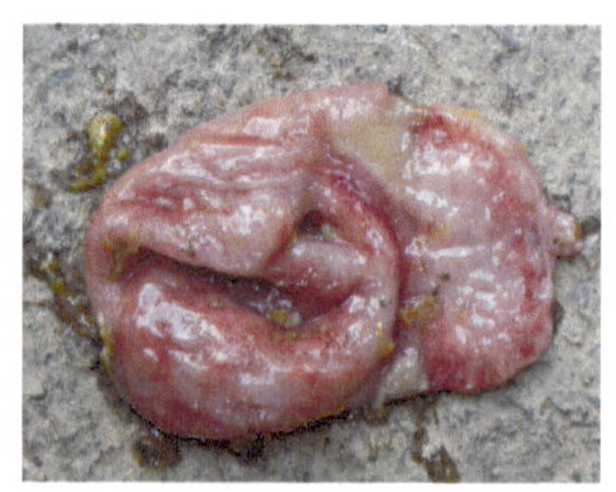
图 1-2-35 病死鸡腺胃、肌胃黏膜出血（1）

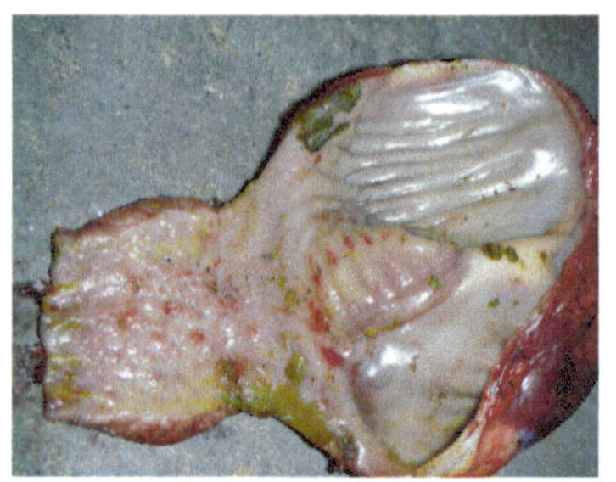
图 1-2-36 病死鸡腺胃、肌胃黏膜出血（2）

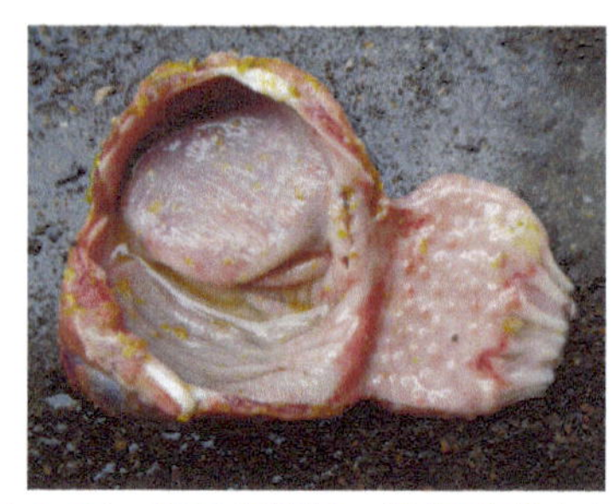
图 1-2-37 病死鸡腺胃、肌胃黏膜出血（3）

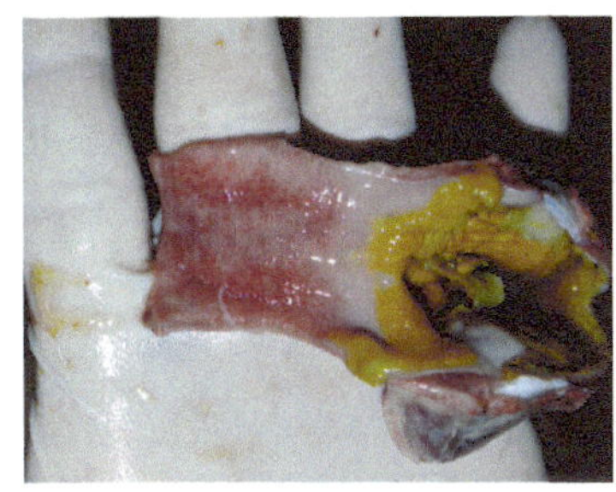

图 1-2-38　病死鸭腺胃黏膜出血（1）

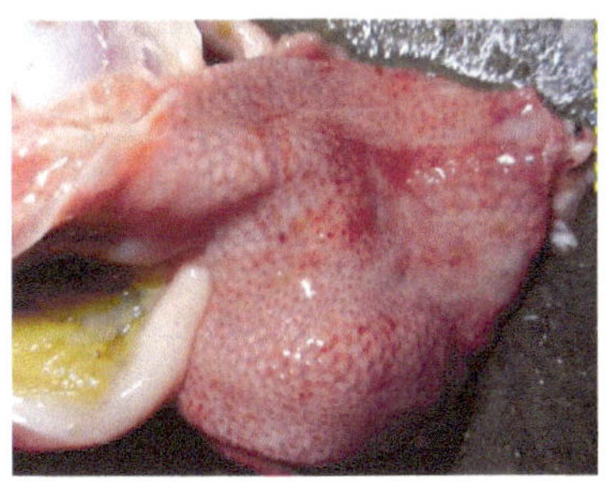

图 1-2-39　病死鸭腺胃黏膜出血（2）

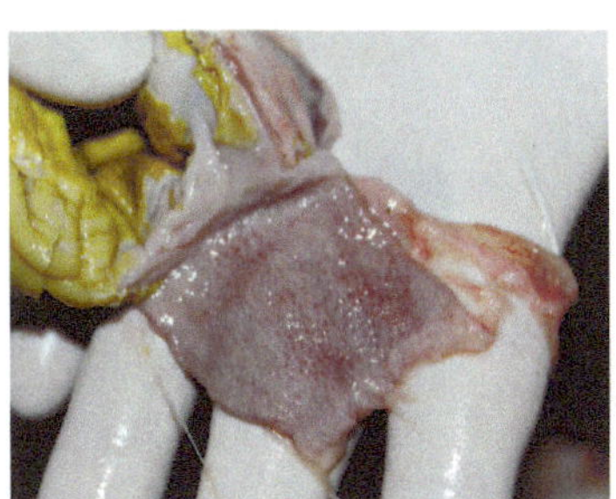

图 1-2-40　病死鹅腺胃黏膜出血

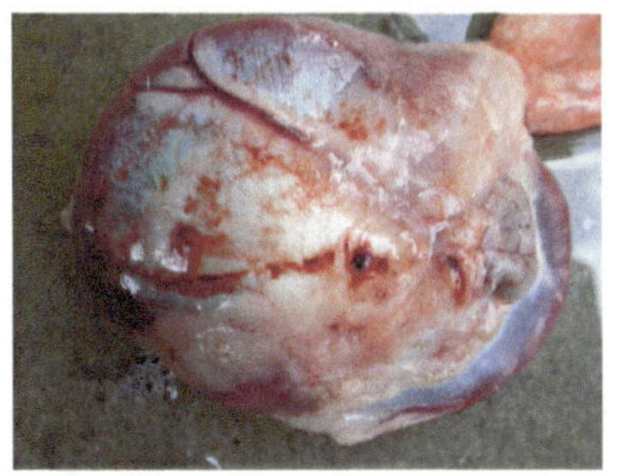

图 1-2-41　病死鸡肌胃浆膜出血

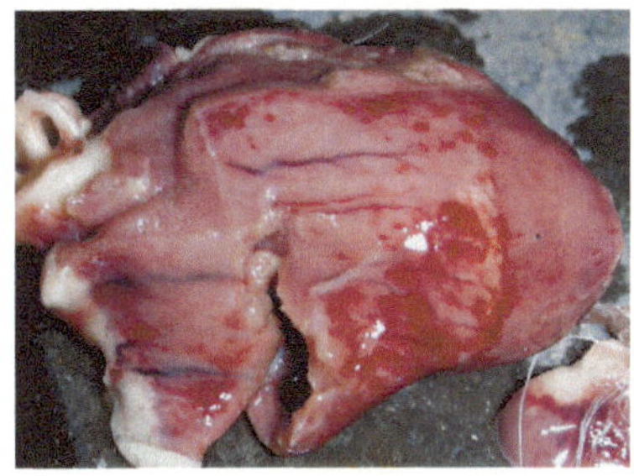

图 1-2-42　病死鹅腺胃黏膜出血

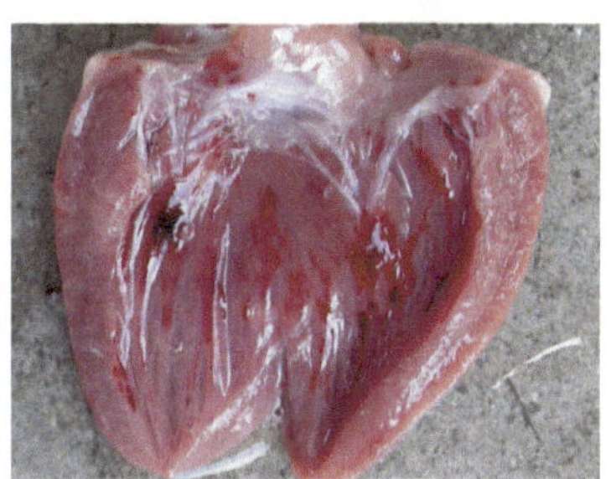

图 1-2-43　病死鸡肌胃浆膜出血

图 1-2-44　病死鸡胰腺出血、坏死（1）

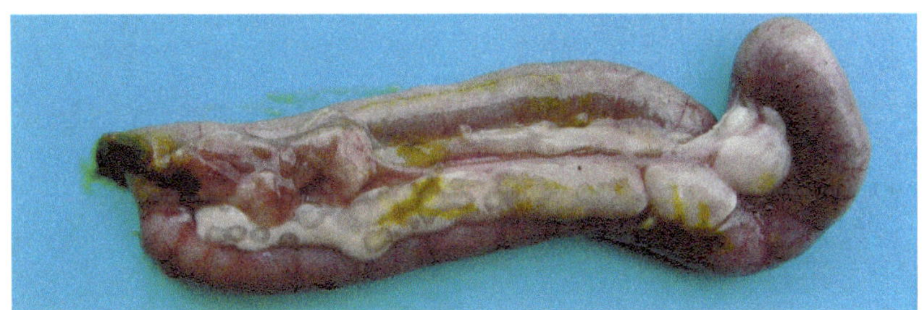

图 1-2-45　病死鸡胰腺出血、坏死（2）

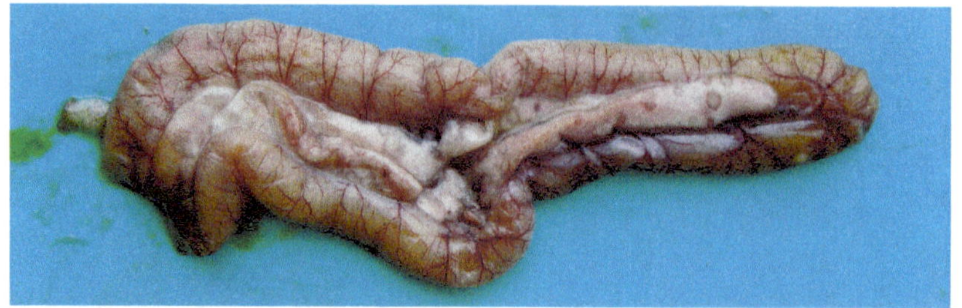
图 1-2-46　病死鸡胰腺出血、坏死（3）

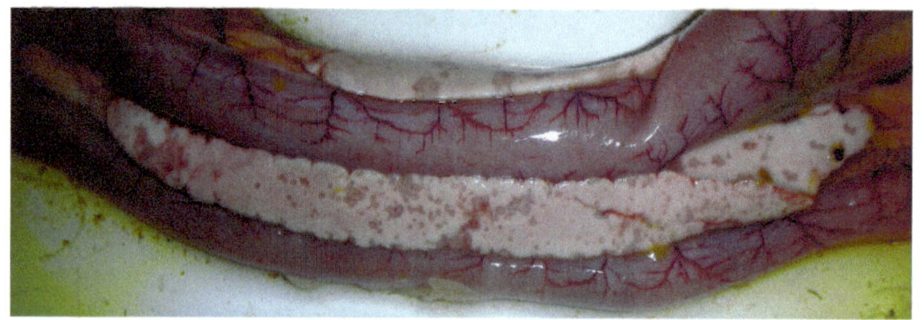
图 1-2-47　病死鹅胰腺出血、坏死

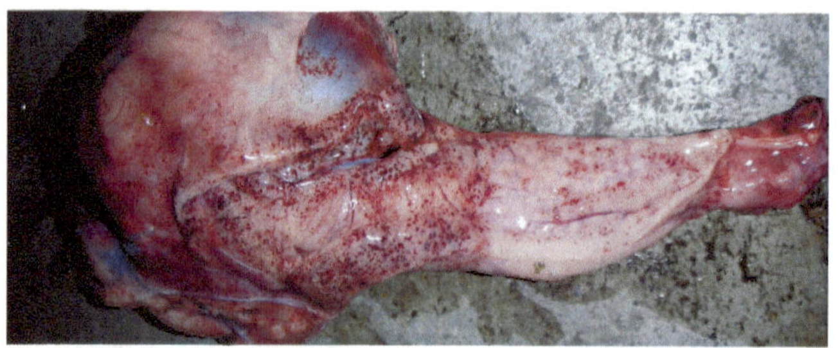
图 1-2-48　病死鸡腺胃、肌胃浆膜表面脂肪布满出血斑点

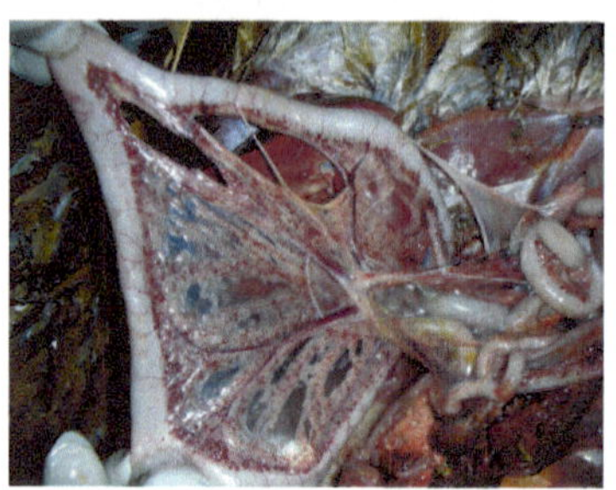
图 1-2-49　病死鸡肠系膜脂肪严重出血

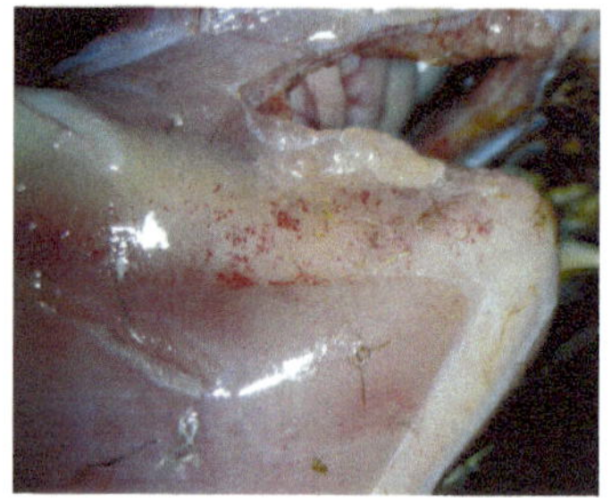
图 1-2-50　病死鸡腹壁脂肪出血

图 1-2-51　病死鸡腹腔脂肪严重出血

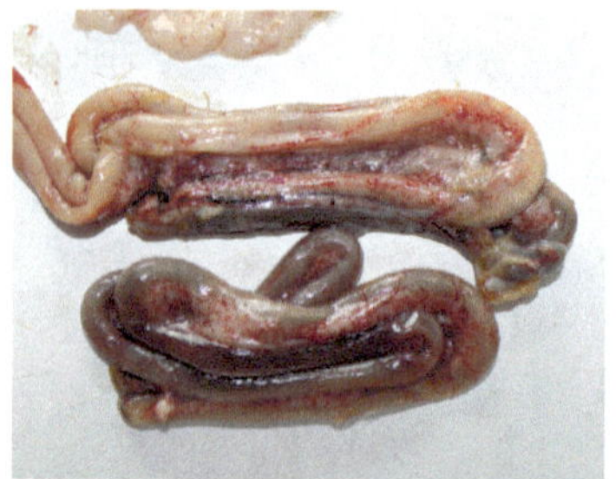
图 1-2-52　病死鸭肠系膜脂肪出血

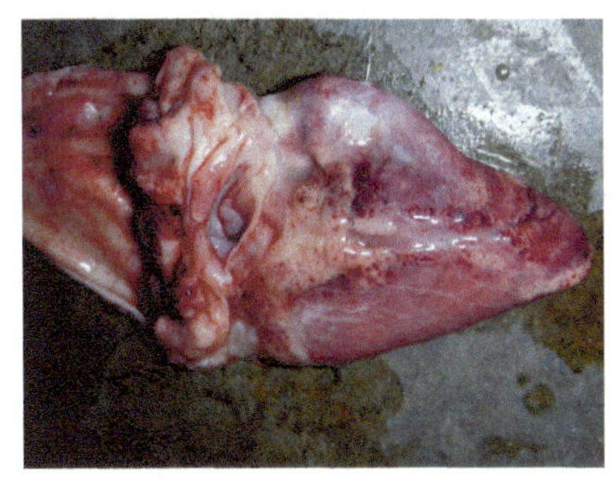
图 1-2-53　病死鸭心肌坏死、心外膜出血

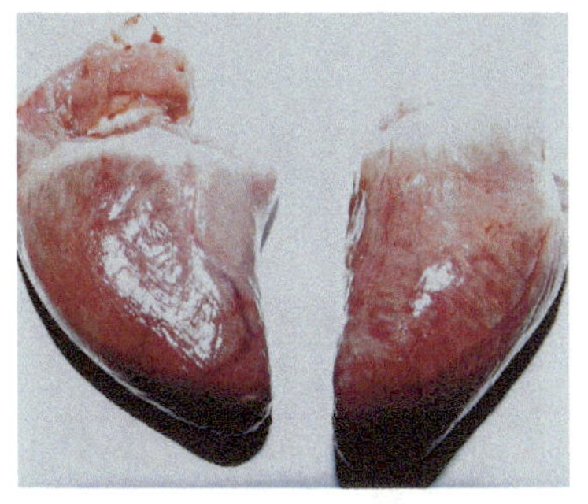
图 1-2-54　病死鸭心肌坏死

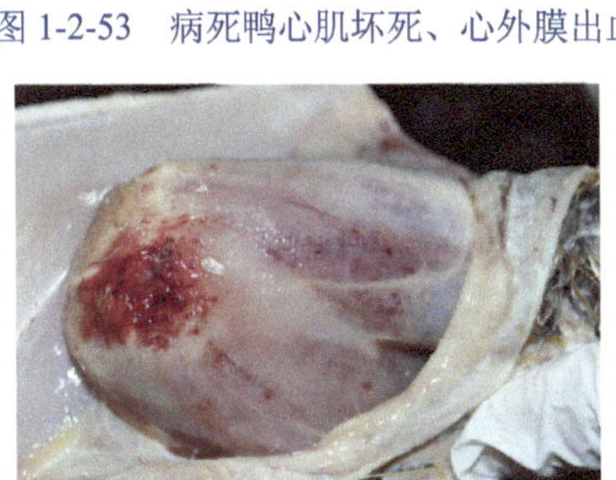
图 1-2-55　病死鸡腿肌出血

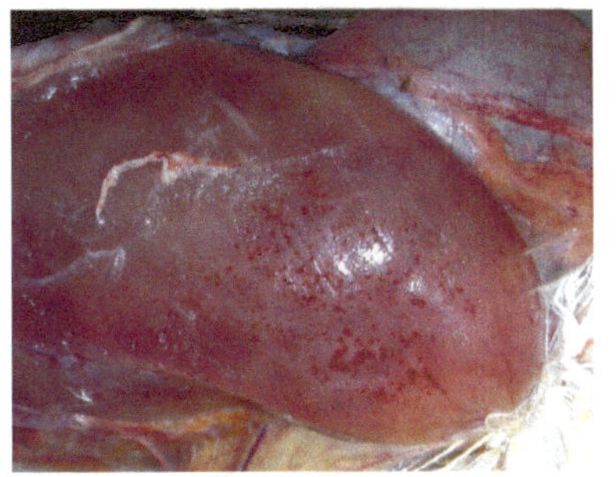
图 1-2-56　病死鸡胸肌出血

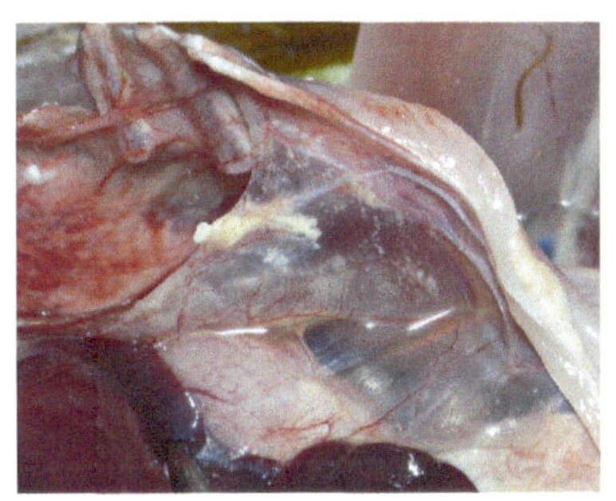
图 1-2-57　病死鸡纤维素性气囊炎（1）

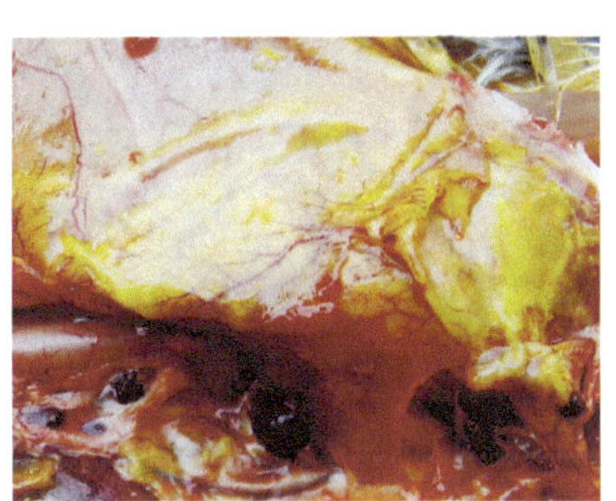
图 1-2-58　病死鸡纤维素性气囊炎（2）

图 1-2-59　病死鸡脾脏坏死

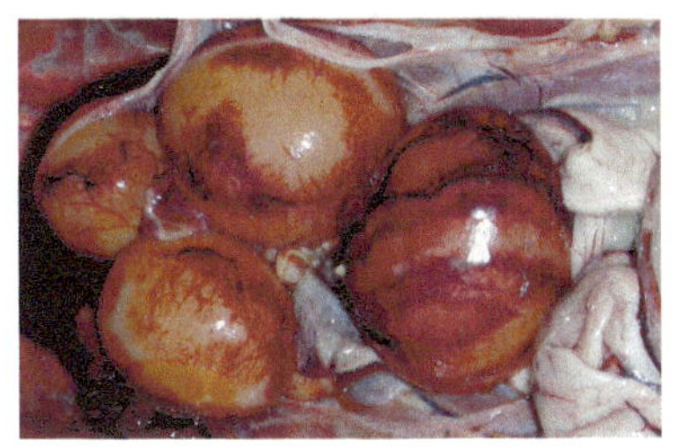
图 1-2-60　病死鸭卵泡充血、出血

2. 低致病性禽流感

1）病死禽喉头、气管充血、出血，病程长者有干酪样渗出物堵塞（图 1-2-61）。

2）病死禽支气管初期有黏稠分泌物，后期常有干酪样渗出物堵塞（图 1-2-62 和图 1-2-63）。

3）病死禽胰腺布满针尖大小灰白色坏死灶（图 1-2-64 和图 1-2-65）。

4）部分病死禽腺胃乳头、腺胃黏膜出血。

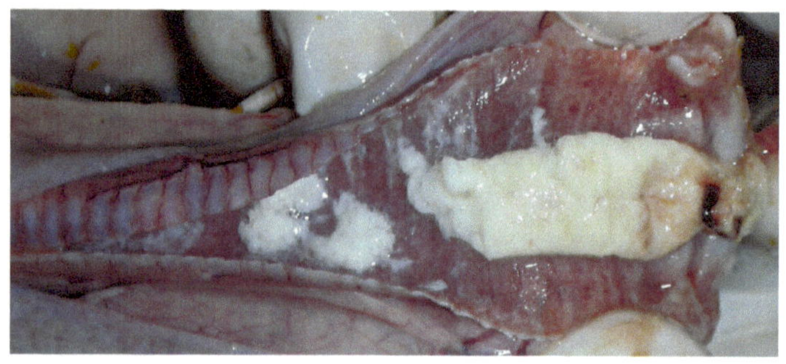

图 1-2-61　病死鸡喉头、气管黏膜充血、出血，有黄白色干酪样渗出物堵塞

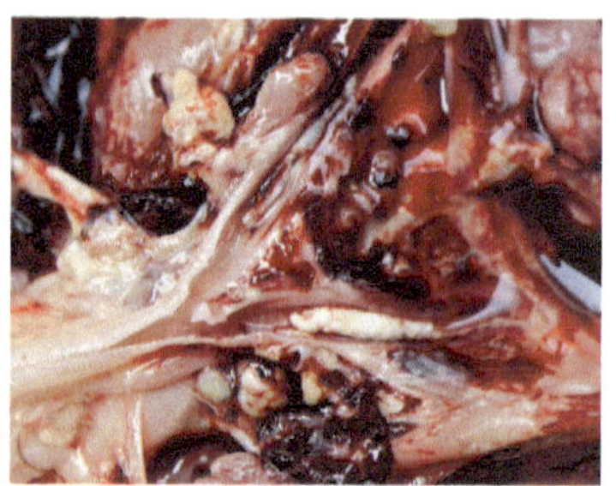

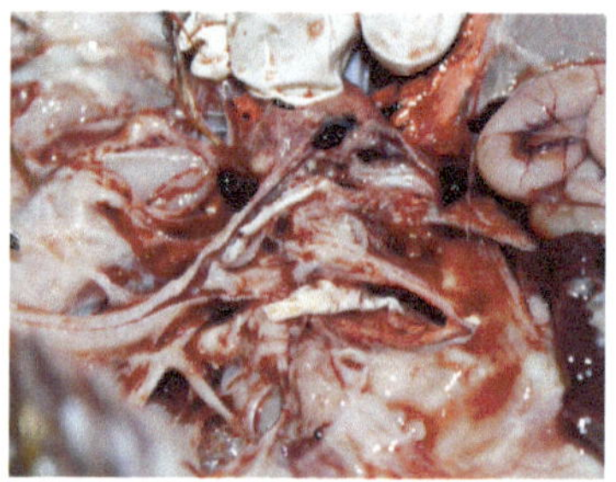

图 1-2-62　病死鸡支气管有黄白色干酪样渗出物堵塞（1）

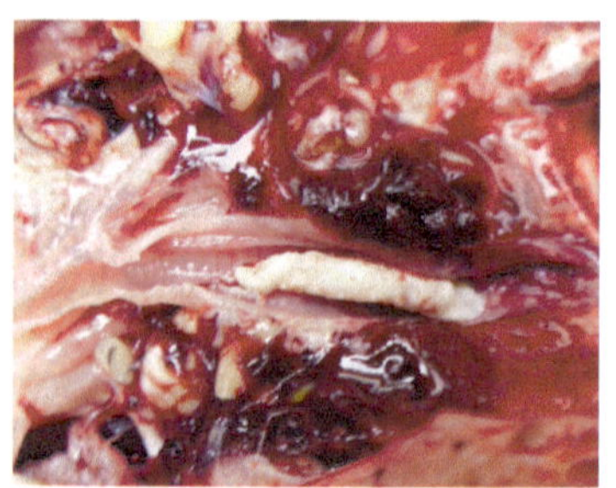

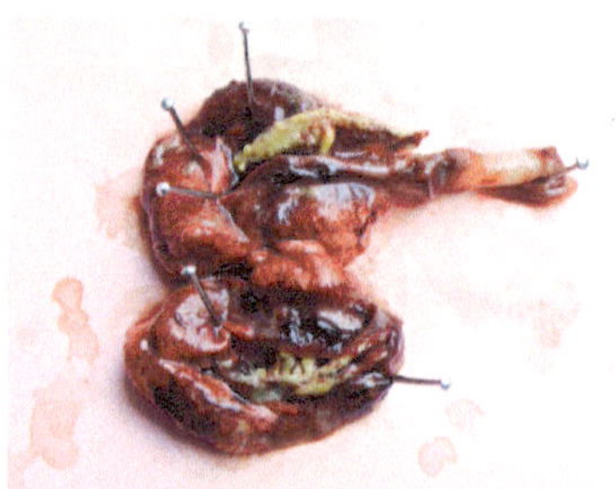

图 1-2-63　病死鸡支气管有黄白色干酪样渗出物堵塞（2）

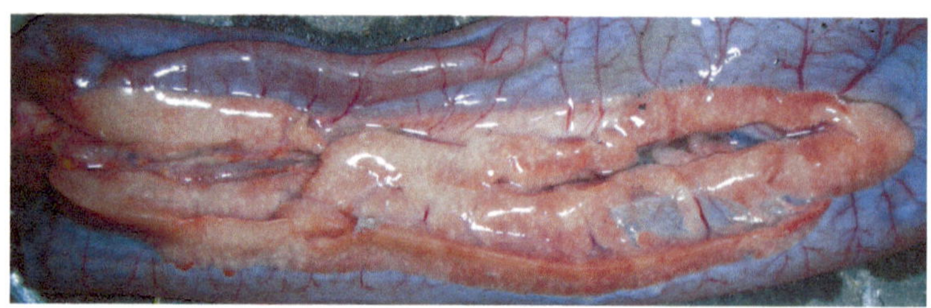

图 1-2-64　病死鸡胰腺布满针尖大小白色坏死灶（1）

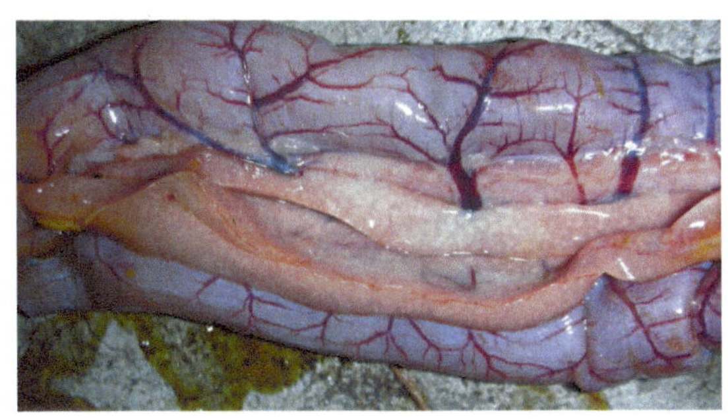

图 1-2-65 病死鸡胰腺布满针尖大小白色坏死灶（2）

（五）诊断

1. 高致病性禽流感临床诊断指标

1）急性发病死亡。
2）脚鳞出血。
3）鸡冠出血或发绀、头部肿胀。
4）肌肉和其他组织器官广泛性严重出血。
5）明显的神经症状（水禽）。
符合临床指标 1)，且有指标 2)、3)、4)、5）之一的应怀疑为高致病性禽流感。

2. 低致病性禽流感临床诊断指标

1）死亡率在 10%～30%。
2）发病鸡出现啰音、怪叫声，特征性为张口伸颈呼吸。
3）病死禽喉头、气管、支气管有干酪样渗出物堵塞。

3. 确诊

HAHI 试验，PCR 诊断，高致病性禽流感的确诊由国家禽流感参考实验室实行。

（六）防治

1）做好综合性防治措施，注意防止病原传入（尤其是高致病性禽流感病毒）。

2）一旦发生疑似高致病性禽流感，应逐级上报疫情，及早送检确诊，划定疫区，严格封锁，扑杀所有感染禽类并进行彻底消毒。

3）高致病性禽流感禁止治疗，以免使疫情扩大。低致病性禽流感可试用干扰素、植物血凝素、黄芪多糖、中草药等减轻发病程度。

4）实行强制免疫。对所有家禽依法接种相应血清亚型的灭活苗（7～10日龄首免，35～40日龄二免，产蛋前三免，成年家禽每年1～2次）。

5）目前，动物疾病预防控制中心提供的禽流感疫苗有：H5N1 油剂苗，H5N1＋H9N2 二价油剂苗，禽流感＋新城疫重组二联活疫苗。

二、实践案例

案例一

1. 病例

某养殖户饲养麻花鸡3000羽，25日龄时接种禽流感H5N1油剂苗。37日龄时鸡群突然发病，精神沉郁，部分鸡出现黄绿色下痢，3d后出现歪头、扭颈、转圈、共济失调等神经症状；5d后部分鸡颜面、肉垂发绀肿胀，脚鳞出血，每天死亡65～150羽，剖检病死鸡腺胃黏膜或乳头点状出血，头部皮下、肉垂皮下呈胶冻样水肿，胰腺布满透明状出血斑及坏死灶，脾脏坏死，心肌出血，少数病死脂肪有点状出血。畜主用抗生素治疗无效。

2. 诊断

根据发病情况、症状表现和剖检病变对照高致病性禽流感的临床诊断指标，初步诊断为高致病性禽流感。

3. 防治方案

1）马上向当地动物疾病控制中心（兽医站）上报疫情；由动物防疫监督机构、国家禽流感参考实验室等部门依法送检、确诊，采取扑杀、消毒、隔离、封锁等强制措施。

2）对受威胁的家禽紧急注射禽流感油剂苗。

案例二

1. 病例

养殖户陈某饲养假三黄鸡5000羽，15d龄时接种禽流感H5N1油剂苗。68日龄时鸡群出现咳嗽，随后呼吸道症状逐渐加重，有的出现啰音和怪叫声，少数有张口伸颈呼吸。74日龄时出现死亡，日死亡10～25羽。剖检喉头、气管出血，有的喉头、气管或支气管有纤维素性渗出物堵塞，少数病死鸡气管和支气管均有纤维素性渗出物堵塞。胰腺布满针尖大白色坏死灶，气囊轻度浑浊，少数病死鸡腺胃黏膜出血。抗生素治疗效果不明显。

2. 诊断

根据发病情况、症状表现和剖检病变，对照低致病性禽流感的临床诊断指标，初步诊断为低致病性禽流感。

3. 防治方案

1）低致病性禽流感需在严密隔离的条件下进行治疗。

2）隔离、扑杀、销毁发病鸡，对假定健康鸡紧急注射禽流感H5＋H9二价油剂苗1mL/羽。

3）植物血凝素＋氧氟沙星＋电解多维混合饮水 1 周。

4）1∶200 复合碘溶液每天进行 1 次带鸡消毒，直至病情稳定。

一、填空题

1. 禽流感的病原是________，我国高致病性禽流感主要是由________亚型引起的，低致病性禽流感主要是由______亚型引起的。

2. 出现神经症状的禽病毒病有________、________、________、________。

3. 高致病性禽流感临床诊断指标为_______，________，鸡冠发绀或出血、头部肿大，肌肉和其他组织器官广泛性严重出血_______。

4. 引起鸡群产蛋率明显下降，又具有不同程度呼吸道或消化道症状的病毒性传染病有________、________、________、________。

5. 可杀灭新城疫病毒和流感病毒的消毒药有______、______、______。

二、单项选择题

1. 属于一类动物疫病的是（　　）。

A. 鸡传染性法氏囊病　　B. 禽流感

C. 鸡传染性贫血　　D. 鸡传染性支气管炎

2. 属高致病性禽流感血清亚型的是（　　）。

A. H5N1　　B. H9N2

C. H120　　D. A、B、C 均是

3. 不属于禽流感临床诊断指标的是（　　）。

A. 脚鳞出血　　B. 急性发病死亡

C. 神经症状　　D. 小肠黏膜枣核状出血溃疡

4. 以下属于我国农业部确定实施强制免疫的动物疫病是（　　）。

A. 鸡传染性法氏囊病　　B. 禽流感

C. 鸡传染性贫血　　D. 鸡传染性支气管炎

5. 禽流感的病原属（　　）。

A. A 型流感病毒　　B. B 型流感病毒

C. C 型流感病毒　　D. D 型流感病毒

6. 禽流感与（　　）极为相似，要注意区别。

A. 禽白血病　　B. 鸡新城疫

C. 小鹅瘟　　D. 禽脑脊髓炎

7. 高致病性禽流感的最长潜伏期是（　　）d。

A. 7　　B. 14

C. 21　　D. 28

8. 接种禽流感油剂苗可采用的方法是（　　）。

A. 点眼　　B. 饮水

C．肌注　　D．气雾

9．引起病鸡脚鳞出血常见于（　　）

A．新城疫　　B．禽流感

C．鸡马立克氏病　　D．传染性法氏囊病

10．禽流感呈（　　）。

A．大流行　　B．地方流行

C．散发　　D．小流行

11．高致病性禽流感首次感染人的报道是（　　）

A．1878 年意大利　　B．1997 年中国香港

C．2003 年越南　　D．2004 年中国广西隆安

12．属于人畜共患病的是（　　）。

A．小鹅瘟　　B．新城疫

C．禽白血病　　D．高致病性禽流感

三、判断题

（　　）1．禽流感常在夏秋季节多发。

（　　）2．无论是高致病性禽流感还是低致病性禽流感均可感染人。

（　　）3．高致病性禽流感在临床和病理剖检上应与新城疫进行鉴别。

（　　）4．禽流感 H9N2 患鸡常可出现支气管和气管堵塞。

（　　）5．H7N9 为高致病性禽流感血清亚型。

（　　）6．杀灭禽流感病毒首选消毒药剂为新洁尔灭。

（　　）7．高致病性禽流感属于国家强制免疫对象。

四、案例分析题

65 日龄假三黄鸡 5000 羽，突然发病死亡，第一天死亡 25 羽，第二天死亡 68 羽，第三天死亡 120 羽。病鸡冠、肉垂、头部发绀肿胀，脚鳞出血，有的出现扭颈、转圈、共济失调等神经症状，剖检可见胰腺、腺胃、肌肉、心脏、脂肪等器官组织出血。请你对该群病鸡做出初步诊断，扑灭该病应该采取什么措施？

任务 3　鸡传染性支气管炎的诊断和防治

一、必备知识

鸡传染性支气管炎是由鸡传染性支气管病毒引起鸡的一种急性高度接触性呼吸道传染病。

（一）病原

1）鸡传染性支气管炎病毒，有8～10个血清型，各血清型没有或仅有部分交互免疫作用。目前我国最常见的是呼吸型，肾型也有发生。

2）复合碘、过氧乙酸等常用消毒剂即可杀灭该病毒。

（二）流行病学

1）本病各年龄鸡均易感，但以雏鸡最为严重，呼吸型见于30日龄以内雏鸡，肾型多见于10～50日龄雏鸡。

2）本病多发于冬春季节，易与其他呼吸道病合并感染或相互继发感染。

3）过热、严寒、拥挤、通风不良、免疫接种等诱因均可促进本病的发生。

（三）主要症状

1. 呼吸型

病鸡咳嗽，喷嚏，流鼻液，张口喘气（图1-3-1），呼吸困难。

2. 肾型

1）病鸡初期有轻微的呼吸道症状，几天后症状变轻或消失。

2）病鸡排白色米汤样稀粪，皮肤脱水，爪干枯。

（四）主要病变

1. 呼吸型

1）病死鸡气管充血、出血，支气管内有干酪样渗出物（图 1-3-2）。

图 1-3-1　病鸡张口呼吸

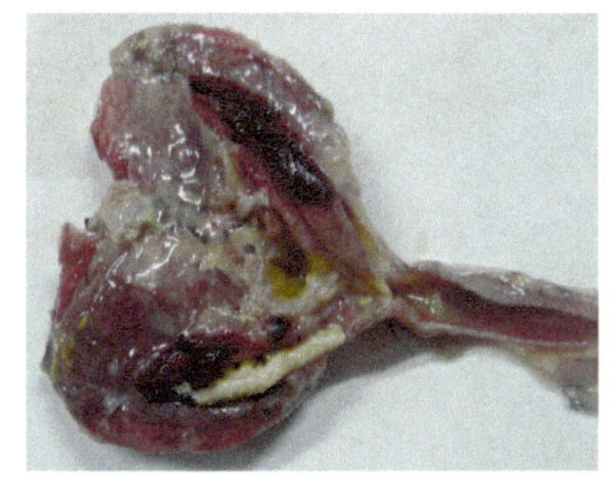

图 1-3-2　病死鸡支气管有干酪样物堵塞

2）"假母鸡"输卵管萎缩、囊肿。

2. 肾型

病死鸡肾肿大苍白，输尿管、肾小管充满白色尿酸盐，外观呈红白相间花斑状，俗称"花斑肾"（图 1-3-3）。

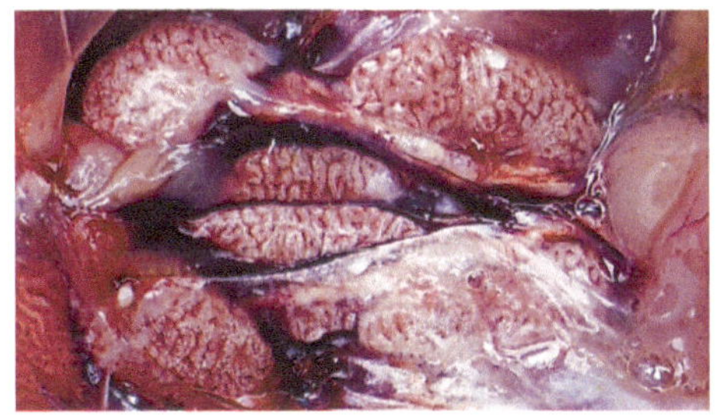

图 1-3-3　病死鸡肾脏外观呈花斑状

（五）诊断

1. 呼吸型鸡传染性支气管炎临床诊断指标

1）30 日龄内雏鸡多发，病鸡出现咳嗽、打喷嚏、张口喘气等症状。
2）病死鸡支气管内有干酪样渗出物。

2. 肾型鸡传染性支气管炎临床诊断指标

1）10～50 日龄雏鸡多发，病鸡出现轻微的呼吸道症状。
2）病鸡排白色米汤样稀粪，爪干枯。
3）“花斑肾”。

3. 确诊

间接血凝试验、ELISA、PCR 诊断等。

（六）防治

1）加强饲养管理，搞好卫生消毒，减少诱发因素。
2）做好免疫接种。
常用疫苗：
① 传染性支气管炎 H120 弱毒苗：可用于雏鸡首免。
② 传染性支气管炎 H52 弱毒苗：用于经基础免疫的 1 月龄以上的鸡。
③ 新城疫-传染性支气管炎二联弱毒苗：临床中较常用，对大多数鸡场的预防效果良好。
④ 新城疫-传染性支气管炎二联油乳剂灭活苗：多用于种鸡。
⑤ 鸡肾型传染性支气管炎活疫苗：用于肾型传染性支气管炎比较严重的鸡场。
⑥ 鸡肾型传染性支气管炎油乳剂灭活苗：多用于种鸡。
免疫程序：
① 3～7 日龄用新城疫-传染性支气管炎 H120 二联弱毒苗滴鼻、点眼。
② 18～20 日龄用新城疫-传染性支气管炎 H120 二联弱毒苗滴鼻、点眼。
③ 40～50 日龄用传染性支气管炎 H52 弱毒苗滴鼻、点眼。
④ 开产前用传染性支气管炎油乳剂灭活苗肌肉注射。
⑤ 成年种鸡每隔 4 个月用传染性支气管炎 H52 弱毒苗饮水免疫。

3）本病无特效药，发病鸡群紧急接种传染性支气管炎 H120 弱毒苗 4～6 倍量，7～10d 一般可控制病情。同时可投服抗菌药物、电解多维、肾肿解毒药等进行对症治疗。

二、实践案例

1. 病例

某养殖户饲养灵山土鸡 1000 羽，18 日龄时开始发病，每天死亡 20～30 羽。病鸡打喷嚏，咳嗽，流鼻液，重者出现张口伸颈呼吸。剖检病死鸡气管充血、出血，支气管内充满黏液或干酪样渗出物。气管充血但无干酪样渗出物，腺胃胰腺无明显肉眼病变。

2. 诊断

根据发病情况、症状表现和剖检病变对照鸡传染性支气管炎的临床诊断指标初步诊断为呼吸型鸡传染性支气管炎。

3. 防治方案

1）全群接种鸡传染性支气管炎 H120 弱毒苗 4 羽份/羽。

2）泰乐菌素＋电解多维＋黄芪多糖混合饮水 7d。

3）1∶200 卫可带鸡消毒，每天 1 次直至病情稳定。

一、填空题

1. 鸡传染性支气管炎临床分为________、________两种类型。

2. 肾型传染性支气管炎多发生于________日龄的鸡，主要症状是________。

二、单项选择题

1. 鸡传染性支气管炎首免疫苗用（　　）。

A. H120　　B. H52　　C. H87　　D. ABC 均可

2. 属于鸡传染性支气管炎常见类型的是（　　）。

A. 肾型　　B. 神经型　　C. 皮肤型　　D. 眼型

三、判断题

（　　）1. 鸡传染性支气管炎活疫苗 H52 株常用于雏鸡的首免。

（　　）2. 呼吸型和肾型鸡传染性支气管炎均可出现呼吸道症状。

（　　）3. 鸡传染性支气管炎多见于成鸡；鸡传染性喉气管炎多见于雏鸡。

（　　）4. 肾型传染性支气管炎的特征性病变是肾脏严重出血。

（　　）5. 肾型传染性支气管炎无呼吸道症状，预防用 H120、H52 活疫苗饮水免疫有很好效果。

（　　）6. 鸡传染性支气管炎，主要病变在气管，而其他脏器，如肾脏常不出现损害。

（　　）7. 鸡肾型传染性支气管炎和鸡传染性法氏囊病均可出现“花斑肾”。

四、案例分析题

某养殖户饲养土鸡 2000 羽，15 日龄时开始发病，每天死亡 35～40 羽。病鸡打喷嚏，咳嗽，流鼻液，重者出现张口伸颈呼吸。剖检病死鸡气管充血、出血，支气管内充满黏液或干酪样渗出物。气管充血但无干酪样渗出物，腺胃胰腺无明显肉眼病变。请你诊断可能为何病？应采取什么控制措施？

任务4 鸡传染性喉气管炎的诊断和防治

一、必备知识

鸡传染性喉气管炎是由鸡传染性喉气管炎病毒引起的一种急性呼吸道传染病。

（一）流行特点

1）各种鸡均可感染，以成年鸡的症状最为典型。

2）经呼吸道、眼结膜传播，也可经消化道传播。同群鸡传播速度快，不同群间传播速度慢。

3）以冬春寒冷季节多发，传播快，感染率高，病死率5%～70%，易与其他呼吸道病并发或相互继发感染。

（二）主要症状

病鸡流泪，呼吸困难，张口伸颈呼吸，发出喘鸣声，有的咳出血痰，严重者窒息死亡（图1-4-1和图1-4-2）。

（三）主要病变

病死鸡喉头和气管黏膜充血、出血、溃疡，内充满血凝块或干酪样渗出物（图1-4-3～图1-4-5）。

图 1-4-1 病鸡张口伸颈呼吸（1）

图 1-4-2 病鸡张口伸颈呼吸（2）

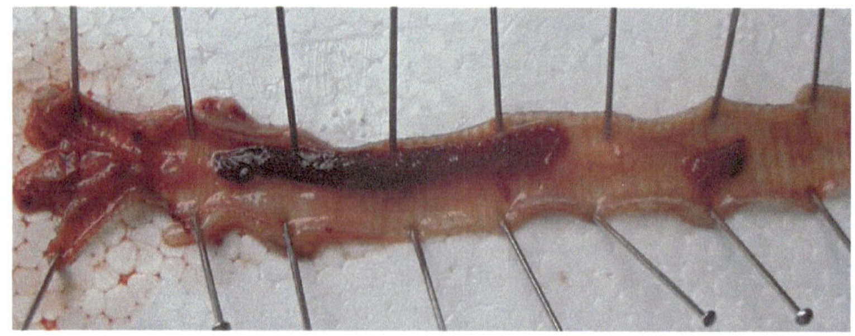

图 1-4-3 病死鸡喉头气管充血、出血，内有血凝块

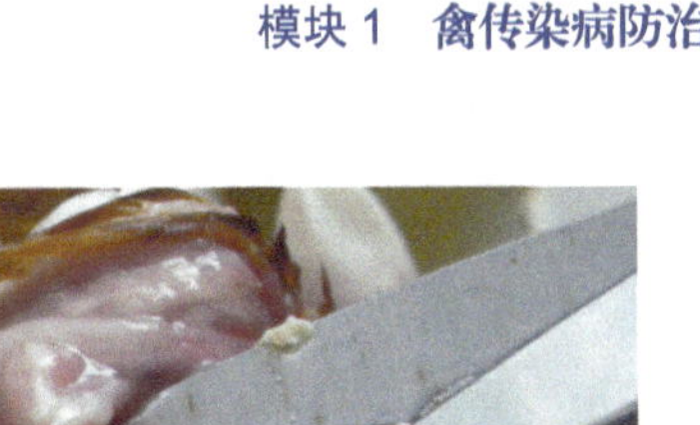

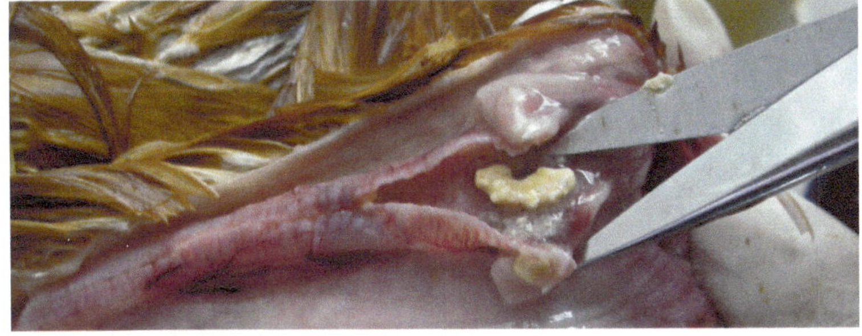

图 1-4-4　病死鸡喉头气管充血、出血，内有干酪样渗出物堵塞（1）

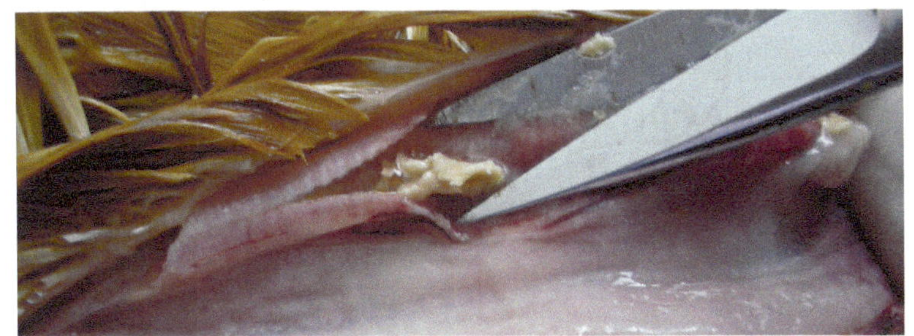

图 1-4-5　病死鸡喉头气管充血、出血，内有干酪样渗出物堵塞（2）

（四）诊断

1. 临床诊断指标

1）成鸡出现张口伸颈呼吸，咳出血痰。

2）病死鸡剖检喉头、气管充血、出血，内充满血凝块或干酪样渗出物。

2. 确诊

病毒分离、ELISA。

需与禽流感及鸡传染性支气管炎做鉴别诊断。

（五）防治

1）加强饲养管理，防止病原侵入，一旦发病，病毒在鸡场不易根除。

2）免疫接种：污染鸡场在35～45日龄和80～100日龄用传染性喉气管炎活疫苗点眼或涂肛。鸡点眼接种鸡传染性喉气管炎活疫苗后常会出现结膜炎等副作用。

3）发病后处理措施。

① 防止继发感染，在饮水中添加泰乐菌素、红霉素、氟苯尼考等。

② 投服清热解毒利咽中成药及黄芪多糖等。

③ 必要时可用传染性喉气管炎疫苗 3～5 倍量紧急接种。

二、实践案例

1. 病例

某养殖场饲养小董土鸡 2000 羽，155 日龄，发病很急并迅速传播全群，每天死亡 15～26 羽。病鸡流泪，咳嗽，流鼻液，张口伸颈呼吸，有的咳出血痰。剖检病死鸡喉头、气管严重出血，有的气管内有血凝块或干酪样渗出物。其余器官组织无明显肉眼病变。

2. 诊断

根据发病情况、症状表现和剖检病变，对照鸡传染性喉气管炎的临床诊断指标，初步诊断为鸡传染性喉气管炎。

3. 防治方案

1）全群接种鸡传染性喉气管炎活疫苗 4 羽份/羽。

2）泰乐菌素＋电解多维＋黄芪多糖混合饮水 7d。

3）1∶200 卫可带鸡消毒，每天 1 次直至病情稳定。

一、填空题

1. 5 月龄病鸡张口呼吸，咳出血痰；剖检喉头气管黏膜严重出血，内有干酪样渗出物，其余器官组织无明显变化，可初步诊断为________。

2. 传染性喉气管炎的典型症状是________，剖检可见喉、气管黏膜________。

二、单项选择题

1. 病鸡呼吸带有明显的啰音多见于（　　）。
   A. 鸡传染性喉气管炎　B. 马立克氏病
   C. 传染性法氏囊病　D. 禽白血病

2. 鸡传染性喉气管炎活疫苗最佳接种途径为（　　）。
   A. 点眼　B. 饮水　C. 肌注　D. 气雾

3. 病鸡呼吸困难，张口喘气，咳出带血的黏液，多见于（　　）。
   A. 传染性喉气管炎　B. 鸡新城疫
   C. 传染性支气管炎　D. 鸡传染性鼻炎

4. 鸡传染性喉气管炎最常见于（　　）。
   A. 公鸡　B. 母鸡　C. 成鸡　D. 雏鸡

三、判断题

（　　）1. 尚未发生过鸡传染性喉气管炎的鸡场一般不接种该疫苗。

（　　）2. 鸡传染性喉气管炎活疫苗最佳接种途径是点眼和涂肛。

（　　）3. 鸡传染性喉气管炎活疫苗无论任何鸡群均需接种。

（　　）4. 鸡传染性支气管炎、鸡传染性喉气管炎、低致病性禽流感均可出现张口伸颈呼吸。

（　　）5. 鸡点眼接种鸡传染性喉气管炎活疫苗后常会出现结膜炎等副作用。

四、案例分析题

某养殖场饲养三黄鸡 5000 羽，160 日龄，发病很急，迅速传播全群，每天死亡 15～26 羽。病鸡流泪，咳嗽，流鼻液，张口伸颈呼吸，有的咳出血痰。剖检病死鸡喉头、气管严重出血，有的气管内有血凝块或干酪样渗出物。其余器官组织无明显肉眼病变。请你诊断可能为何病？应采取什么控制措施？

任务 5 鸡马立克氏病的诊断和防治

一、必备知识

鸡马立克氏病是由疱疹病毒引起鸡和火鸡的一种淋巴组织增生性肿瘤病，它可诱导机体产生免疫抑制，是鸡重要的免疫抑制病。

（一）病原

1）病原为鸡马立克氏病病毒，该病毒是一种细胞结合性病毒。

2）病毒分为三个血清型：Ⅰ型为致瘤型毒株；Ⅱ型为不致瘤型自然弱毒株，对鸡无致病性；Ⅲ型为火鸡疱疹病毒，对鸡无致病性，但可使鸡有良好的抵抗力。三种血清型之间存在一定程度的交叉免疫力。

3）马立克氏病完整病毒的抵抗力较强，但强碱类、含氯类和含碘类等消毒药可将其杀灭。

（二）流行特点

1）鸡、火鸡、鹌鹑等均可感染；以1日龄雏鸡最易感，多在2～5月龄出现症状。

2）主要经呼吸道、消化道传播。

3）感染率高，而发病率为5%～30%。

4）发病有一定的性别和品种差异，母鸡比公鸡发病率高，狼山鸡、三黄鸡等高度易感。

（三）主要症状

根据症状特点鸡马立克氏病可分为4种类型：神经型、内脏型、皮肤型和眼型。临床上以神经型和内脏型最多见。

1. 神经型

又称古典型，主要侵害外周神经，造成病鸡坐骨神经麻痹（图1-5-1）而出现“劈叉”姿势；也可造成臂神经麻痹而出现翅膀麻痹、下垂。

2. 内脏型

多见于50～70日龄的鸡。病鸡精神委顿，冠髯苍白，下痢，渐进性消瘦，胸骨如刀锋状（图1-5-2）。

图 1-5-1 神经型：病鸡后肢麻痹

图 1-5-2 内脏型：病死鸡消瘦，胸骨如刀锋状

3. 皮肤型

病鸡可见皮肤毛囊肿大，形成肿瘤结节，多发生于大腿部、颈部或体侧部皮肤（图1-5-3～图1-5-5）。

图 1-5-3 皮肤型：病鸡毛孔膨大，有肿瘤结节

图 1-5-4 皮肤型：病鸡毛孔肿瘤结节

4. 眼型

病鸡虹膜增生褪色，重者呈灰白色，俗称“灰眼病”。患病眼球瞳孔缩小，边缘不整齐，呈锯齿状。

（四）主要病变

1）神经型：病死鸡坐骨神经单侧性肿大。

2）内脏型：病死鸡肝脏、脾脏、心脏、肺脏、肾脏、腺胃、卵巢、睾丸等有结节状肿瘤或弥漫性肿瘤（图 1-5-6～图 1-5-24）。

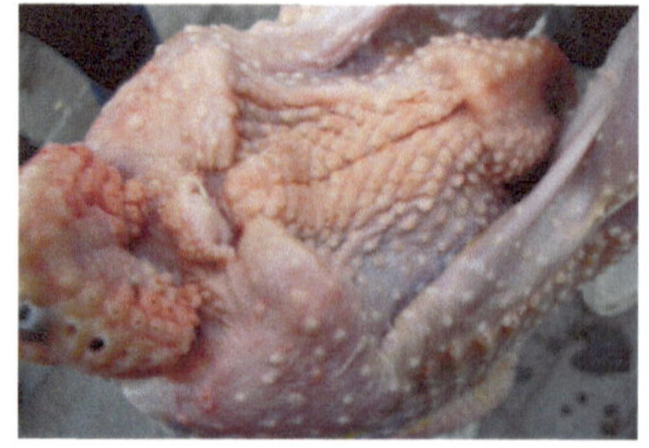
图 1-5-5 皮肤型：病鸡毛孔膨大，趋肿瘤化

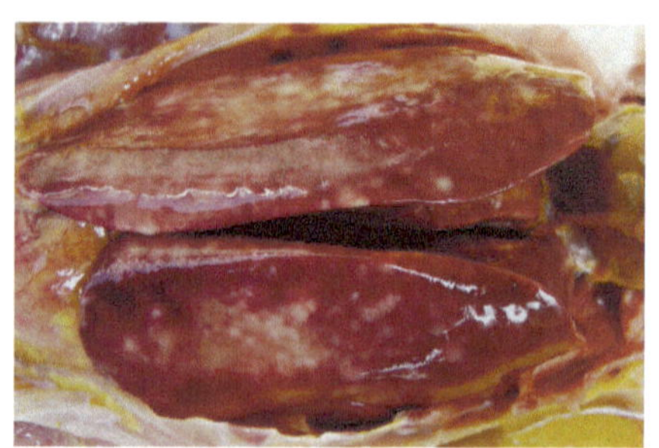
图 1-5-6 内脏型：病死鸡肝脏肿瘤（1）

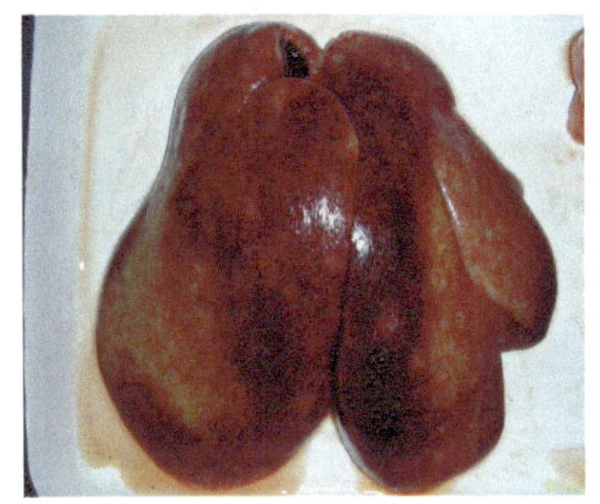
图 1-5-7　内脏型：病死鸡肝脏肿瘤（2）

图 1-5-8　内脏型：病死鸡肝脏肿瘤（3）

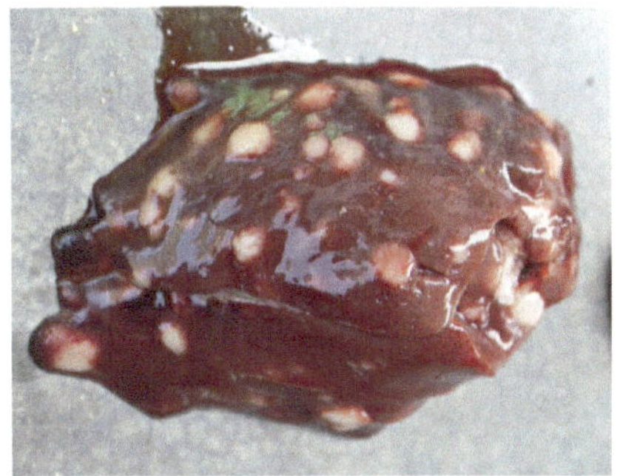
图 1-5-9　内脏型：病死鸡肝脏肿瘤（4）

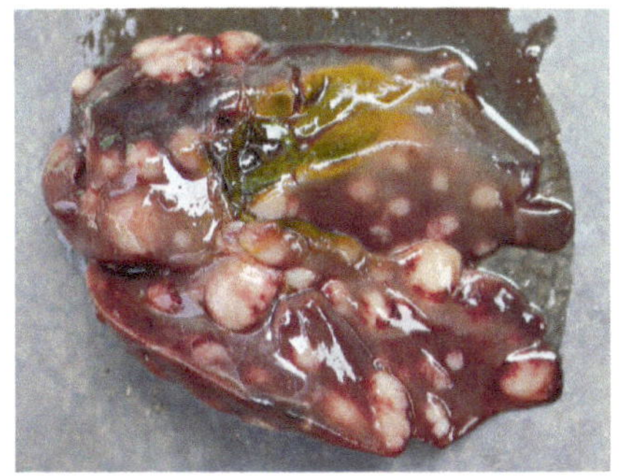
图 1-5-10　内脏型：病死鸡肝脏肿瘤（5）

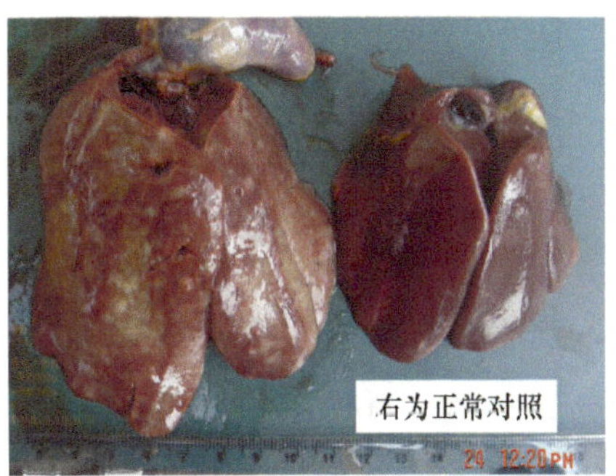

图 1-5-11　内脏型：病死鸡肝脏明显肿大，大量肿瘤结节

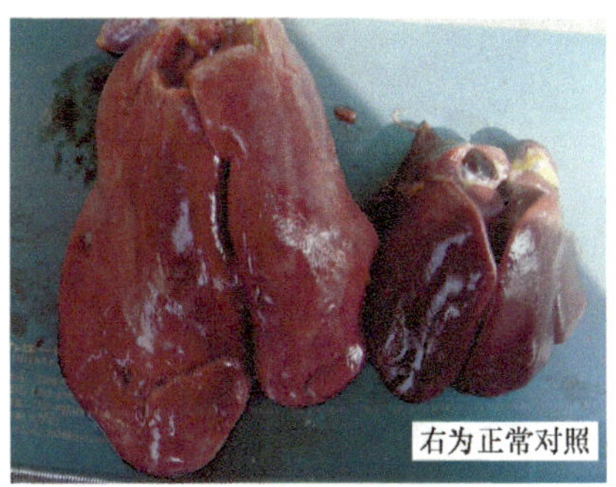

图 1-5-12　内脏型：病死鸡肝脏明显肿大

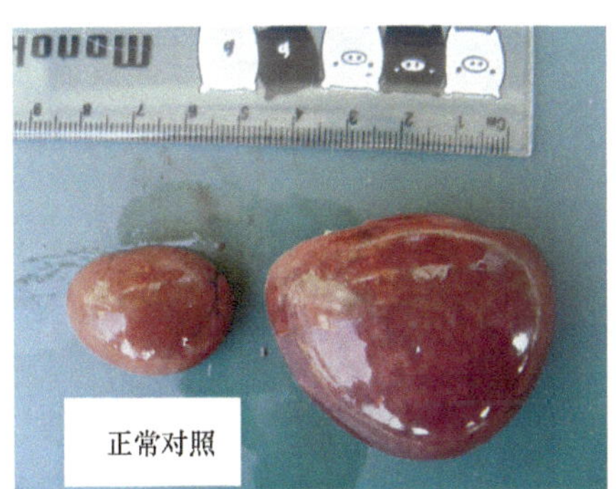

图 1-5-13　内脏型：脾脏异常肿大，有肿瘤结节（1）

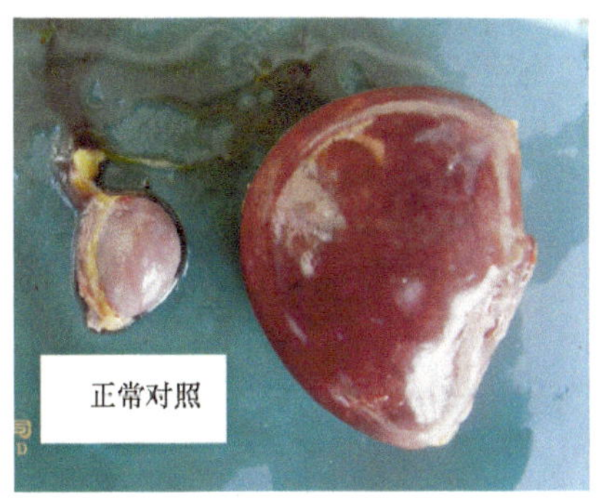

图 1-5-14　内脏型：脾脏异常肿大，有肿瘤结节（2）

图 1-5-15　内脏型：病死鸡脾脏肿瘤

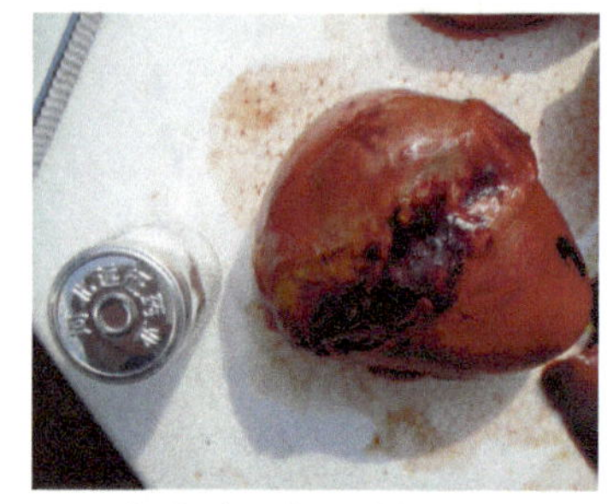

图 1-5-16　内脏型：脾脏异常肿大、包膜破裂

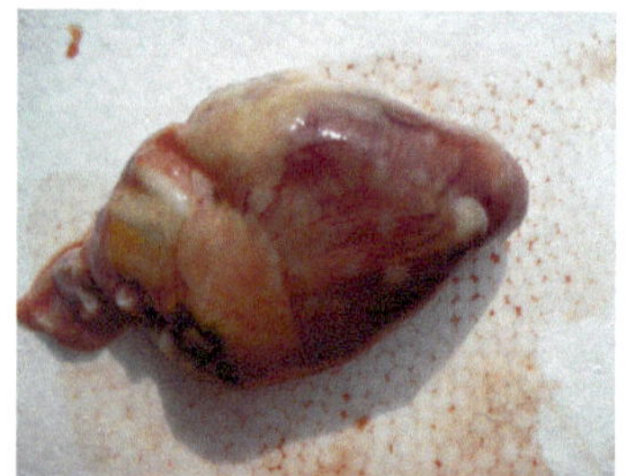

图 1-5-17　内脏型：病死鸡心脏肿瘤

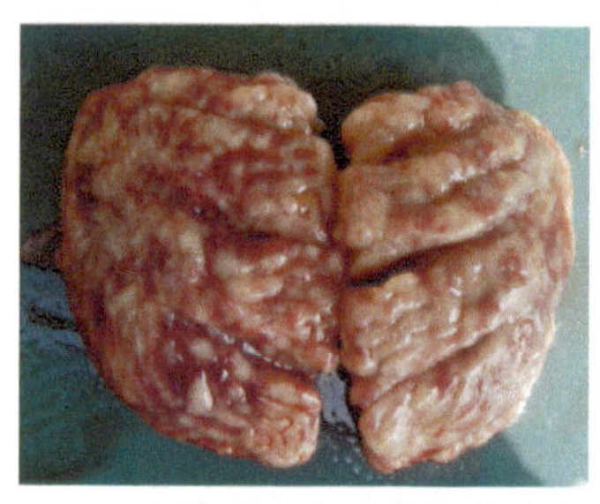

图 1-5-18　内脏型：病死鸡肺脏肿瘤（1）

图 1-5-19　内脏型：病死鸡肺脏肿瘤（2）

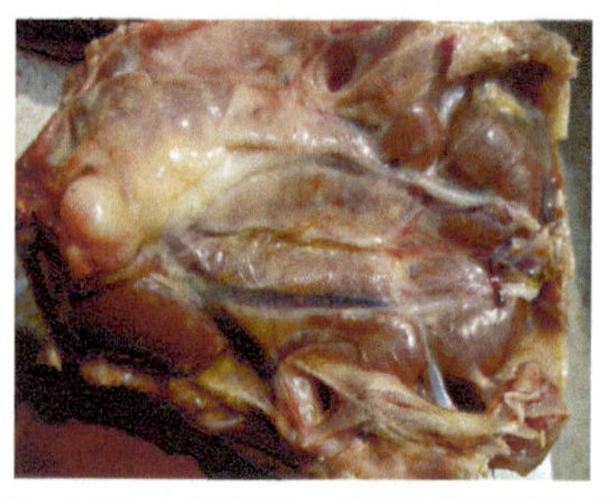

图 1-5-20　内脏型：病死鸡肾脏肿瘤

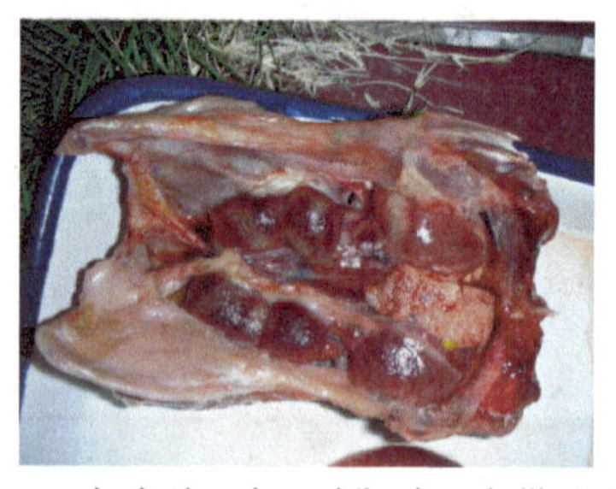

图 1-5-21　内脏型：病死鸡肾脏、卵巢肿瘤结节

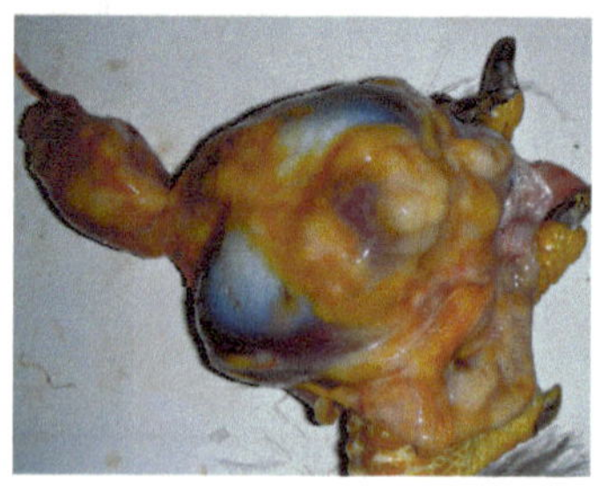

图 1-5-22　内脏型：腺胃浆膜脂肪肿瘤结节

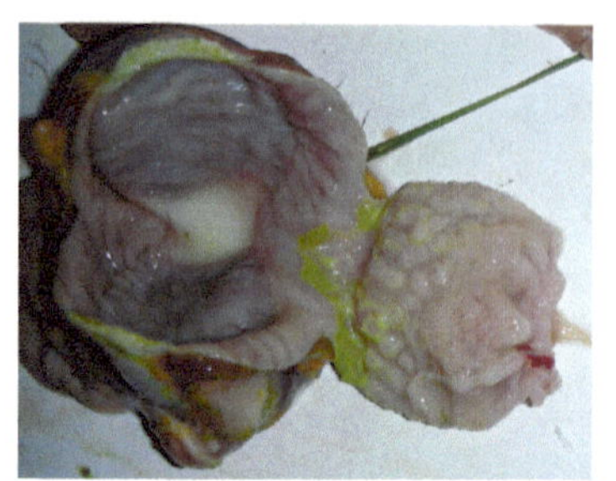

图 1-5-23 内脏型：病死鸡腺胃黏膜肿瘤（1）

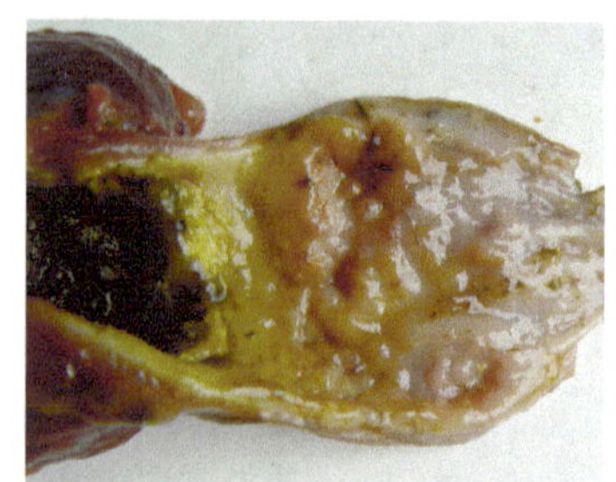

图 1-5-24　内脏型：病死鸡腺胃黏膜肿瘤（2）

（五）诊断

1. 临床诊断指标

1）神经型：腿麻痹，病鸡呈“劈叉状”姿势；剖检可见坐骨神经肿大呈灰白色。

2）内脏型：慢性消瘦，皮肤苍白；肝、脾、心、肺、肾、腺胃、卵巢、睾丸等内脏出现明显的肿瘤。

3）皮肤型：皮肤毛囊肿大，出现明显肿瘤结节。

4）眼型：虹膜褪色，呈灰白色，瞳孔缩小，边缘不整齐。

2. 确诊

病理组织学检查、病毒分离、琼扩试验。

内脏型马立克氏病需与禽白血病做鉴别。

（六）防治

1. 疫苗接种

疫苗接种是防治本病的关键。

1）疫苗：血清Ⅲ型 HVT-Fc126 株（－15℃保存），血清Ⅰ型 CVI988（液氮苗，－196℃保存），血清Ⅱ型 SB-1（液氮苗，－196℃保存），二价苗（SB-1＋Fc126）、三价苗（CVI988＋SB-1＋Fc126）。

2）用法：鸡出壳后 12h 内颈部皮下注射，1～2 羽份/羽。许多发达国家采用 18 日龄鸡胚接种，免疫效果更好。

3）免疫失败原因：接种剂量不足，早期感染，母源抗体干扰，存在超强毒，免疫抑制与应激。

2. 综合防治措施

1）搞好环境卫生和消毒工作。

2）加强饲养管理，提高机体抵抗力。

3）采取“全进全出”制度，雏鸡与成鸡严格隔离饲养。

4）防止应激因素和预防免疫抑制疾病发生。

二、实践案例

1. 病例

某养殖场饲养三黄鸡 3000 羽，从 2 月龄开始即陆续有死亡，数量从 5 羽到 15 羽，发病鸡病情大多发展缓慢，少数发病较急，表现精神沉抑，食欲减退，有的逐渐消瘦，胸骨如刀锋状，有 3 羽鸡出现腿麻痹，呈“劈叉状”姿势。剖检病死鸡肝、脾、肾、腺胃有大小不等的结节状肿瘤，扑杀剖检“劈叉状”姿势的病鸡发现其右侧坐骨神经肿大。

2. 诊断

根据发病情况、症状表现和剖检病变，对照鸡马立克氏病的临床诊断指标初步诊断为鸡马立克氏病。

3. 防治方案

1）加强饲养管理，搞好卫生消毒。

2）电解多维+黄芪多糖混合饮水 7d。

一、填空题

1. 马立克氏病免疫失败常见的原因有______、______、______、______。

2. 引起家禽免疫抑制的病毒性传染病有______、______、______、______等。

3. 马立克氏病常分为______、______、______、______。神经型的典型症状是______；内脏型的典型病变是______。

4. 马立克病病毒是一种______，三个血清型之间______交叉免疫力。

二、单项选择题

1. 鸡马立克氏病的特点是（　　）。

A. 多发生于 2 月龄内的鸡　B. 毛囊肿大，皮肤有结节状的肿瘤

C. 法氏囊有明显的肿瘤结节　D. 发病率低、死亡率高

2. 属于免疫抑制病的是（　　）。

A. 鸡马立克氏病　B. 禽流感

C. 禽霍乱　D. 鸡传染性支气管炎

3. 马立克病细胞结合性疫苗保存的温度是（　　）。

A. 2～8℃　B. 0℃　C. −15℃　D. −196℃

4. 鸡马立克病最典型的症状是（　　）。

A. 两腿呈“劈叉状”　B. 转圈运动

C. 观星状　D. 角弓反张

5. 马立克病内脏肿瘤与（　　）极为相似，要注意区别。

A. 鸡白血病　B. 禽痘

C. 禽流感　D. 传染性法氏囊病

6. 鸡接种马立克病疫苗的日龄是（　　）。

A. 1 月龄　B. 1 周龄

C. 1 日龄　D. 任何日龄

7. 马立克疫苗稀释后应在（　　）h 内用完。

A. 1　B. 3　C. 5　D. 7

8. 不属于马立克氏病发病表现类型的是（　　）。

A. 黏膜型　B. 内脏型　C. 皮肤型　D. 神经型

三、判断题

（　　）1. 马立克病是一种肿瘤病，也是一种免疫抑制性疾病，该病的示病性病变

是法氏囊的肿瘤。

（　　）2. 马立克病以 1 日龄的雏鸡最易感，发病多发生于 2 月龄以上的鸡。

（　　）3. 马立克病防控的关键是选择合适的疫苗，并尽早接种，使鸡群产生抵抗力，预防早期感染。

（　　）4. 马立克病预防关键是给种鸡免疫，使雏鸡获得母源抗体而得到保护。

（　　）5. 鸡马立克氏病是由疱疹病毒引起的，主要侵害法氏囊，整个病情中以法氏囊肿胀，出血为特征。

（　　）6. 鸡马立克氏病 HVT 火鸡疱疹活疫苗需在液氮缸保存。

（　　）7. 鸡马立克氏病多见于 2～5 月龄的鸡。

（　　）8. 马立克氏病病毒有 3 个血清型，它们之间存在交叉免疫性。

（　　）9. 我国普遍采用鸡胚接种法接种鸡马立克氏病疫苗。

（　　）10. 内脏型马立克氏病常见法氏囊出现肿瘤。

（　　）11. 马立克氏病病毒属于细胞结合性病毒。

四、案例分析题

某养殖场饲养三黄鸡 5000 羽，从 3 月龄开始即陆续有死亡，数量从 6 羽到 15 羽，发病鸡病情大多发展缓慢，少数发病较急，表现精神沉抑，食欲减退，有的逐渐消瘦，胸骨如刀锋状，有 2 羽鸡出现腿麻痹，呈“劈叉状”姿势。剖检病死鸡肝、脾、肾、腺胃有大小不等的结节状肿瘤，扑杀剖检“劈叉状”姿势的病鸡可见其右侧坐骨神经肿大。请你做出初步诊断并制订防控方案。

任务 6　鸡传染性法氏囊病的诊断和防治

一、必备知识

鸡传染性法氏囊病是由病毒引起幼鸡的一种急性、高度接触性、免疫抑制性传染病，又称“甘保罗病”。

（一）病原

1）病原为鸡传染性法氏囊病病毒。

2）该病毒容易变异，一种是抗原的变异，从而导致免疫失败。另一种是毒力的变异，出现了超强毒株，这也是免疫失败或效果不理想的原因之一。

3）本病毒抵抗力强，耐热及耐紫外线照射。56℃病毒仍可存活 5h，60℃可存活 30min。病毒耐酸不耐碱。烧碱、过氧乙酸、漂白粉、次氯酸钠、碘液、甲醛等对其有较好的杀灭效果。

（二）流行特点

1）鸡和火鸡均易感，3～6周龄鸡最多发。

2）主要经消化道、呼吸道、眼结膜传播。

3）无明显季节性。

4）尖峰式死亡曲线：发病后3～4d死亡最多，6～7d病情逐渐平稳。

5）鸡群发病后可导致免疫抑制和抵抗力下降，从而引起多种疫苗免疫失败或诱发多种疫病。

（三）主要症状

1）病鸡早期有啄肛现象。

2）病鸡极度沉郁，排白色米汤样、水样稀粪，迅速衰竭死亡（图 1-6-1～图 1-6-4）。

图 1-6-1 病鸡精神高度沉郁，衰竭（1）

图 1-6-2 病鸡精神高度沉郁，衰竭（2）

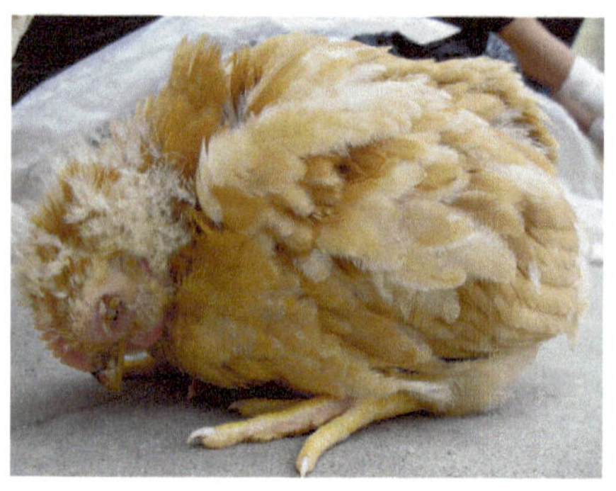

图 1-6-3 病鸡精神高度沉郁，衰竭（3）

图 1-6-4 病鸡精神高度沉郁，衰竭（4）

（四）主要病变

1）病死鸡胸肌、腿肌出血（图1-6-5～图1-6-10）。

2）病死鸡法氏囊肿大，黏膜和浆膜水肿、出血，严重出血时外观呈紫葡萄状（图 1-6-11～图 1-6-20）。

3）病死鸡法氏囊萎缩，内有干酪样渗出物，多在发病7d后出现（图1-6-21）。

4）病死鸡腺胃与肌胃交界处有出血斑（图1-6-22和图1-6-23）。

5）病死鸡肾脏肿大，输尿管、肾小管内充满白色尿酸盐，外观呈红白相间的花斑状，故称“花斑肾”（图 1-6-24）。

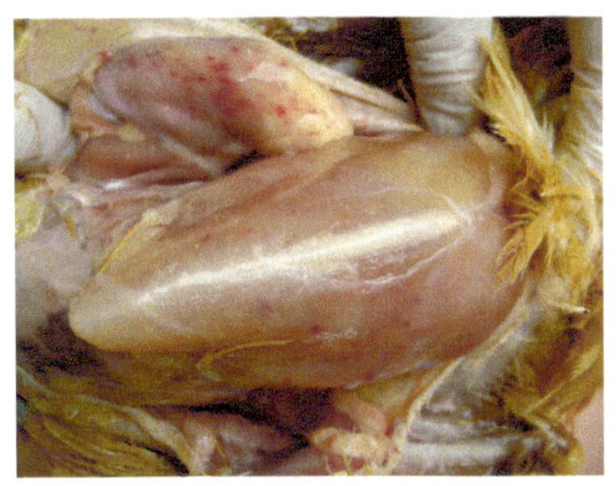

图 1-6-5 病死鸡胸肌、腿肌出血

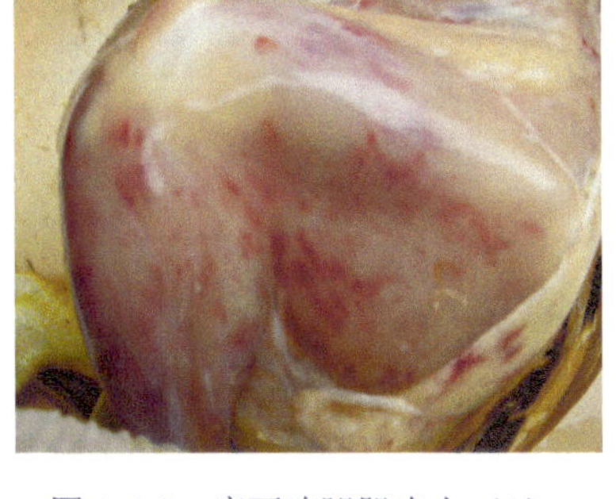

图 1-6-6 病死鸡腿肌出血（1）

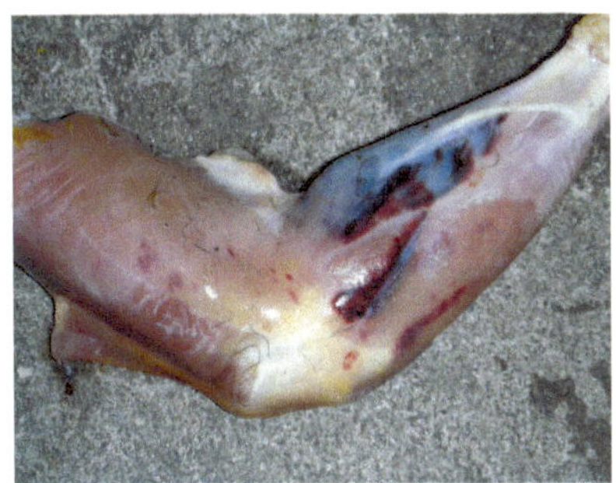

图 1-6-7 病死鸡腿肌出血（2）

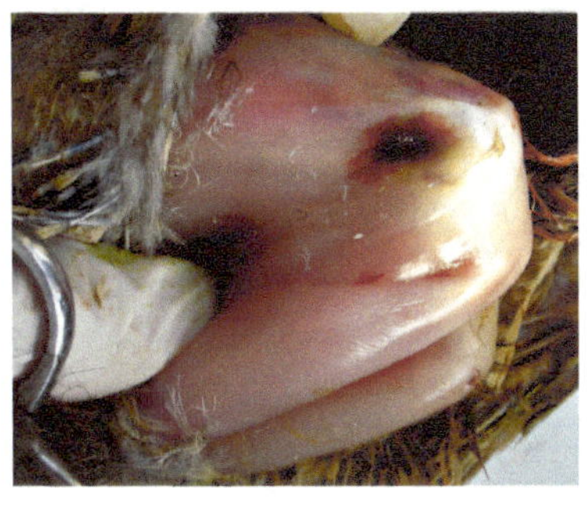

图 1-6-8 病死鸡腿肌出血（3）

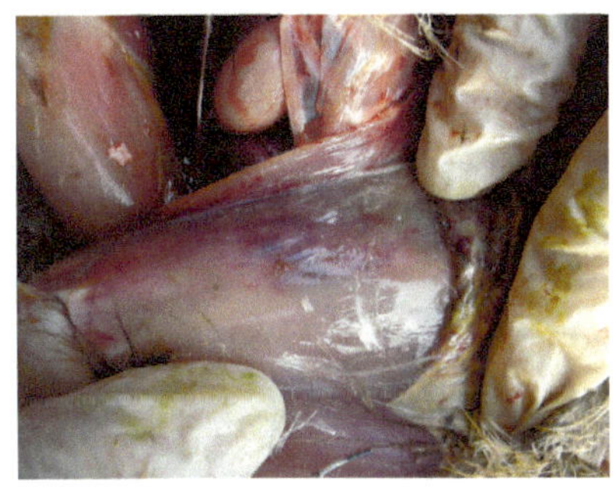

图 1-6-9 病死鸡腿肌出血（4）

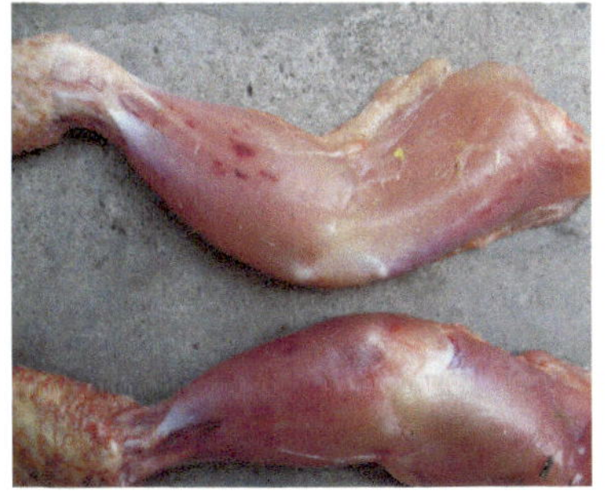

图 1-6-10 病死鸡腿肌出血（5）

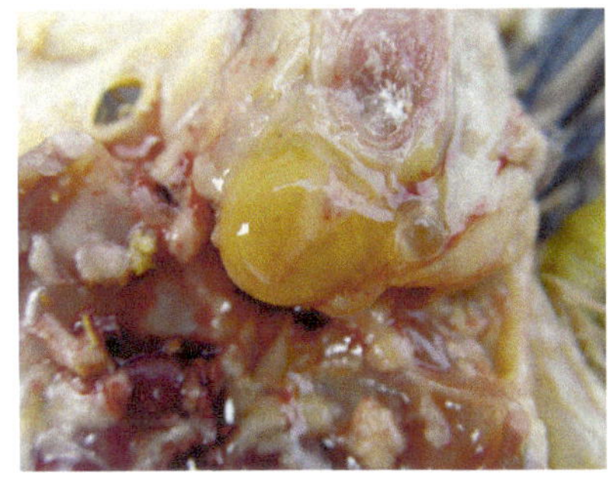

图 1-6-11 病死鸡法氏囊肿大、浆膜外胶样水肿

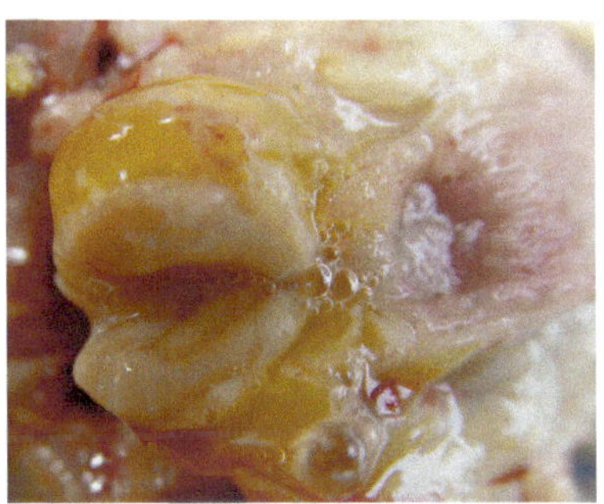

图 1-6-12 病死鸡法氏囊黏膜水肿

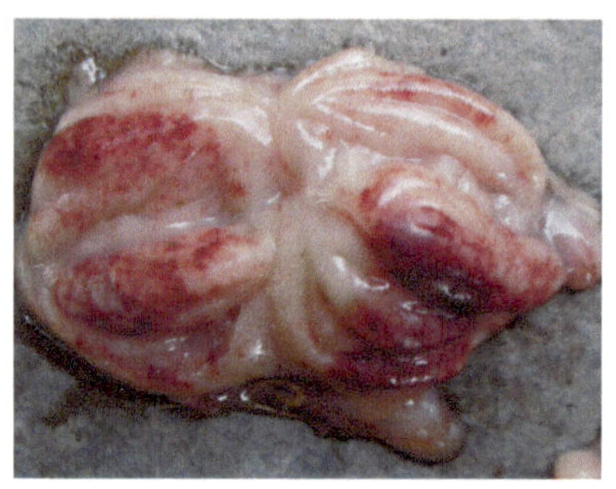

图 1-6-13　病死鸡法氏囊黏膜水肿、出血（1）

图 1-6-14　病死鸡法氏囊黏膜水肿、出血（2）

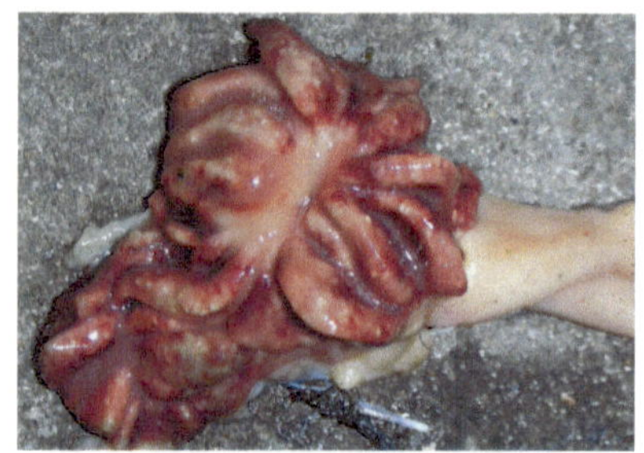

图 1-6-15　病死鸡法氏囊黏膜水肿、出血（3）

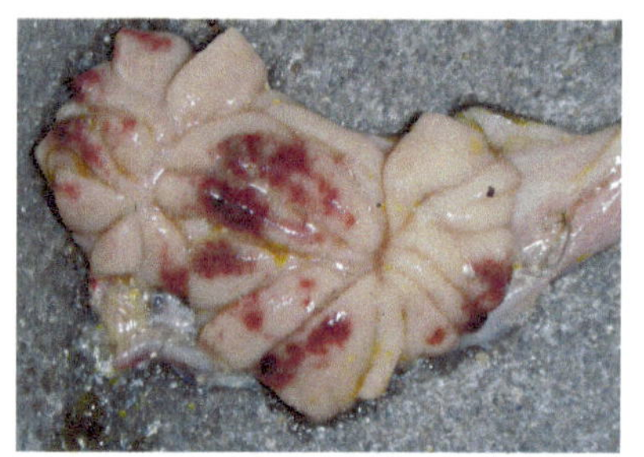

图 1-6-16　病死鸡法氏囊黏膜水肿、出血（4）

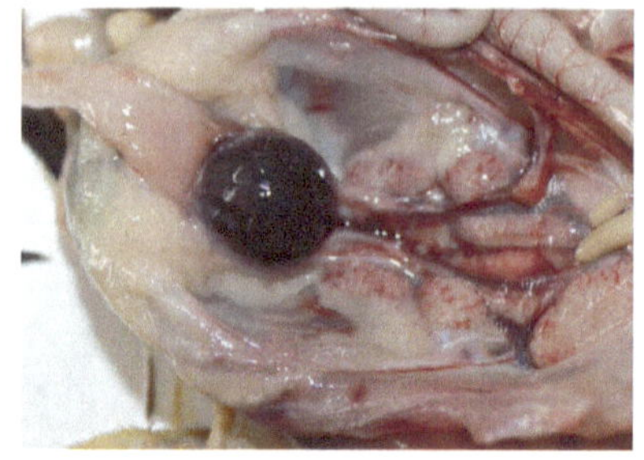

图 1-6-17　病死鸡法氏囊紫葡萄状肿胀出血（1）

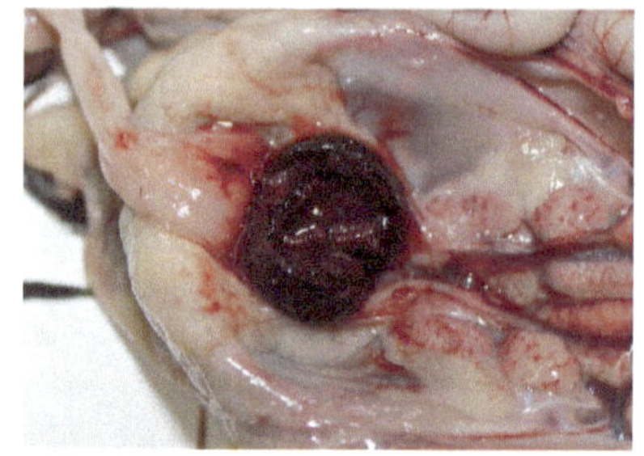

图 1-6-18　病死鸡法氏囊紫葡萄状肿胀出血（2）

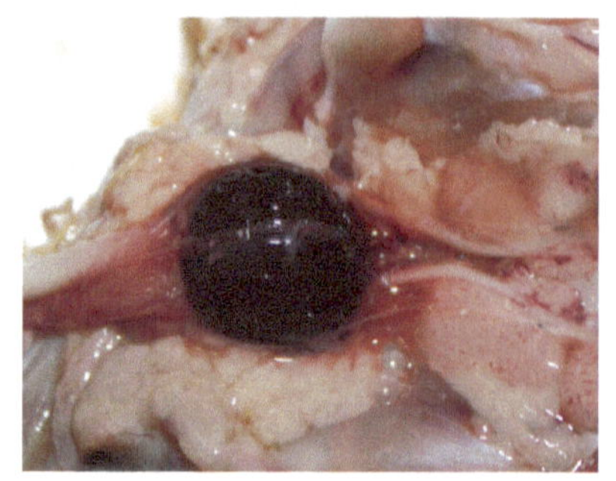

图 1-6-19　病死鸡法氏囊紫葡萄状肿胀出血（3）

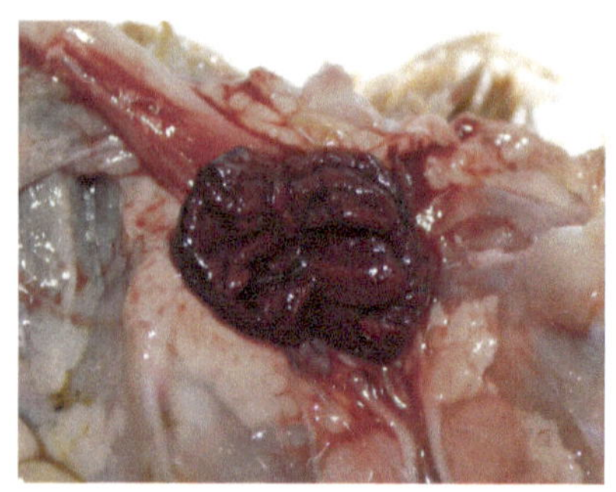

图 1-6-20　病死鸡法氏囊紫葡萄状肿胀出血（4）

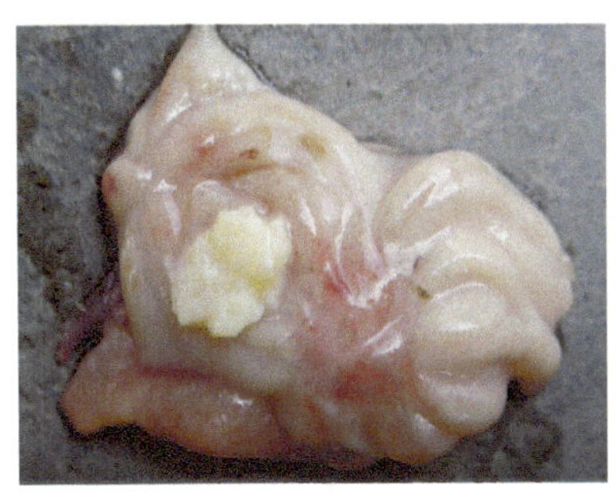

图 1-6-21 病死鸡法氏囊内有干酪样物

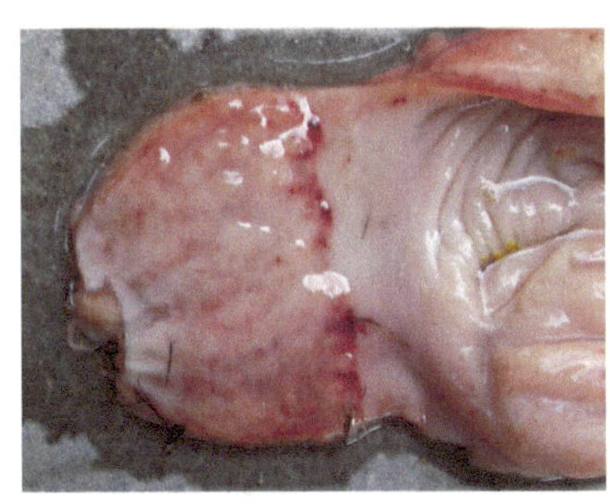

图 1-6-22 病死鸡腺胃与肌胃交界处黏膜出血（1）

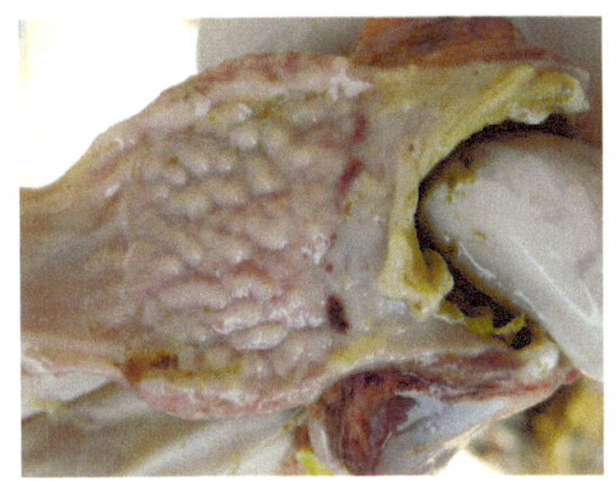

图 1-6-23 病死鸡腺胃与肌胃交界处黏膜出血（2）

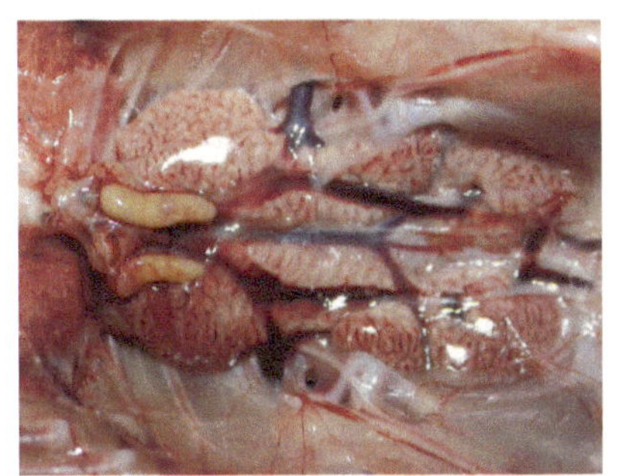

图 1-6-24 病死鸡出现“花斑肾”

（五）诊断

1. 临床诊断指标

1）精神异常沉郁，排白色米汤样稀粪，迅速衰竭死亡。
2）法氏囊肿大、出血，后期萎缩。
3）胸肌、腿肌出血。
4）腺胃、肌胃交界处黏膜出血。
5）“花斑肾”。

2. 确诊

需进行病毒分离鉴定、ELISA、琼扩试验。
注意与新城疫、鸡传染性支气管炎、鸡传染性贫血等病做鉴别诊断。

（六）防治

1. 预防措施

1）加强饲养管理，避免应激因素。
2）搞好预防接种。
疫苗有以下 2 种。
① 活疫苗：有弱毒、中等毒力、中等偏强毒力 3 种疫苗，要根据实际情况选用。使用中等毒力和中等偏强毒力的活疫苗可造成法氏囊的可逆性损伤。

② 灭活苗：多用在种鸡。

参考程序如下。

① 12～14 日龄用传染性法氏囊病弱毒苗滴嘴或饮水首免。

② 22～24 日龄用传染性法氏囊病中等毒力苗滴嘴或饮水二免。

③ 种鸡在开产前用传染性法氏囊病灭活苗肌注，以后每年接种 2 次。

2. 发病时的控制措施

1）降低饲料中的蛋白质含量，供给充足饮水，饮水中添加肾肿解毒药和电解多维。

2）发病早期及时足量肌注鸡传染性法氏囊病高免卵黄抗体，可较快控制病情。

3）防止继发感染，特别是球虫病和大肠杆菌病。

4）不宜使用磺胺类、驱虫类等毒性较大的药物及庆大霉素、卡那霉素、链霉素等嗜肾脏药物。

3. 治疗方案

1）精制高免卵黄抗体 1～2 mL＋头孢噻呋钠适量肌注 1～3 次。

2）植物血凝素＋恩诺沙星＋肾肿解毒药饮水 7d。

二、实践案例

1. 病例

某养殖场饲养三黄鸡 2000 羽，26 日龄出现明显的精神沉抑，剧烈的排白色米汤样稀粪，每天死亡 15～35 羽，剖检病死鸡胸肌、腿肌条索状出血；腺胃与肌胃交界处黏膜出血；法氏囊肿大、出血；肾肿大，充满白色尿酸盐呈花斑状。

2. 诊断

根据发病情况、症状表现和剖检病变，对照鸡马立克氏病的临床诊断指标初步诊断为鸡传染性法氏囊病。

3. 防治方案

1）鸡法氏囊病高免卵黄抗体 4000mL＋头孢噻呋钠 40g 混合肌注，2mL/羽。

2）肾肿解毒药＋黄芪多糖＋氧氟沙星混合饮水 7d。

3）加强饲养管理，适当提高舍温。

一、填空题

1. 鸡传染性法氏囊病活疫苗依毒力可分为________、________、________。

2. 鸡传染性法氏囊病的主要症状为________；特征病变为________、________、

________。

3. 引起家禽免疫抑制的病毒性传染病有_______、_______、_______、_______等。

二、单项选择题

1．属于免疫抑制病的是（　　）。

A．鸡传染性法氏囊病　　B．禽流感

C．禽霍乱　　D．鸡传染性支气管炎

2．不是鸡传染性法氏囊病特征性病变是（　　）。

A．法氏囊肿大出血　　B．肌肉出血

C．腺胃肿大如球　　D．腺胃肌胃交界处出血

3．不出现神经症状的疫病是（　　）。

A．鸡新城疫　　B．禽流感

C．禽白血病　　D．鸡传染性法氏囊病

4．传染性法氏囊病最易引起鸡发病的年龄是（　　）。

A．3～6 日龄　　B．3～6 周龄

C．3～6 月龄　　D．无年龄差异

5．传染性法氏囊病的典型病变是（　　）。

A．法氏囊肿瘤　　B．脚鳞出血

C．脂肪出血　　D．法氏囊肿大、出血

6．病鸡胸肌、腿肌出血，法氏囊肿大、出血是由（　　）引起的。

A．新城疫　　B．传染性喉气管炎

C．甘保罗病　　D．禽白血病

7．鸡传染性法氏囊病之所以受重视，是因为（　　）。

A．因法氏囊被破坏，造成免疫抑制，预防接种往往归于失败，使鸡群对其他疾病易感性增高

B．它是重要的人畜共患病

C．各种年龄的鸡都易感，发病率和死亡率都很高

三、判断题

（　　）1．典型鸡传染性法氏囊病发病鸡群可呈尖峰式死亡。

（　　）2．鸡传染性法氏囊病高免卵黄抗体无法治愈鸡传染性法氏囊病。

（　　）3．一旦发生鸡传染性法氏囊病，应立即对该鸡群紧急接种鸡传染性法氏囊活疫苗。

（　　）4．鸡传染性法氏囊病和肾型鸡传染性支气管炎均可出现“花斑肾”。

（　　）5．使用中等毒力和中等偏强毒力的鸡传染性法氏囊病活疫苗可造成法氏囊的可逆性损伤。

（　　）6．传染性法氏囊病在自然条件下，以成鸡和 2 周龄以下的鸡最易感。

（　　）7．传染性法氏囊病之所以受重视，是因为该病是人畜共患病。

（　　）8．凡是法氏囊没有退化的鸡都有可能发生传染性法氏囊病。

（　　）9．法氏囊病死鸡的肝脏上有灰白色坏死灶。

（　　）10. 鸡传染性法氏囊病中等毒力活疫苗不易受到母源抗体的干扰，也不会造成法氏囊的损伤。

（　　）11. 鸡传染性法氏囊病活疫苗常采用饮水免疫法接种。

四、案例分析题

一群28日龄的假三黄鸡3000羽，平均体重约600g，第一天死亡24羽，第二天死亡35羽，精神委顿，排白色米汤样稀粪。剖检胸肌、腿肌条索状出血，腺胃、肌胃交界处出血，法氏囊肿大出血，肾脏充满白色尿酸盐，外观呈花斑状。请你对该群发病鸡做出初步诊断并制订一个治疗方案。

任务7　禽痘的诊断和防治

一、必备知识

禽痘是由禽痘病毒引起的一种传染病，常见的是鸡痘和鸽痘，火鸡、鹌鹑也可发生。鸡痘病毒与鸽痘病毒等禽痘病毒之间缺乏交叉免疫性。

（一）流行特点

1）经损伤的皮肤或黏膜感染，蚊虫叮咬是最主要的传播途径，蚊子的带毒时间可达10～30d。

2）各种年龄禽均可发病，但以雏禽、中禽最常发病。

3）多见于夏秋季节。

（二）临床诊断要点

根据症状与病变特点禽痘可分为皮肤型、黏膜型、混合型和败血型。

1. 皮肤型

病禽在冠、肉髯、颜面、眼睑、喙角、翅下、腿、脚等无毛和少毛的部位出现痘疹或疱疹，破溃后形成痘痂（图1-7-1～图1-7-8）。

2. 黏膜型

病禽出现张口伸颈呼吸（图1-7-9）。剖检可见口腔、喉头、气管黏膜等部位出现黄白色痘状结节或纤维素性干酪样假膜（图1-7-10～图1-7-13）。

3. 混合型

皮肤和黏膜同时形成痘疹。

4. 败血型

出现全身症状和死亡，临床中少见。

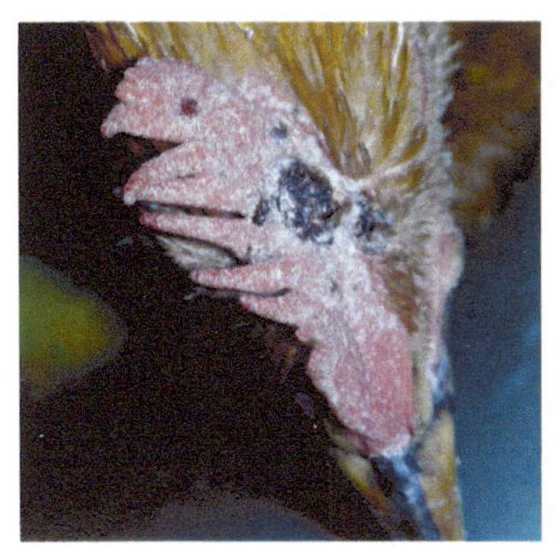

图 1-7-1　鸡冠形成痘疹和痘痂（1）

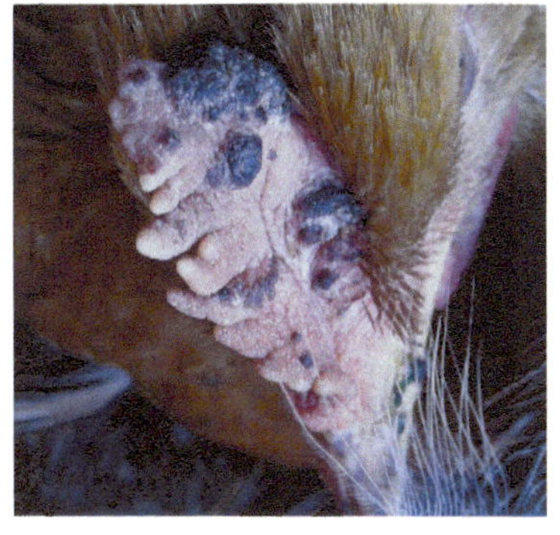

图 1-7-2　鸡冠形成痘疹和痘痂（2）

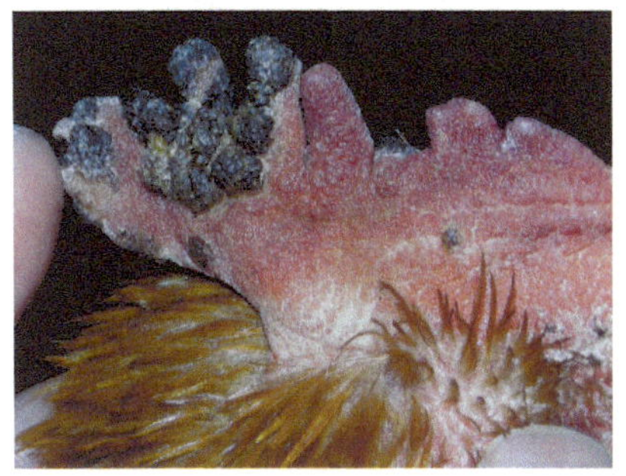

图 1-7-3　鸡冠形成痘疹和痘痂（3）

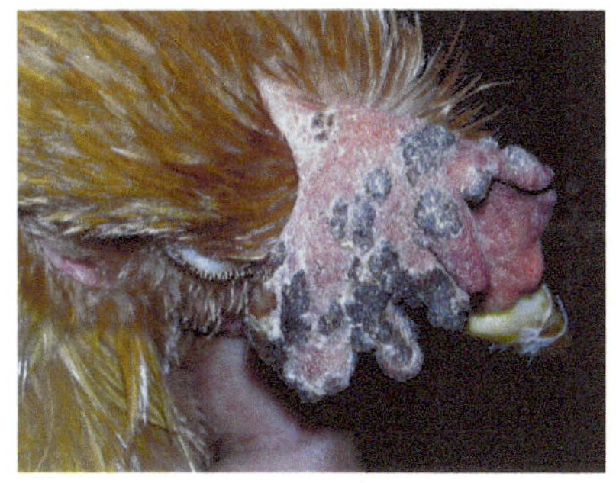

图 1-7-4　鸡冠形成痘疹和痘痂（4）

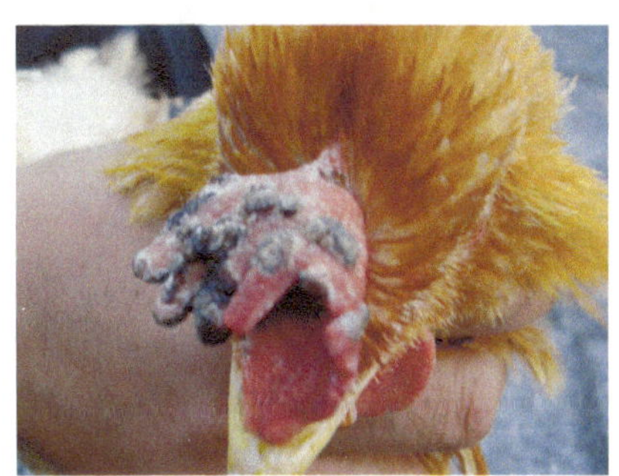

图 1-7-5　鸡冠形成痘疹和痘痂（5）

图 1-7-6　病鸽眼睑、鼻瘤形成痘疹和痘痂

图 1-7-7　病鸽眼睑、鼻端形成痘痂

图 1-7-8　病鸽脚鳞形成痘疹

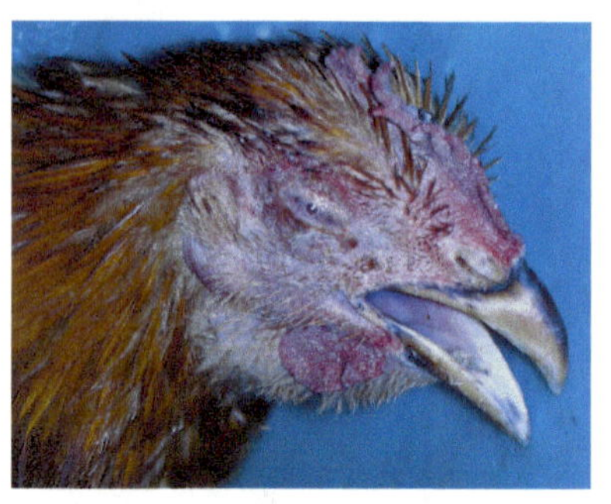
图 1-7-9 病鸡张口伸颈呼吸

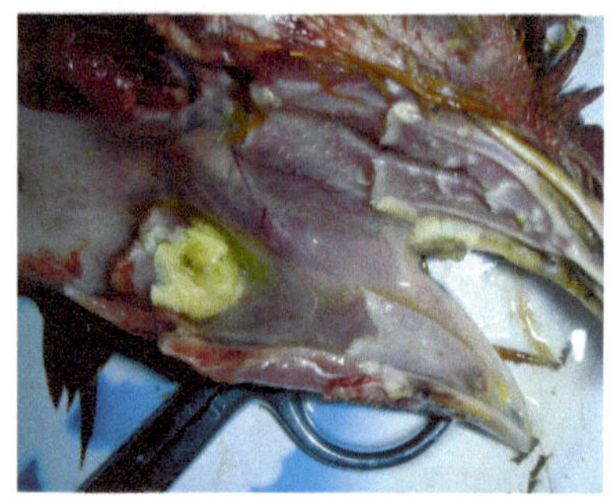
图 1-7-10 病死鸡喉头、口腔黏膜有干酪样假膜

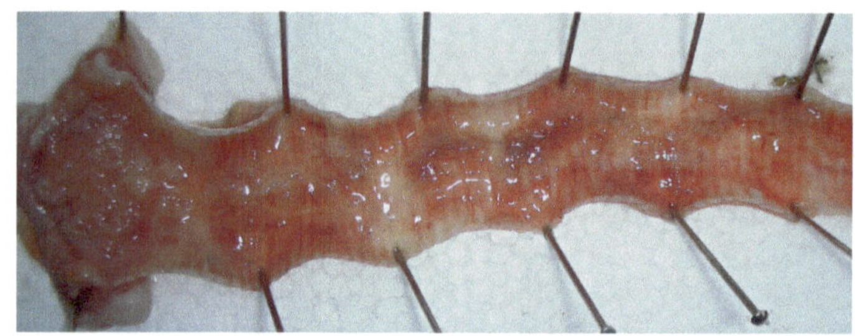
图 1-7-11 病死鸡喉头、气管黏膜充血，形成凹凸不平的痘斑（1）

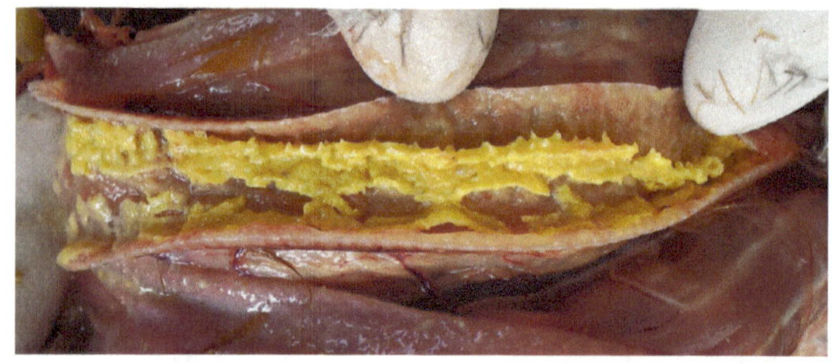
图 1-7-12 病死鸡喉头、气管黏膜充血，形成凹凸不平的痘斑（2）

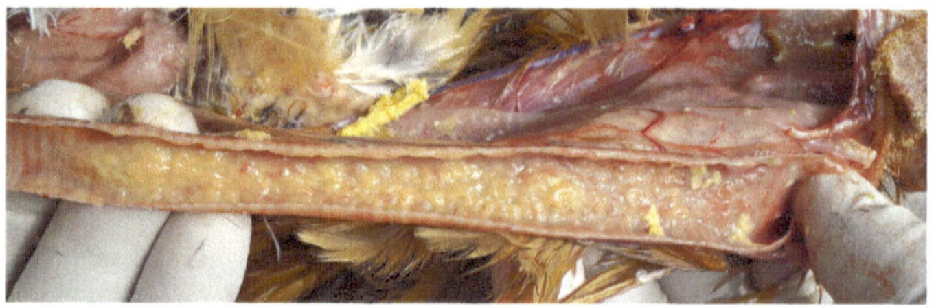
图 1-7-13 病死鸡喉头、气管黏膜充血，形成凹凸不平的痘斑（3）

（三）防治

1. 预防措施

1）加强卫生消毒，做好灭蚊工作（灭蚊灯、氯氰菊酯）。

2）定期接种疫苗

① 鸡痘鹌鹑化弱毒冻干苗：15～25 日龄雏鸡翅下羽囊刺种首免，后备鸡开产前翅下羽囊刺种二免。

② 鸽痘弱毒苗：1 日龄乳鸽翅下羽囊刺种。

2. 发病后的控制措施

目前尚无特效治疗药物，主要采用对症疗法，以减轻症状和防止并发症。
1）剥除痘痂，伤口处涂擦紫药水或 5%碘酊。
2）口腔、咽喉处用镊子除去假膜，涂上碘甘油。
3）眼部可挤出蓄积的干酪样物，用 2%硼酸液冲洗干净，再滴入 5%蛋白银溶液。
4）防止继发感染。

二、实践案例

1. 病例

某养殖场 2014 年 9 月份饲养的三黄鸡 2000 羽，70 日龄时病鸡鸡冠、肉垂、颜面皮肤出现大小不等的结节状痘疹，病程长者痘疹破溃形成痘痂。病鸡无全身症状和死亡病例。

2. 诊断

根据发病情况、症状表现对照禽痘的临床诊断要点初步诊断为鸡痘。

3. 防治方案

1）剥除病鸡痘痂，伤口处涂擦 5%碘酊。
2）全群紧急接种鸡痘鹌鹑化弱毒苗 3 羽份/羽。

职业能力测试

一、填空题

禽痘的主要传播途径是________，常见的传播媒介为________。禽痘常见表现类型有________、________、________，败血型极少见。

二、单项选择题

1. 禽痘疫苗的免疫途径是（　　）。
   A. 点眼滴鼻　B. 肌注　C. 刺种　D. 饮水
2. 禽痘的特征性症状是（　　）。
   A. 发热　B. 鼻炎　C. 痘疹　D. 肠炎
3. 禽痘传播主要通过的传播媒介是（　　）。
   A. 污染饲料和水　B. 污染场地　C. 污染空气　D. 吸血昆虫
4. 不属于禽痘发病表现类型的是（　　）。
   A. 内脏型　B. 皮肤型　C. 黏膜型　D. 混合型
5. 主要经吸血昆虫传播的疫病的是（　　）。
   A. 禽白血病　B. 鸡马立克氏病　C. 禽痘　D. 小鹅瘟

三、判断题

（　　）1．禽痘是由禽痘病毒引起的家禽和鸟类的一种接触性传染病，可以通过健康皮肤及消化道感染。

（　　）2．黏膜型的禽痘是在无毛处的皮肤有痘疹。

（　　）3．禽痘的防治主要采用对症治疗及防细菌继发感染。

（　　）4．禽痘免疫接种的方法是皮肤刺种。

（　　）5．禽痘疫苗最佳接种途径为皮下注射。

（　　）6．禽痘常在冠和肉垂形成痘疹，不会在脚鳞形成痘疹。

四、案例分析题

某养殖场一群5000羽45日龄的三黄鸡，出现张口伸颈呼吸，偶见死亡3～5羽，剖检见口腔、喉头、气管黏膜有干酪样纤维素性渗出物，刮除渗出物黏膜上可见凹凸不平的痘斑。支气管、腺胃及胰腺无明显病变。请你做出初步诊断并制订治疗方案。

任务8　鸭病毒性肝炎的诊断和防治

一、必备知识

雏鸭病毒性肝炎是由病毒引起雏鸭的一种急性高致死性传染病。发病急、传播快、死亡率高，新流行地区死亡率可高达90%。

（一）病原

鸭肝炎病毒，原分Ⅰ型、Ⅱ型、Ⅲ型。现Ⅱ型、Ⅲ型已归入星状病毒。Ⅰ型分为古典Ⅰ型、台湾型、韩国型，我国大陆主要为Ⅰ型，也有韩国型。常用消毒药可杀灭该病毒。

（二）流行特点

1）主要发生于3周龄内雏鸭，尤其是5～7日龄雏鸭最易感。

2）主要经消化道和呼吸道传播。

3）冬、春季节发病较多，饲养管理不当、湿度过高、密度过大、卫生条件差等均能促进本病的发生。

（三）主要症状

1）潜伏期1～4d，发病急，传播快，死亡率高。

2）病鸭精神委靡，食欲废绝，饮水增加。

3）病鸭出现歪头、扭颈、转圈、前冲后仰、两脚朝天乱划、抽搐等神经症状，大多数死前呈角弓反张姿势（图1-8-1～图1-8-6）。

（四）主要病变

1）病死鸭肝脏肿大、质脆，呈土黄色或暗红色，表面有大小不等的出血斑点（图1-8-7～图1-8-14）。

2）病死鸭肾脏充血、肿胀。

3）病死鸭胆囊扩张、充满胆汁。

图 1-8-1　病鸭歪头、扭颈、共济失调

图 1-8-2　病鸭歪头、扭颈、角弓反张

图 1-8-3　病死鸭呈角弓反张姿势（1）

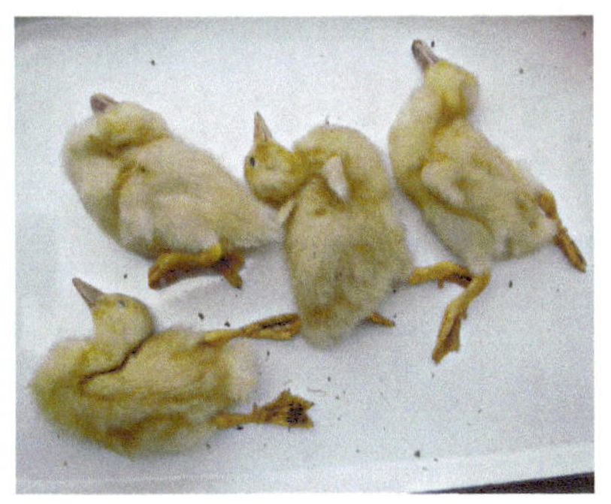

图 1-8-4　病死鸭呈角弓反张姿势（2）

图 1-8-5　病死鸭呈角弓反张姿势（3）

图 1-8-6　病死鸭呈角弓反张姿势（4）

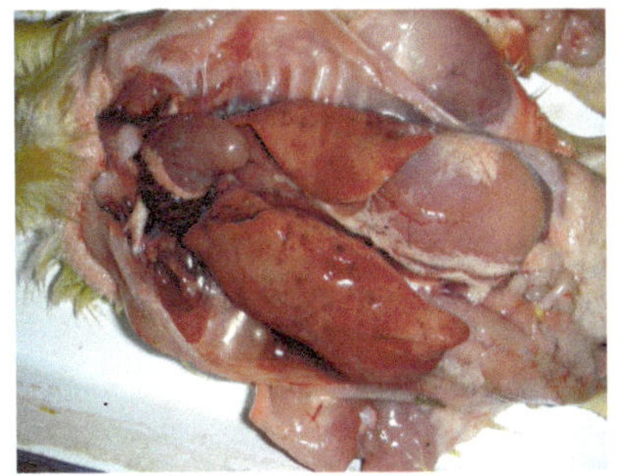

图 1-8-7　病死鸭肝脏肿大、出血、色黄、质脆（1）

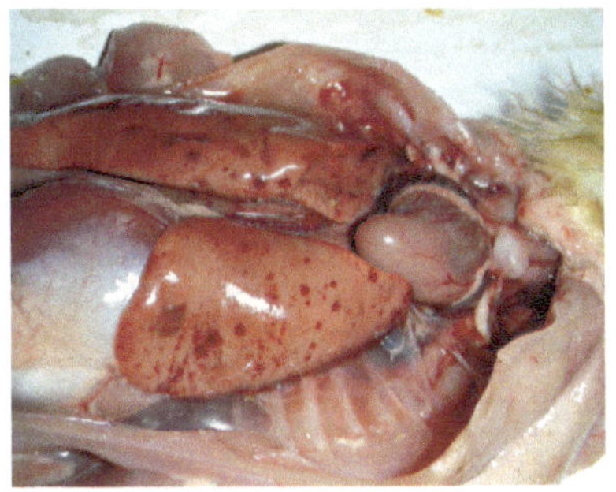

图 1-8-8　病死鸭肝脏肿大、出血、色黄、质脆（2）

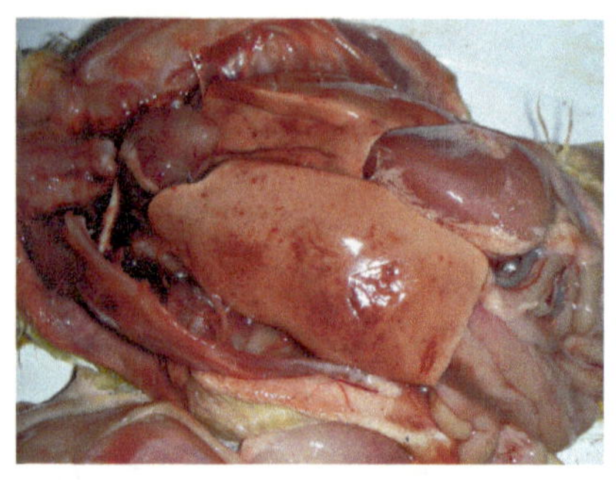

图 1-8-9　病死鸭肝脏肿大、出血、色黄、质脆（3）

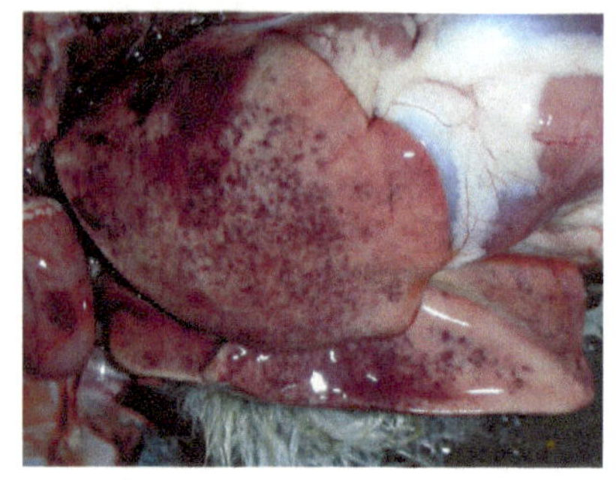

图 1-8-10　病死鸭肝脏布满出血斑点（1）

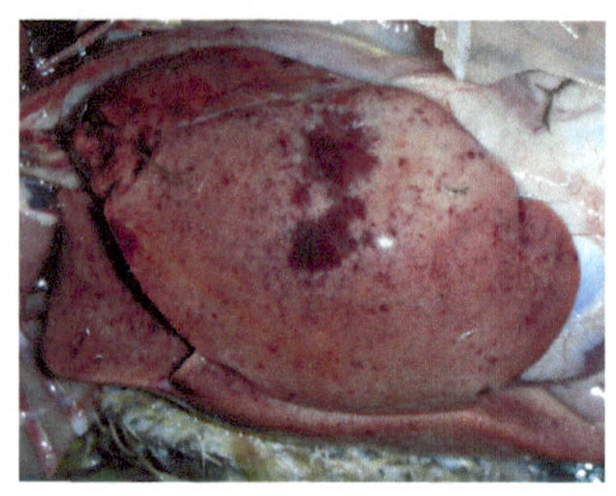

图 1-8-11　病死鸭肝脏布满出血斑点（2）

图 1-8-12　病死鸭肝脏布满出血斑点（3）

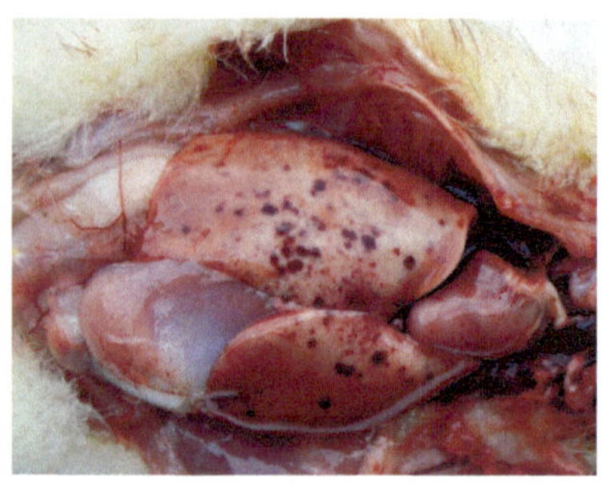

图 1-8-13　病死鸭肝脏布满出血斑点（4）

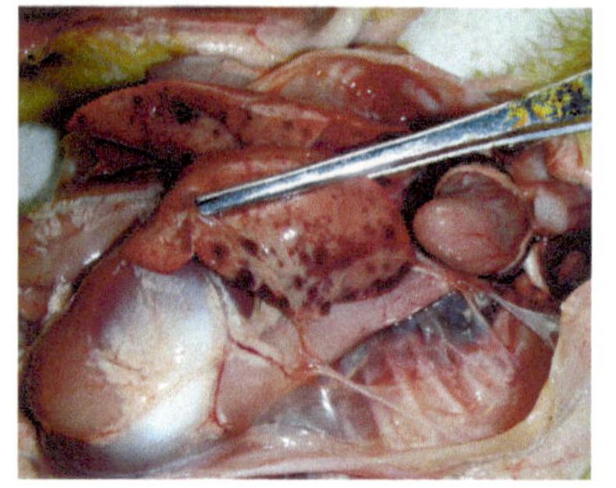

图 1-8-14　病死鸭肝脏布满出血斑点（5）

（五）诊断

1. 临床诊断指标

1）3 周内雏鸭急性发病，死亡率高。
2）病鸭出现歪头、扭颈、转圈等神经症状，死前呈角弓反张姿势。
3）肝脏肿大，表面有大小不等的出血斑点。

2. 确诊

病毒分离、ELISA、PCR等。

（六）防治

1. 预防

1）搞好生物安全措施。

2）预防接种。

鸭病毒性肝炎鸡胚化弱毒苗：种鸭于产蛋前 15～20d 皮下或肌肉注射 2 羽份/羽，以后每隔 4～6 个月全群接种 1 次。雏鸭于 1 日龄和 7 日龄分别皮下注射鸭病毒性肝炎精制高免卵黄抗体 0.5～1.0mL/羽。

2. 发病后的控制措施

发病或受威胁的雏鸭群，及时皮下注射精制高免卵黄抗体1～3mL/羽，可较快地控制病情。为了防止注射卵黄抗体后继发细菌感染，可在抗体中加入适量的抗生素。

二、实践案例

1. 病例

某养殖场饲养的樱桃谷肉鸭 3000 羽，7 日龄时突然发病，每天死亡 30～50 羽。病鸭精神委靡，食欲废绝，饮水增加；出现歪头、扭颈、转圈、共济失调等神经症状，大多数病死鸭呈角弓反张姿势。剖检见肝脏肿大、布满大小不等的出血斑点；胆囊肿胀，肾脏充血、肿大。

2. 诊断

根据发病情况、症状表现及剖检病变，对照鸭病毒肝炎的临床诊断指标初步诊断为鸭病毒性肝炎。

3. 防治方案

1）加强饲养管理和卫生消毒，无害化处理病死鸭。

2）全群紧急接种抗体制剂：鸭病毒性肝炎精制高免卵黄抗体 4500mL＋头孢噻呋钠 15g 混合皮下注射，1.5mL/羽。

一、填空题

1. 鸭病毒性肝炎的流行特点是________、________、________，易感年龄为________，剖检的特征性病变为_______。

2. 12 日龄樱桃谷鸭急性死亡，出现明显的扭颈、转圈等神经症状，死前呈角弓反张姿势，剖检肝脏布满出血斑点，初步诊断为_______。

二、单项选择题

1．病鸭临床表现泳动、角弓反张，剖检见肝肿大、土黄色变性，表面有大小不等的出血斑点，可初步诊断为（　　）。

A．鸭病毒性肝炎　B．鸭巴氏杆菌病　C．鸭瘟　D．鸭流感

2．鸭病毒性肝炎的特征性病变是（　　）

A．肠炎　B．脾炎　C．肝炎　D．肺炎

3．鸭肝炎主要危害（　　）。

A．小鸭　B．中鸭　C．产蛋鸭　D．成年鸭

4．死前常出现角弓反张的疫病是（　　）。

A．鸡白痢　B．鸭病毒性肝炎　C．支原体感染　D．禽白血病

三、判断题

（　　）1．鸭病毒性肝炎又称为鸭肝炎，是成年鸭的一种急性、高度致死性传染病。

（　　）2．鸭病毒性肝炎临诊特点是角弓反张，剖检特征是肝脏肿大出血。

（　　）3．鸭病毒性肝炎多见于中成鸭。

（　　）4．鸭病毒性肝炎高免卵黄抗体对鸭病毒性肝炎有良好的防治效果。

四、案例分析题

一群12日龄的樱桃谷肉鸭5000羽，平均体重约250g，第一天死亡65羽，第二天死亡80羽，病鸭出现歪头、扭颈、转圈、共济失调等神经症状，死前呈角弓反张姿势。剖检病死鸭见肝脏出血、肿大、质脆，其余器官组织无明显眼观病变。请你对该群发病鸭做出初步诊断并制订一个治疗方案。

任务9　鸭瘟的诊断和防治

一、必备知识

鸭瘟又称鸭病毒性肠炎，是由鸭瘟病毒引起的鸭、鹅等水禽的一种急性、热性、败血性传染病，俗称“大头瘟”。

（一）流行特点

1）不同年龄和品种的鸭均可感染该病，以番鸭、麻鸭、绵鸭和天府肉鸭易感性最高，北京鸭次之。

2）成年鸭和产蛋母鸭发病和死亡较为严重，1月龄以下的雏鸭发病较少。

3）主要经消化道、呼吸道、眼结膜或交配传播。

4）一年四季均可发病，但以春末至秋季流行最为严重。

（二）主要症状

1）病鸭头颈部肿大。

2）病鸭流泪、眼眶周围羽毛湿润。

3）病鸭排灰白色或黄绿色稀粪，翅膀下垂，两脚麻痹无力。

（三）主要病变

1）病死鸭口腔、咽部黏膜坏死，表面有黄白色假膜覆盖。

2）病死鸭食道黏膜条纹状出血、溃疡，表面有黄白色假膜覆盖（图1-9-1）。

3）病死鸭小肠环状出血（图1-9-2和图1-9-3）。

4）病死鸭直肠、泄殖腔黏膜出血和溃疡（图1-9-4）。

5）病死鸭肝脏表面有坏死灶，坏死灶中部有出血。

6）病死鸭偶见食道与腺胃交界处出血。

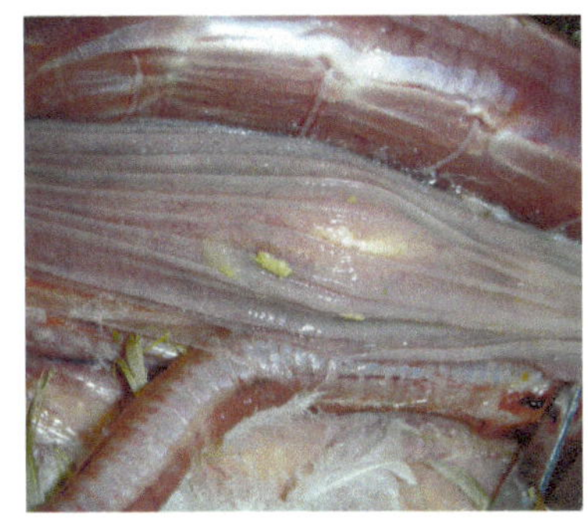

图 1-9-1　病死鸭食道黏膜有黄色假膜

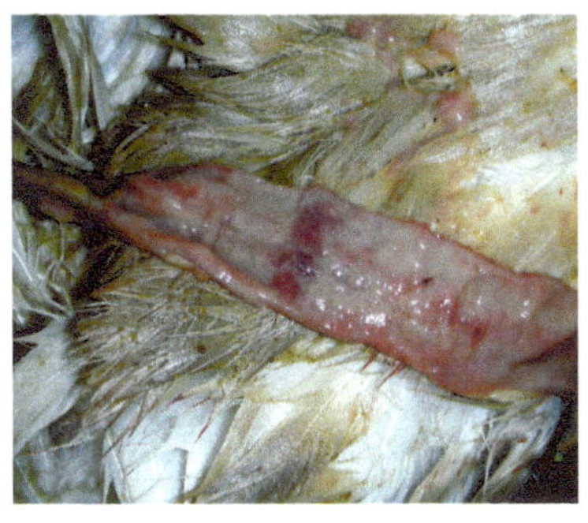

图 1-9-2　病死鸭小肠黏膜环状出血（1）

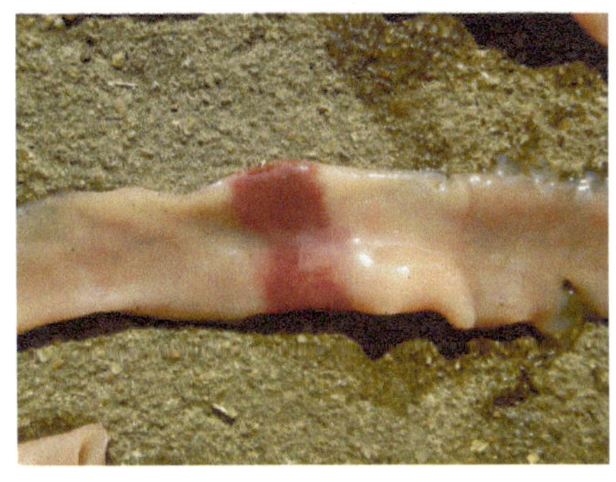

图 1-9-3　病死鸭小肠黏膜环状出血（2）

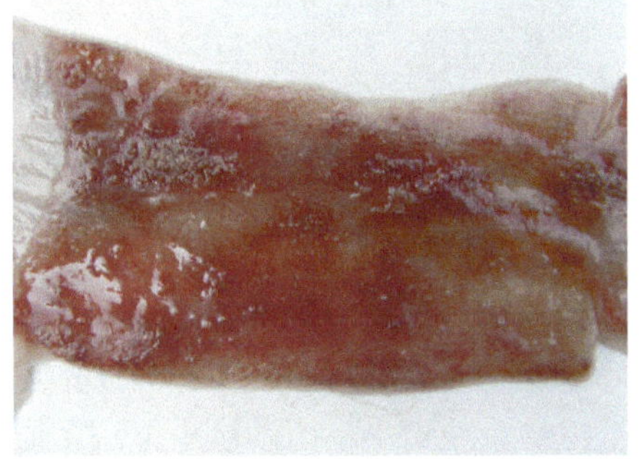

图 1-9-4　病死鸭泄殖腔黏膜坏死溃疡

（四）诊断

1. 临床诊断指标

1）头部肿大。

2）食道、口腔、咽或泄殖腔黏膜出血、溃疡，上有坏死性假膜。

3）小肠环状出血。

4）肝出血、坏死。

2. 确诊

ELISA、毒力试验、PCR、病毒分离等。

（五）防治

1. 预防

1）搞好生物安全措施。
2）定期进行疫苗接种。

15～20日龄鸭瘟鸭胚化弱毒苗肌注首免，30～35日龄鸭瘟鸭胚化弱毒苗肌注二免，种鸭在产蛋前做鸭瘟鸭胚化弱毒苗加强免疫，以后每年接种2～3次。

2. 发病后的控制措施

1）立即进行疫苗紧急注射，5～8 羽份/羽。
2）严格隔离消毒。
3）在饮水中添加黄芪多糖、植物血凝素、抗菌药物和电解多维以防止继发感染，增强抗病能力。

二、实践案例

1. 病例

某养殖场饲养的樱桃谷种鸭 8000 羽，270 日龄时开始发病，每天死亡 25～60 羽。病鸭排黄绿色稀粪，脚软不愿走动，流泪，部分病鸭头部肿大。剖检病死鸭食道黏膜出血，表面附着一层坏死性假膜；小肠黏膜环状出血；肝脏出血、坏死；泄殖腔黏膜出血、溃疡。

2. 诊断

根据发病情况、症状表现及剖检病变，对照鸭瘟的临床诊断指标，初步诊断为鸭瘟。

3. 防治方案

1）加强饲养管理和卫生消毒，无害化处理病死鸭。
2）全群紧急接种鸭瘟疫苗，6 羽份/羽。
3）植物血凝素＋环丙沙星＋电解多维，饮水 1 周。

一、填空题

1. 剖检 4 月龄病鸭见食道黏膜和泄殖腔黏膜条索状出血、溃疡、上有黄色假膜可疑为________。
2. 鸭瘟以________发病和死亡率较高，多发季节为________。

二、单项选择题

1. 病鸭体温升高，脚软，下痢，流泪，眼睑水肿，部分鸭头颈部肿大，剖检见肝表面有出血斑点在出血周边有坏死灶，食道黏膜有小出血点，并有灰黄色假膜或溃疡，小肠黏膜呈环状出血，泄殖腔黏膜出血溃疡。该病鸭可能患的疾病是（　　）。

A．鸭瘟　　B．鸭浆膜炎　　C．鸭病毒性肝炎　　D．鸭伤寒

2．不属于鸭瘟常见症状的是（　　）。

A．流泪　　B．下痢　　C．角弓反张　　D．头部肿大

三、判断题

（　　）1．鸭瘟俗称“大头瘟”，是由鸭瘟病毒引起鸭、鹅的一种急性接触性传染病。

（　　）2．鸭瘟的病理变化为食道和泄殖腔黏膜发生坏死，上有淡黄色假膜覆盖，肝脏肿大出血坏死。

（　　）3．鸭瘟多见于雏鸭。

（　　）4．鹅对鸭瘟无易感性。

（　　）5．番鸭也可发生鸭瘟。

任务10　小鹅瘟的诊断和防治

一、必备知识

小鹅瘟是由鹅细小病毒引起雏鹅的一种急性或亚急性败血性传染病。

（一）流行特点

1）3周内的雏鹅和雏番鸭多发，1周龄左右最易发病。

2）主要经消化道、呼吸道传播，也可经蛋垂直传播。

（二）主要症状及病变

1）病雏鹅精神沉郁，厌食，排黄白色稀粪（图1-10-1）。

2）病死鹅小肠部分肠段膨大，以中后段肿大最为明显，肠壁变薄，肠腔内有黄白色的栓塞物堵塞，栓塞物由脱落坏死肠黏膜及纤维素性渗出物凝固而成。肿胀的肠管形如香肠状（图1-10-2～图1-10-8）。

3）病死鹅肝脏肿大，胆囊膨大，脾脏和胰腺充血，偶见灰白色针尖大坏死。

图1-10-1　病鹅精神沉郁，排黄白色稀粪

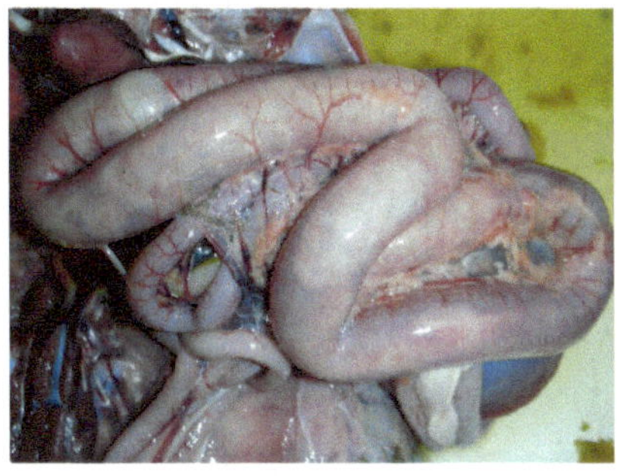

图1-10-2　病死鹅小肠膨大，外观呈香肠状

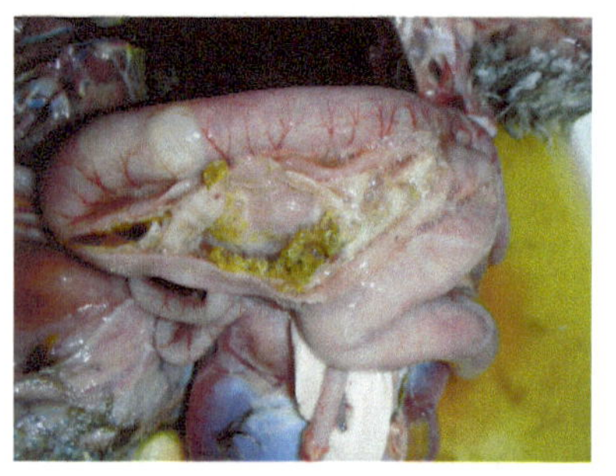
图 1-10-3　病死鹅肠腔内充满纤维素栓塞物

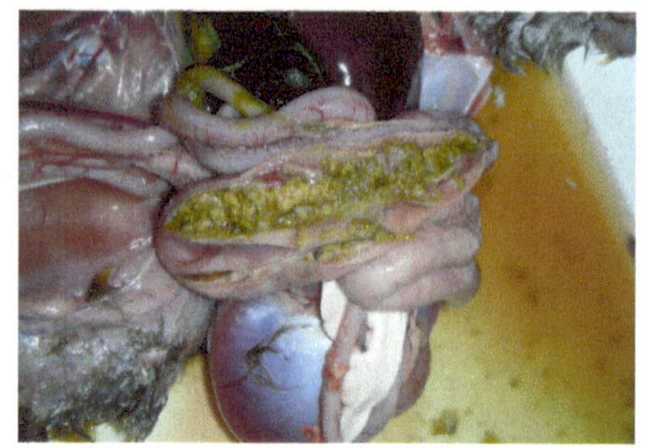
图 1-10-4　病死鹅肠腔内充满坏死性栓塞物

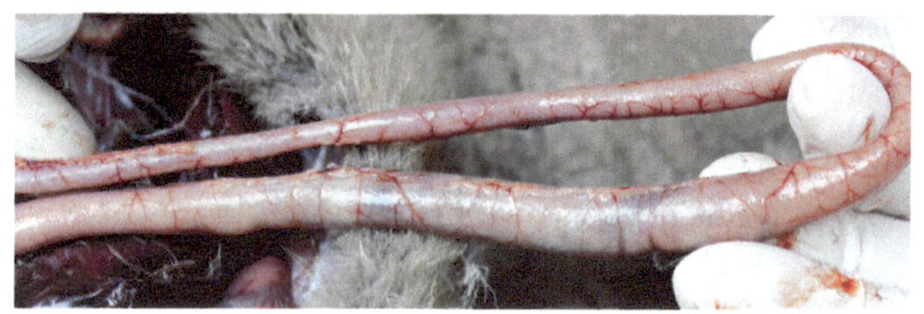
图 1-10-5　病死鹅小肠明显膨大，质地较坚实

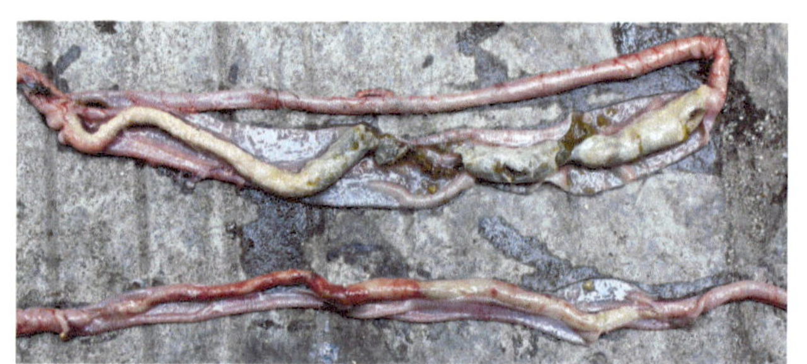
图 1-10-6　病死鹅肠腔内充满纤维素性、坏死性栓塞物

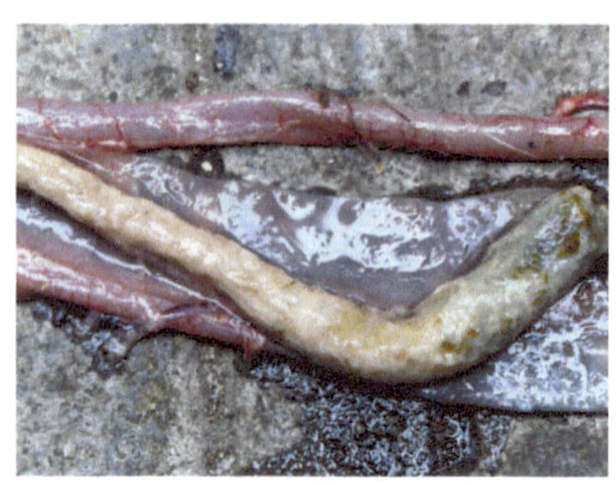
图 1-10-7　病鹅肠腔内充满纤维素性栓塞物（1）

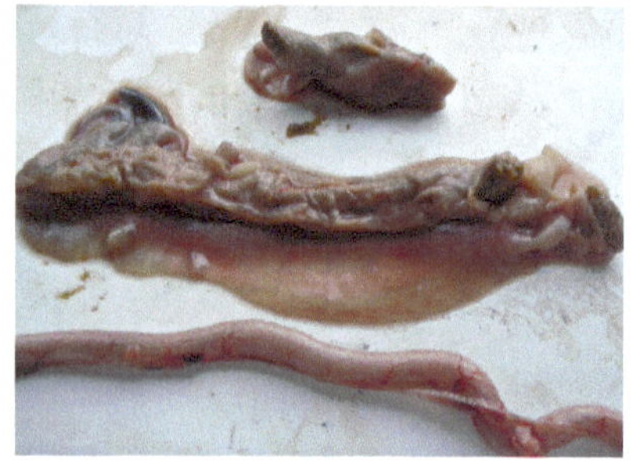
图 1-10-8　病鹅肠腔内充满纤维素性栓塞物（2）

（三）诊断

1. 临床诊断指标

1）3 周龄内雏鹅、雏番鸭急性发病。

2）剖检小肠出现坏死性、渗出性肠炎，小肠栓塞膨大形如香肠。

2. 确诊

鹅胚接种、中和试验、ELISA等。

（四）防治

1）严禁从疫区引进种苗和种蛋。
2）加强场地、种蛋、孵房及用具的消毒。
3）预防接种。
① 种鹅在产蛋前 15d 左右用鹅胚化种鹅弱毒苗皮下或肌肉注射，以后每隔 4～6 个月接种一次。
② 雏鹅在 1 日龄、7 日龄皮下注射小鹅瘟高免血清 0.5～1mL/羽，可有效防控小鹅瘟。
4）发病鹅群的处理。
发病或受威胁的鹅群，及时皮下注射小鹅瘟血清 1～3mL/羽，可有效控制疫情的蔓延。

二、实践案例

1. 病例

某养殖场饲养的狮头鹅 2000 羽，10 日龄时突然发病，每天死 20～30 羽。病鹅精神萎靡，食欲废绝，排黄白色稀粪；剖检小肠呈香肠状膨大，内充满黄白色纤维素性、坏死性栓塞物，肝脏肿大，胆囊膨大。

2. 诊断

根据发病情况、症状表现及剖检病变，对照小鹅瘟的临床诊断指标，初步诊断为小鹅瘟。

3. 防治方案

1）加强饲养管理和卫生消毒，无害化处理病死鹅。
2）全群紧急接种抗体制剂：小鹅瘟高免血清 4000mL＋头孢噻呋钠 20g 混合皮下注射，2mL/羽。

一、填空题

1．最早报道小鹅瘟的国家是________，本病主要侵害________周龄内的雏鹅；特征性剖检病变为________，首选治疗药物为________。
2．小鹅瘟的病原是________。

二、单项选择题

1．下列疫病中，可垂直传播的是（　　）。
A．小鹅瘟　　B．禽流感　　C．传染性法氏囊病　　D．新城疫

2. 小鹅瘟的病原是（　　）。

A. 番鸭细小病毒　B. 鹅细小病毒　C. 呼肠孤病毒　D. 痘病毒

3. 2 周龄的雏鹅剖检见渗出性肠炎，小肠膨大呈香肠状可疑为（　　）。

A. 鹅伤寒　B. 鹅流感　C. 小鹅瘟　D. 鹅白痢

三、判断题

（　　）1. 小鹅瘟是由鹅细小病毒引起的雏鹅和雏番鸭的急性败血性传染病，典型的病理变化为小肠的中、下段形成栓子。

（　　）2. 小鹅瘟主要见于 3 周龄内雏鹅，治疗药物为小鹅瘟高免血清。

四、案例分析题

一群 9 日龄的狮头鹅 1000 羽，平均体重约 300g，第一天死亡 15 羽，第二天死亡 21 羽，病鹅精神不振，食欲减退，排黄白色稀粪，蹲伏在地不愿走动。剖检可见小肠膨大，内充满坏死性、纤维素性栓塞物，其余器官组织无明显病变。请你做出初步诊断并制订一个治疗方案。

任务 11　鸡传染性贫血的诊断和防治

一、必备知识

鸡传染性贫血是由鸡传染性贫血病毒引起的雏鸡的一种免疫抑制性传染病。

（一）流行特点

1）主要经蛋垂直传播，也可通过消化道传播。

2）多在 1～3 周龄发病，尤其以 1～7 日龄雏鸡最易感。

（二）临床诊断要点

1）病鸡皮肤黏膜贫血、苍白。

2）病鸡胸肌、腿肌出血（图 1-11-1）。

3）病鸡骨髓、胸腺、法氏囊萎缩，骨髓发黄（图 1-11-2）。

4）病鸡血液稀薄，红细胞压积显著减少。

图 1-11-1　病鸡腿肌出血

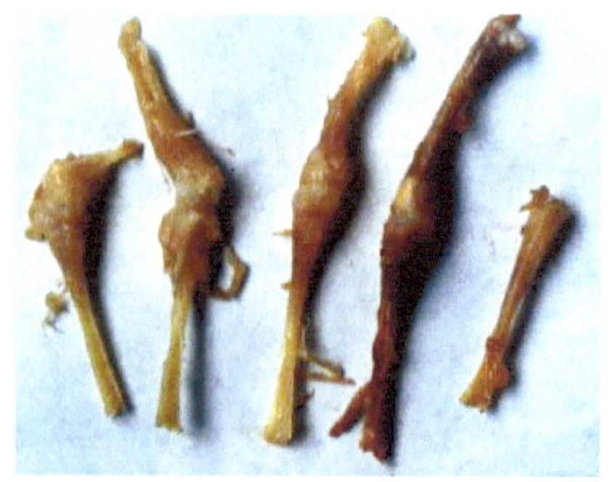

图 1-11-2　病鸡骨髓发黄

（三）防治

1）搞好生物安全措施。
2）种鸡于 90～100 日龄用鸡传染性贫血活疫苗饮水免疫，可预防雏鸡发病。
3）做好鸡马立克氏病、传染性法氏囊病等疾病的免疫接种。

二、实践案例

1. 病例

某养殖场饲养的艾维茵肉鸡 10000 羽，14 日龄时发病，日死 15～25 羽。病鸡精神不振，皮肤黏膜苍白，翅下皮肤出血；剖检见胸肌、腿肌条索状出血，胸腺、法氏囊萎缩，骨髓呈淡黄色；肝、脾、肾肿大。

2. 诊断

根据发病情况、症状表现及剖检病变，对照鸡传染性贫血的临床诊断要点初步诊断为鸡传染性贫血。

3. 防治方案

1）加强饲养管理、搞好卫生消毒，隔离淘汰病死鸡。
2）全群投服环丙沙星＋黄芪多糖＋电解多维。

一、填空题

1. 家禽免疫抑制病有________、________、________、________等。
2. 鸡传染性贫血的易感日龄为______________。

二、单项选择题

1. 1 周龄鸡出现皮肤黏膜苍白，剖检胸肌、腿肌出血，法氏囊、胸腺、骨髓萎缩，骨髓呈黄色可初步诊断为（　　）。

A. 新城疫　　B. 禽流感　　C. 马立克氏病　　D. 鸡传染性贫血

2. 种鸡接种鸡传染性贫血活疫苗的时间一般是（　　）。

A. 1 日龄　　B. 10 日龄　　C. 100 日龄　　D. ABC 都可以

三、判断题

（　　）1. 禽白血病、传染性贫血病及产蛋下降综合征均可垂直传播。
（　　）2. 鸡传染性贫血主要经呼吸道传播。
（　　）3. 安普霉素对鸡传染性贫血有特效。

任务12　禽病毒性关节炎的诊断和防治

一、必备知识

禽病毒性关节炎是由呼肠孤病毒引起的鸡的一种免疫抑制性传染病。

（一）临床诊断要点

1）4～6周龄的肉鸡多发，尤其是快大肉鸡。

2）病鸡跗关节肿胀，腿外旋，跛行，瘫痪（图1-12-1）。

3）病死鸡跗关节肌腱肿胀、出血、断裂，腱鞘炎（图1-12-2）。

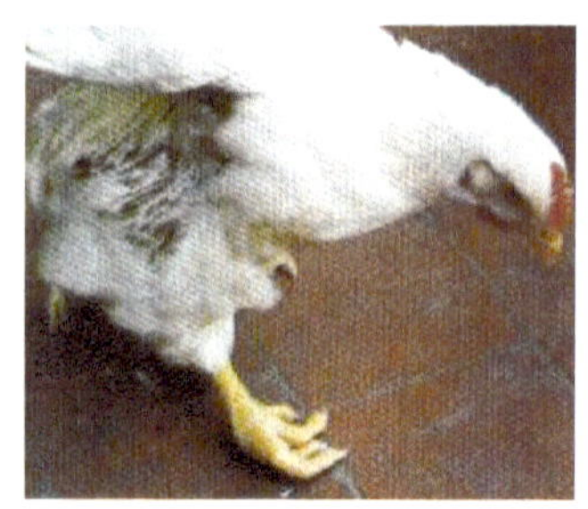

图 1-12-1　病鸡跛行，跗关节外旋

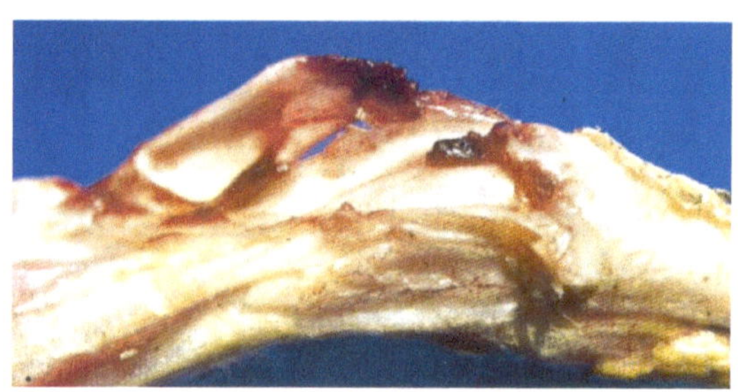

图 1-12-2　病死鸡跗关节肌腱肿胀、出血、断裂

（二）防治

1）搞好生物安全措施。

2）预防接种。

① 疫苗：禽病毒性关节炎油乳剂灭活苗，禽病毒性关节炎弱毒苗。

② 用法：8～12 日龄用弱毒苗皮下注射或饮水首免，8～14 周龄再用弱毒苗二免，开产前 2～3 周用灭活苗肌肉注射。

③ 该苗应与马立克氏病活疫苗、鸡传染性法氏囊病弱毒苗的接种相隔 5d 以上，以免发生干扰。

二、实践案例

1. 病例

某养鸡场饲养的艾维茵肉鸡 10000 羽，36 日龄时有几十羽鸡陆续发病，死亡率低。病鸡跗关节肿胀，患肢跗关节下部向外旋，跛行，有的瘫痪；剖检见跗关节肌腱肿胀、内有黄色分泌物，重者肌腱出血、断裂。畜主曾投服阿莫西林 5d 病情无明显好转。

2. 诊断

根据发病情况、症状表现及剖检病变，对照禽病毒性关节炎的临床诊断要点结合药物治疗情况初步诊断为禽病毒性关节炎。

3. 防治方案

1）加强饲养管理、搞好卫生消毒，淘汰发病鸡。
2）全群投服环丙沙星＋黄芪多糖＋电解多维。
3）建议畜主今后饲养艾维茵肉鸡按程序接种禽病毒性关节炎活疫苗。

职业能力测试

一、填空题

1．禽病毒性关节炎多见于________鸡，易感年龄为________周龄，特征性症状是________；重症病鸡剖检可见________。

2．家禽免疫抑制病有________、________、________、________等。

二、单项选择题

1．禽病毒性关节炎常见病变部位为（　　）。
A．翅关节　　B．趾关节　　C．跗关节　　D．膝关节

2．禽病毒性关节炎易感年龄为（　　）。
A．1 周龄内　　B．4～6 周　　C．10～12 周龄　　D．15 周龄以上

三、判断题

（　　）1．禽病毒性关节炎的病原是禽病毒性关节炎病毒。
（　　）2．禽病毒性关节炎的特征性病变是跗关节肌腱出血、断裂。
（　　）3．禽病毒性关节炎多见于本地放养土鸡。

任务 13　禽白血病的诊断和防治

一、必备知识

禽白血病是由白血病或肉瘤病病毒引起的禽类的一种淋巴细胞增生性肿瘤性传染病。本病可诱发免疫抑制。

（一）临床诊断要点

1）16周龄以上鸡多发，发病率3%～5%，主要经卵垂直传播。
2）病禽肝、脾、肾、法氏囊、睾丸、卵巢、骨髓等器官组织出现弥漫性肿瘤（图1-13-1和图1-13-2）。

（二）防治

1）搞好生物安全措施。
2）雏鸡可发生免疫耐受，目前尚无疫苗。
3）种鸡进行白血病净化，建立无白血病种鸡群。

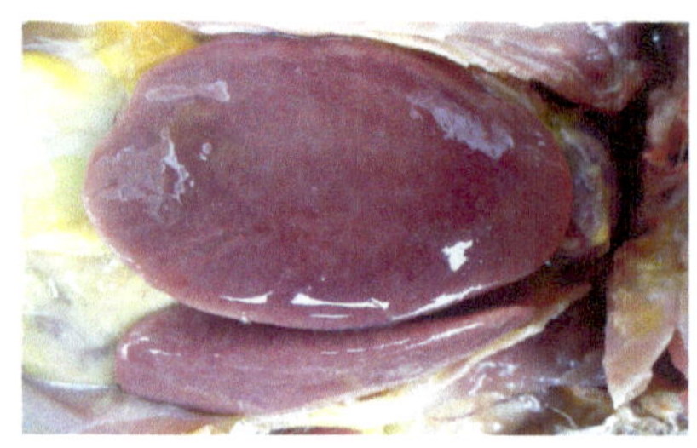
图 1-13-1 病鸡肝脏有弥漫性肿瘤

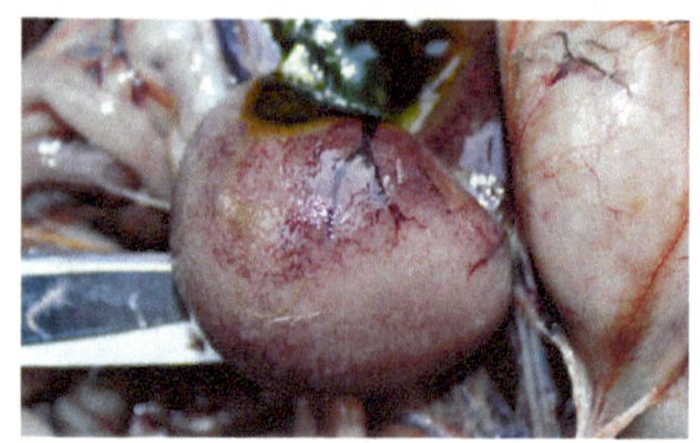
图 1-13-2 病鸡脾脏有弥漫性肿瘤

二、实践案例

1. 病例

某养鸡场饲养的种用三黄鸡 10000 羽，5 月龄时出现以消瘦、贫血，肝、脾、肾、法氏囊等内脏器官出现肿瘤为主要表现的疾病，死亡率很低，投服抗生素无效。经询问畜主得知，该种鸡群已按要求接种了鸡马立克氏病 CVI988 活疫苗。

2. 诊断

根据发病情况、症状表现及剖检病变，对照禽白血病的临床诊断要点结合药物治疗情况初步诊断为禽白血病。

3. 防治方案

1）加强饲养管理、搞好卫生消毒，淘汰发病鸡。
2）无特效药，建议畜主今后做好种鸡白血病的净化工作。

一、填空题

1. 禽白血病易感年龄为________周龄，发病率为________。
2. 家禽免疫抑制病有________、________、________等。
3. 防控禽白血病的关键措施是进行________________。

二、单项选择题

1. 属于免疫抑制病的是（　　）。
   A. 禽白血病　B. 禽流感　C. 禽霍乱　D. 鸡传染性支气管炎
2. 内脏型马立克病与（　　）极为相似，要注意区别。
   A. 禽白血病　B. 禽痘　C. 禽流感　D. 传染性法氏囊病
3. 禽白血病的示病性病变是（　　）。
   A. 肝肿瘤　B. 卵巢肿瘤　C. 法氏囊肿瘤　D. 脾肿瘤

三、判断题

（　　）1. 禽白血病临床特点是发病率高、死亡率高、病死率高。

（　　）2．禽白血病常见于 16 周龄以下鸡。

任务 14　禽脑脊髓炎的诊断和防治

一、必备知识

禽脑脊髓炎是由病毒引起的雏禽的一种传染病。

（一）病原

本病病原为禽脑脊髓炎病毒。

（二）临床诊断要点

1）多发于1～4周龄的雏鸡，6周龄以上鸡感染一般不表现症状，产蛋鸡感染呈一过性产蛋下降。主要经消化道传播，也可垂直传播。

2）病鸡共济失调，头颈震颤，两肢麻痹或瘫痪（图1-14-1）。

3）病鸡一侧眼球晶状体浑浊，内有絮状物，虹膜颜色变浅，瞳孔扩大。

4）病死鸡剖检大脑水肿（图1-14-2）。

图 1-14-1　病鸡头颈震颤

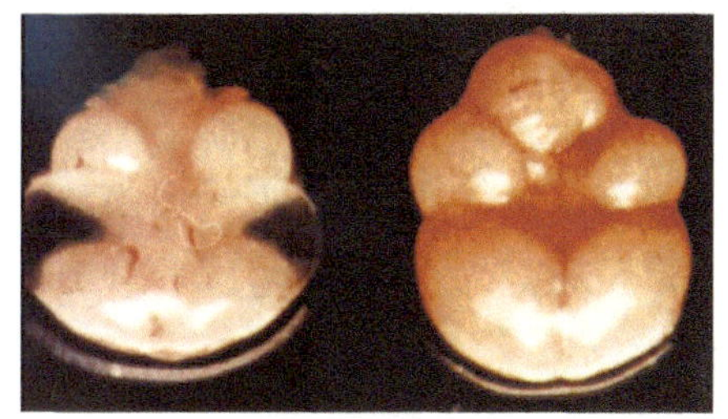

图 1-14-2　病死鸡大脑水肿

（三）防治

1）搞好生物安全措施。

2）种鸡免疫接种。

疫苗：

① 禽脑脊髓炎活疫苗（毒力较强）。

② 禽脑脊髓炎＋鸡痘弱毒苗。

用法：

① 10 周龄后进行禽脑脊髓炎活疫苗饮水免疫。

② 10 周龄以上至开产前 4 周之间进行禽脑脊髓炎＋鸡痘弱毒苗翅下皮肤刺种。

3）本病目前尚无特异性疗法，重症鸡应淘汰。

二、实践案例

1．病例

某养鸡场饲养的艾维茵肉鸡 10000 羽，15 日龄时开始发病，病鸡出现肢体麻痹，瘫痪，共济失调，头颈震颤，日死亡 15～20 羽；剖检大多无明显病变，个别鸡可见大脑水肿。

2. 诊断

根据发病情况、症状表现及剖检病变，对照禽脑脊髓的临床诊断要点初步诊断为禽脑脊髓炎。

3. 防治方案

1）加强饲养管理、搞好卫生消毒，淘汰发病鸡。

2）无特效药，建议畜主今后选择接种过禽脑脊髓活疫苗的种鸡场购买商品雏。

一、填空题

1 周龄鸡出现共济失调，肢体麻痹，头颈震颤，瘫痪；剖检见大脑水肿可初步怀疑为________。

二、单项选择题

1. 禽脑脊髓炎的特征症状为（　　）。

A. 白痢　　B. 黄痢　　C. 血痢　　D. 头颈部震颤

2. 禽脑脊髓炎是一种主要侵害幼龄鸡的病毒性传染病，在病理上具有诊断意义的是（　　）。

A. 脑水肿　　B. 一侧坐骨神经肿大

C. 脚鳞出血　　D. 腺胃与肌胃交界

三、判断题

（　　）1. 禽脑脊髓炎活疫苗可接种 1～4 周龄的鸡。

（　　）2. 禽脑脊髓炎的特征性症状为角弓反张。

（　　）3. 禽脑脊髓炎主要经消化道传播。

任务 15　鸡产蛋下降综合征的诊断和防治

一、必备知识

鸡产蛋下降综合征是由鸡产蛋下降综合征病毒引起的产蛋鸡的一种传染病，鸭常带毒，偶见发病。

（一）临床诊断要点

1）主要是经蛋垂直传播，也可通过消化道传播。

2）25～35周龄产蛋鸡出现群体性产蛋量下降，或达不到预期的产蛋高峰。产蛋率比正常下降20%～30%，甚至可达50%。

3）病禽产软壳蛋、薄壳蛋、白壳蛋和畸形蛋，蛋质低劣（图1-15-1）。

4）病禽输卵管黏膜水肿，内有炎性渗出物（图1-15-2）。

5）病禽无明显消化道和呼吸道症状。

图 1-15-1　病鸡产畸形蛋、蛋壳变白

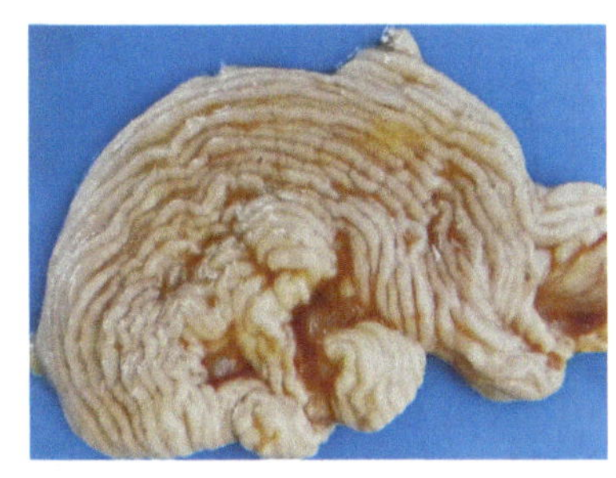
图 1-15-2　病鸡输卵管黏膜水肿，内有炎性渗出物

（二）防治

1）搞好生物安全措施。

2）预防接种：开产前6～10周，3～4周分别接种鸡产蛋下降综合征油乳剂灭活苗，二免也可采用新城疫＋产蛋下降综合征二联油乳剂灭活苗或新城疫＋传染性支气管炎＋产蛋下降综合征三联油乳剂灭活苗。

3）一旦发病坚决淘汰病鸡。

二、实践案例

1. 病例

某种鸡场饲养的 50000 羽种鸡，30 周龄时产蛋率从 90%迅速下降至 60%，经采取多项措施均未能恢复鸡群的产蛋率。检查鸡群无明显的呼吸道及消化道症状，经调查该鸡群未接种鸡产蛋下降综合征灭活苗。

2. 诊断

根据流行特点、症状表现及病史调查，对照鸡产蛋下降综合征的临床诊断要点初步诊断为鸡产蛋下降综合征。

3. 防治方案

无特效药，建议畜主今后饲养的后备鸡要按要求接种鸡产蛋下降综合征灭活苗。

一、填空题

1. 鸡产蛋下降综合征________最易感，主要经________传播；防治措施最关键是

种鸡在开产前接种________________________。

2．鸡产蛋下降综合征的病原是________________________。

二、单项选择题

1．鸡产蛋下降综合征对产蛋鸡在（　　）造成危害。

A．产蛋量下降时　　B．刚开产　　C．产蛋高峰期前后　　D．休产时

2．鸡产蛋下降综合征的主要病变是在(　　)

A．肝脏　　B．脾脏　　C．输卵管　　D．输尿管

三、判断题

（　　）1．鸡产蛋下降综合征的主要病变是在肝脏和脾脏。

（　　）2．鸡产蛋下降综合征无明显的消化道及呼吸道症状。

（　　）3．鸡产蛋下降综合征主要经水平传播。

禽细菌性传染病防治

任务 1　禽沙门氏杆菌病的诊断和防治

一、必备知识

禽沙门氏杆菌病是由各种类型的沙门氏杆菌所引起禽类不同形式疾病的总称。不同动物的沙门氏菌病在世界各地广泛分布，对人和动物的健康构成了严重威胁，尤其某些宿主范围广的菌株，不但能引起人和动物感染发病，还能污染食品造成食物中毒。常见的禽沙门氏杆菌病主要包括鸡白痢、禽伤寒和禽副伤寒。

（一）病原

1）鸡白痢的病原是鸡白痢沙门氏杆菌，禽伤寒的病原是禽伤寒沙门氏杆菌，禽副伤寒的病原是鼠伤寒沙门氏杆菌和肠炎沙门氏杆菌等。

2）沙门氏杆菌是革兰氏阴性，两端钝圆，中等大小的杆菌。沙门氏杆菌在麦康凯琼脂平板上长出无色的菌落（图2-1-1）。

3）常用消毒剂即可将其杀灭。

（二）流行特点

1）各年龄禽类均易感，鸡白痢多见于 3 周内雏鸡；禽副伤寒多见于 2 周内的雏鸡；禽伤寒多见于 1～5 月龄的家禽；成鸡多为隐性感染。

2）主要经消化道、呼吸道、眼结膜、交配及蛋的垂直传播。

3）鸡群过度拥挤、潮湿、温度过高或过低、通风不良等都可诱发本病。

（三）主要症状

1. 鸡白痢

1）病鸡精神委顿，厌食，缩头，闭眼。

2）病鸡排白色糊状稀粪，泄殖腔及周围羽毛粘满粪便，干涸后封住肛门影响排便（图 2-1-2 和图 2-1-3），常发出痛苦的尖叫声。

3）有的患鸡跗关节肿大（图 2-1-4），瘫痪。

4）成鸡感染常无明显症状，产蛋鸡产蛋量、孵化率降低。少数病鸡腹泻，产蛋停止。

2. 禽伤寒

年龄较大的患禽表现精神委顿，缩颈闭眼，排黄绿色稀粪，病程较长的鸡冠、肉髯苍白、皱缩（图 2-1-5）；雏禽发病症状与鸡白痢相似。

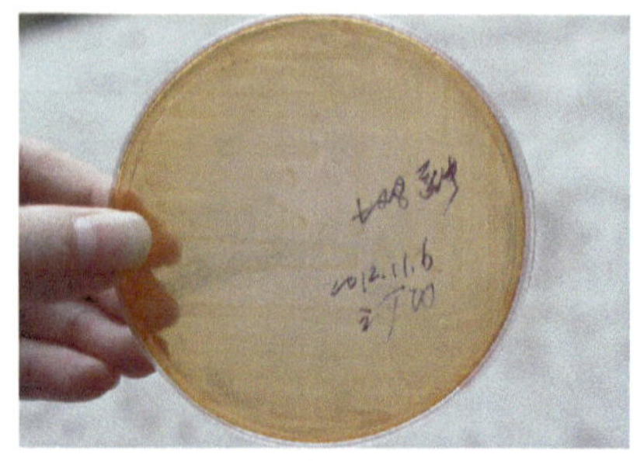
图 2-1-1　麦康凯培养的鸡白痢沙门氏杆菌

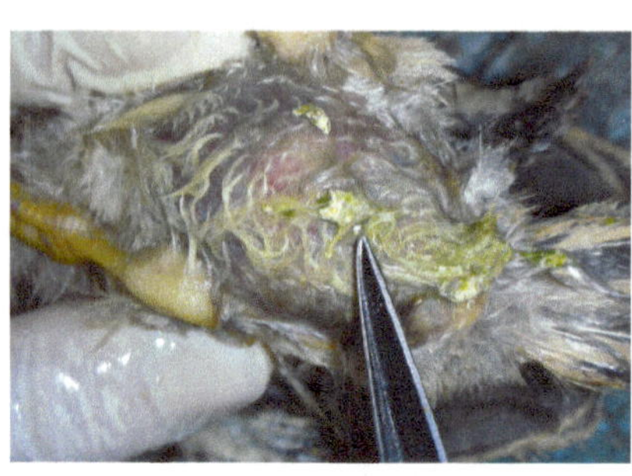
图 2-1-2　病鸡排黄白色糊状稀粪

图 2-1-3　病鸡肛门被硬粪封住

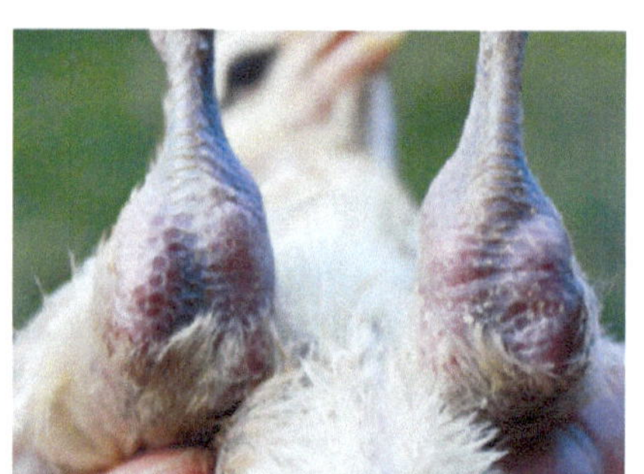
图 2-1-4　病鸡跗关节肿大

3. 禽副伤寒

病禽出现黄白色水样下痢；雏鸭发病常见颤抖、喘息及眼睑浮肿等症状。

（四）主要病变

1. 鸡白痢

1）雏鸡腹部膨大，皮下出血，卵黄吸收不良（图 2-1-6）。
2）病死鸡肝脏肿大，表面有大小不等的黄白色坏死灶（图 2-1-7～图 2-1-9）。
3）病死鸡心脏、肺脏有灰白色结节，俗称“白痢结节”（图 2-1-10～图 2-1-13）。
4）病死鸡盲肠肿大变粗，内有黄白色干酪样渗出物堵塞肠腔。
5）产蛋鸡卵泡变形、坏死（图 2-1-14）。

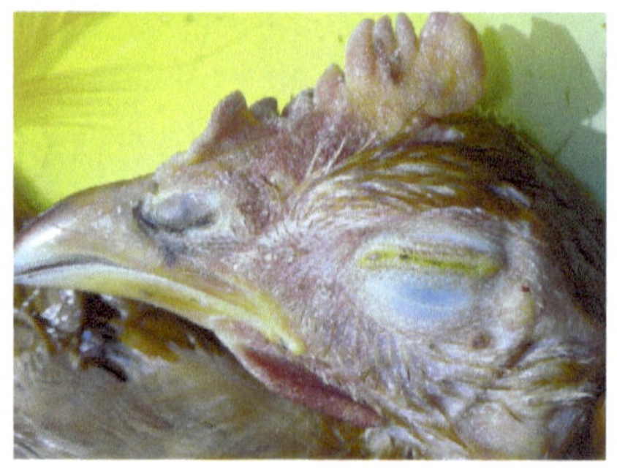
图 2-1-5　病鸡冠苍白、皱缩

图 2-1-6　病死鸡卵黄吸收不全

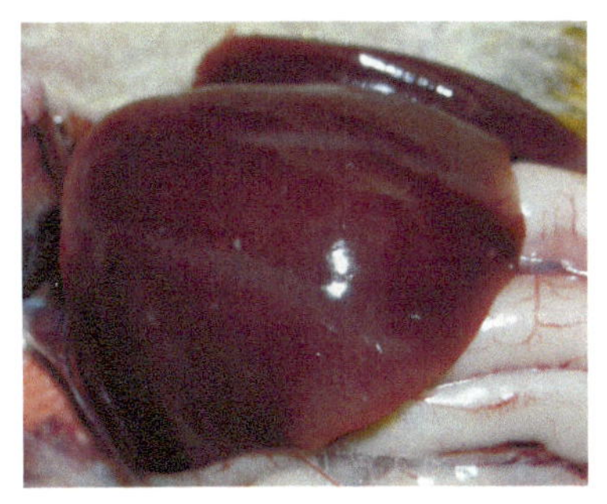
图 2-1-7 病死鸡肝脏表面有黄白色坏死灶（1）

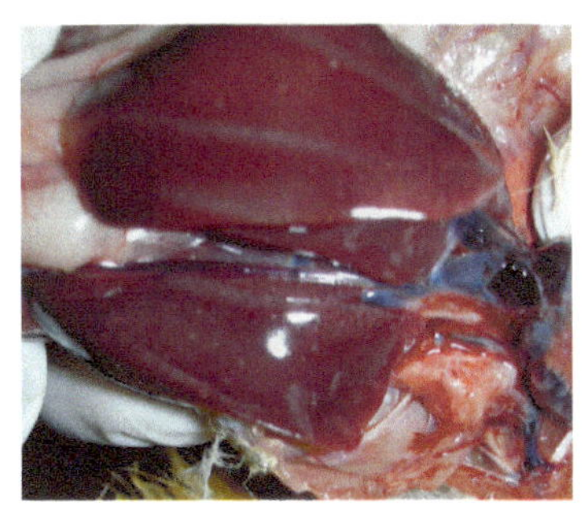
图 2-1-8 病死鸡肝脏表面有黄白色坏死灶（2）

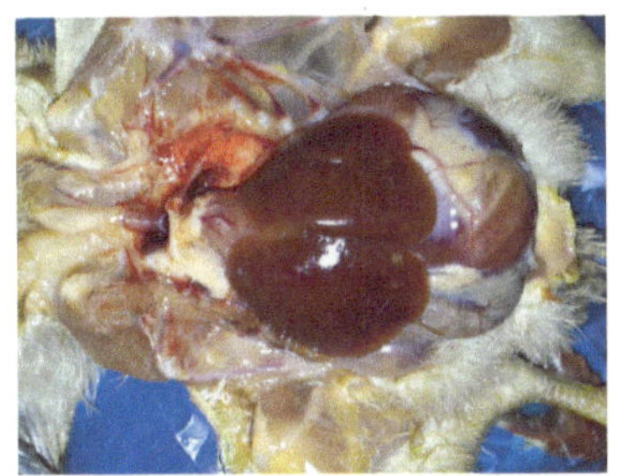
图 2-1-9 病死鸡肝脏表面有黄白色坏死灶（3）

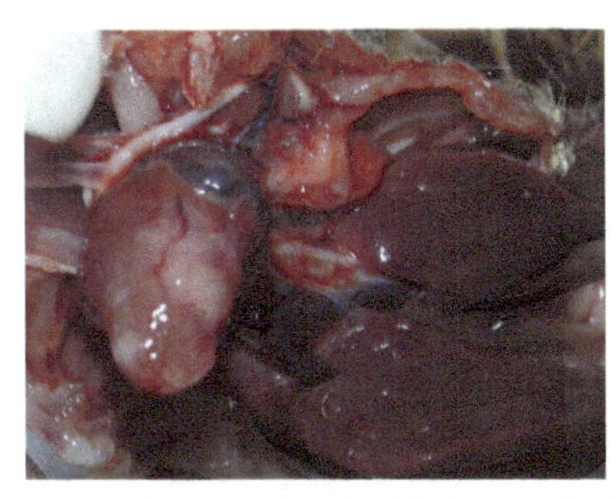
图 2-1-10 病死鸡心脏表面有灰白色结节（1）

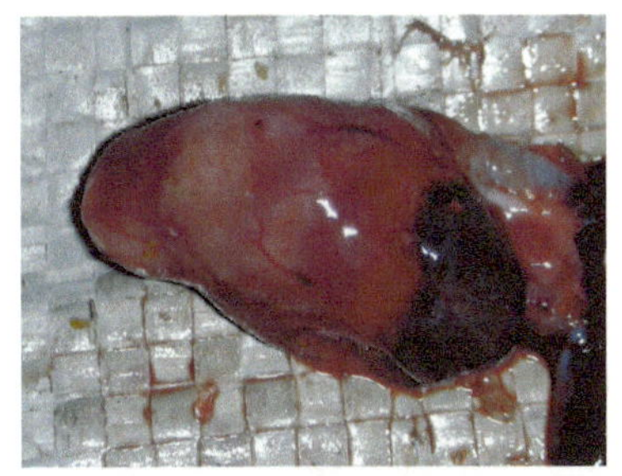
图 2-1-11 病死鸡心脏表面有灰白色结节（2）

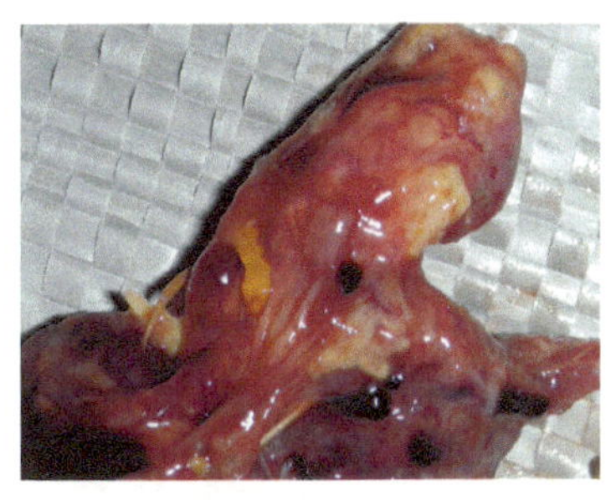
图 2-1-12 病死鸡肺脏表面有灰白色结节（1）

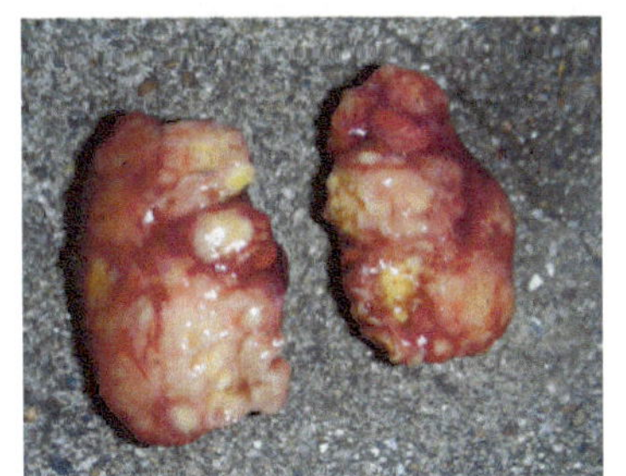
图 2-1-13 病死鸡肺脏表面有灰白色结节（2）

图 2-1-14 病死鸡卵泡变形、坏死

2. 禽伤寒

1）病死禽肝脏肿大，表面有大小不等的黄白色坏死灶（图 2-1-15～图 2-1-18），有的肝脏呈特征性的铜绿色（图 2-1-19～图 2-1-22）。

2）病死禽脾脏、肾脏充血肿大。

3）产蛋禽卵泡充血、出血，有的有卵黄性腹膜炎，有的公鸡睾丸有坏死灶。

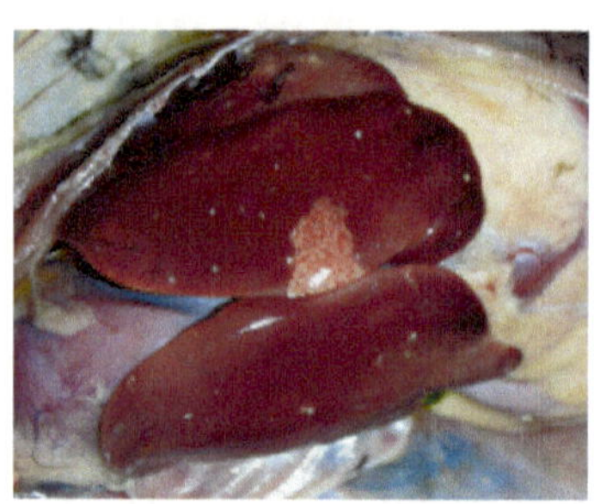
图 2-1-15 病死鸡肝脏坏死（1）

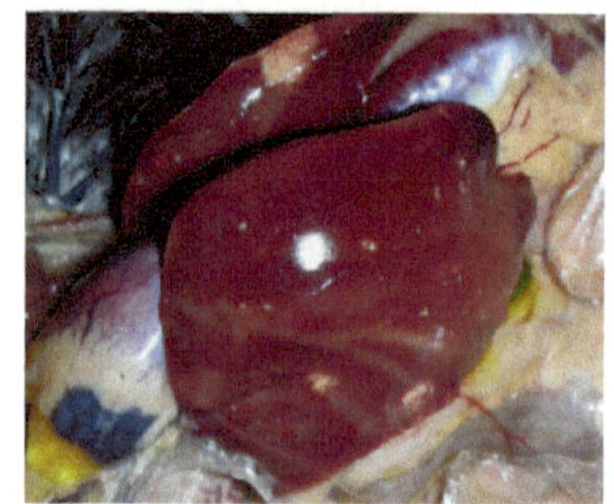
图 2-1-16 病死鸡肝脏坏死（2）

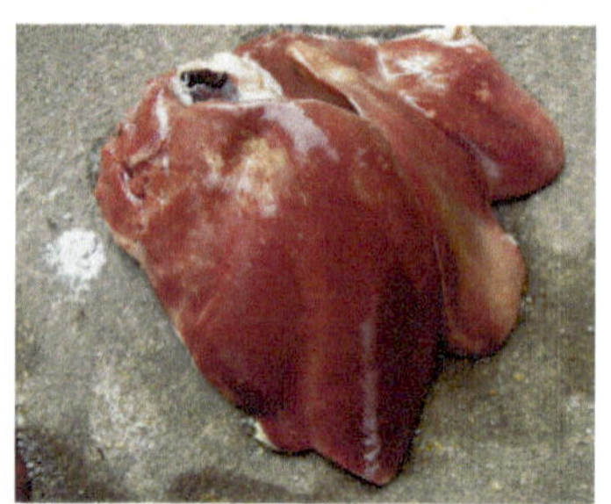
图 2-1-17 病死鸡肝脏坏死（3）

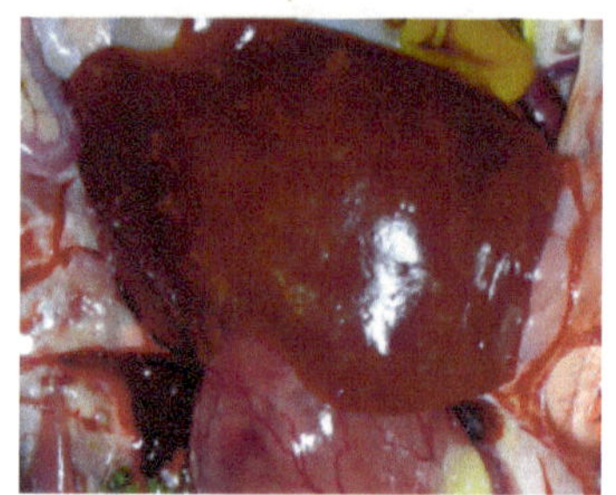
图 2-1-18 病死鸡肝脏坏死（4）

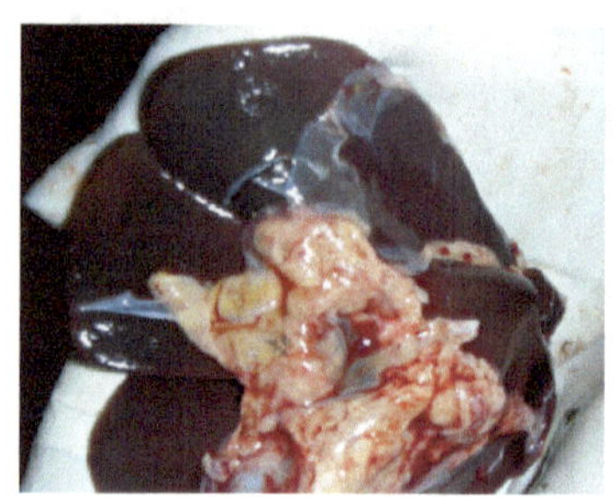
图 2-1-19 病死鸡肝脏呈铜绿色（1）

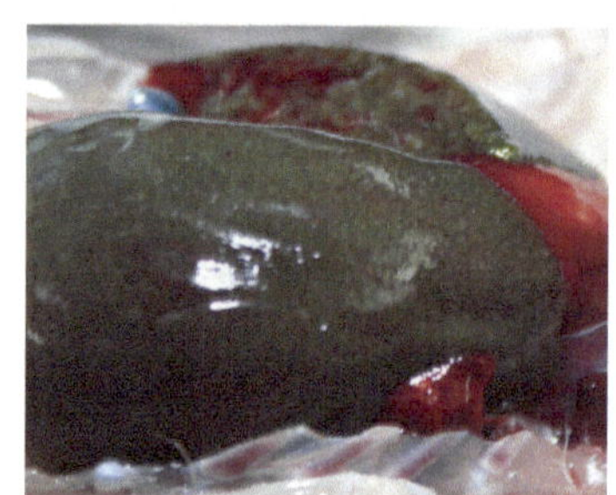
图 2-1-20 病死鸡肝脏呈铜绿色（2）

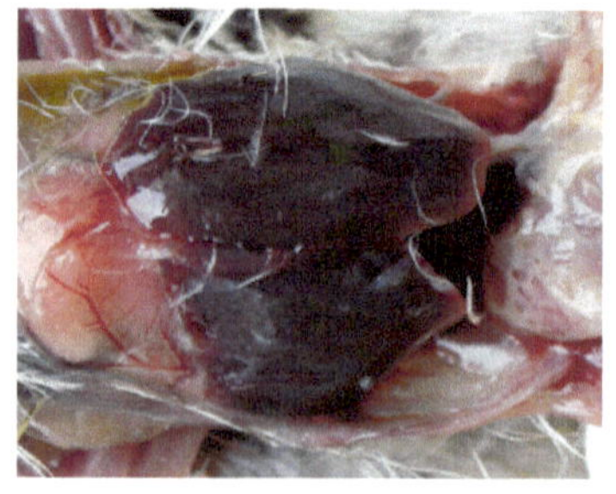
图 2-1-21 病死鸡肝脏呈铜绿色（3）

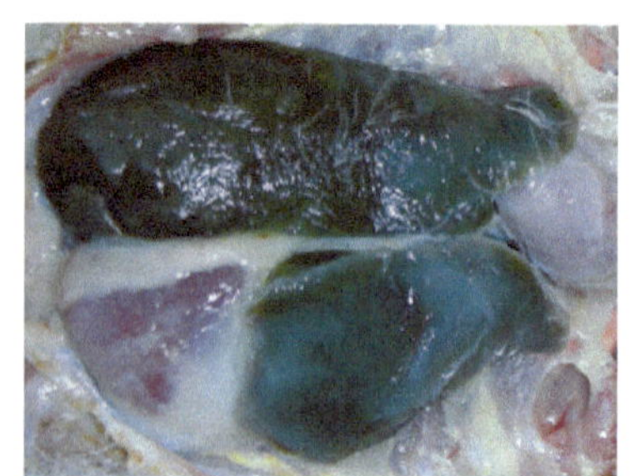
图 2-1-22 病死鸭肝脏呈铜绿色（肝周炎与鸭浆膜炎混合感染）

3. 禽副伤寒

1）病禽排黄白色稀粪，硬便封肛（图 2-1-23）。

2）病死禽腹部膨大，脐炎，卵黄吸收不全（图 2-1-24～图 2-1-30）。

3）病死禽肝肿大，表面有大小不等的黄白色坏死灶（图 2-1-31 和图 2-1-32），有的肝脏呈特征性古铜色（图 2-1-33 和图 2-1-34）。

4）病死禽小肠浆膜有坏死灶（图 2-1-35），直肠、盲肠、回肠黏膜附有糠麸样坏死性假膜。

图 2-1-23　病鹅排黄白色稀粪，硬粪封肛

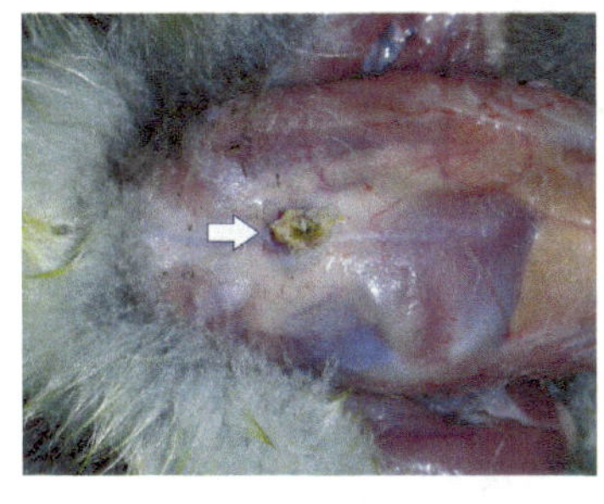
图 2-1-24　病死鹅脐孔发炎，脐孔突出（1）

图 2-1-25　病死鹅脐孔发炎，脐孔突出（2）

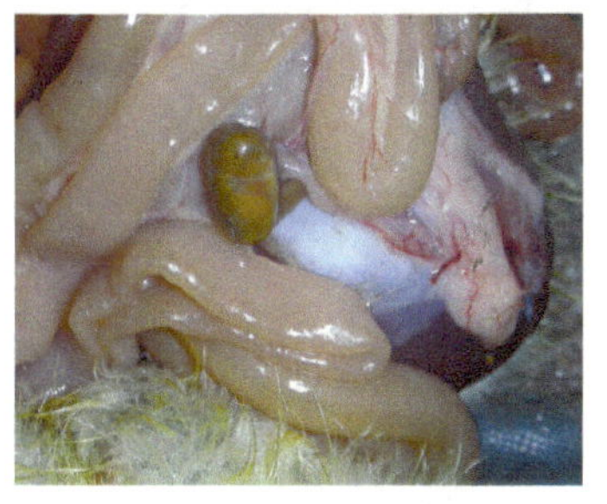
图 2-1-26　病死鸭卵黄吸收不全（1）

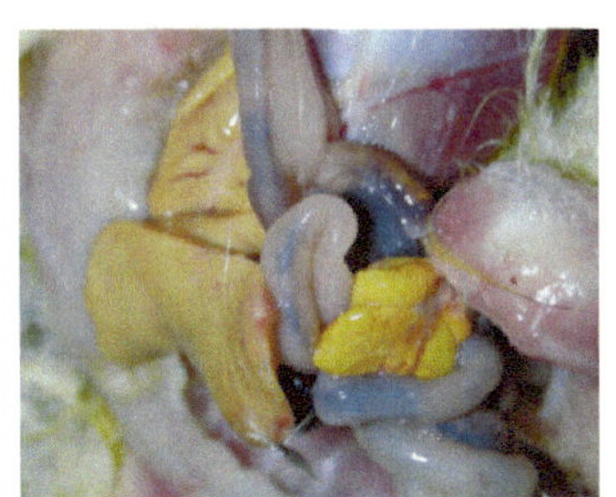
图 2-1-27　病死鸭卵黄吸收不全（2）

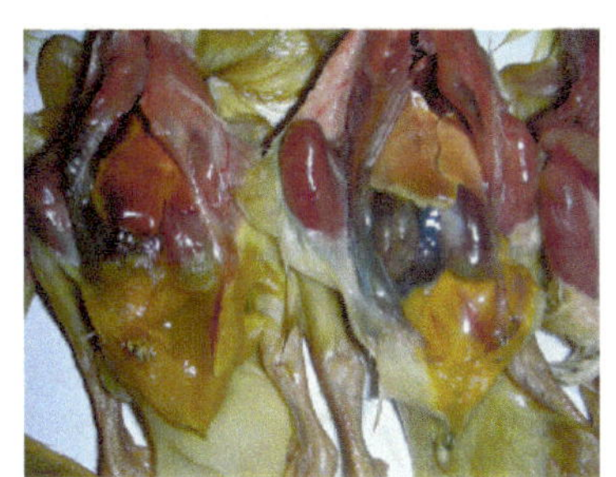
图 2-1-28　病死鸭卵黄吸收不全（3）

图 2-1-29　病死鸭卵黄吸收不全（4）

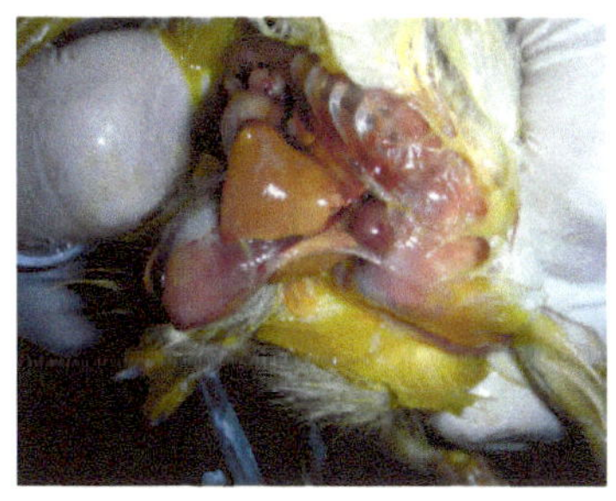
图 2-1-30　病死鸭卵黄吸收不全，肝脏坏死

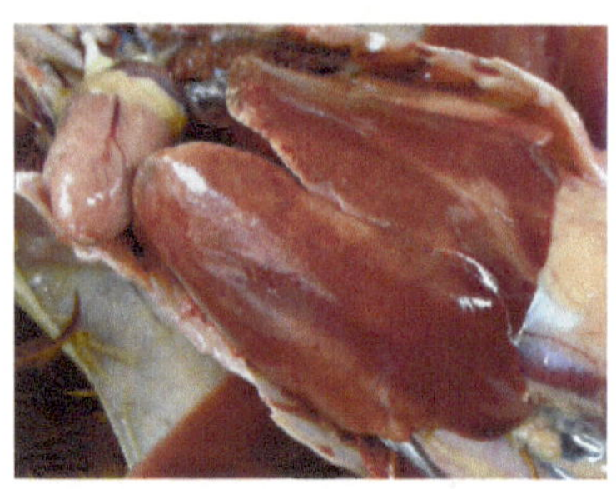

图 2-1-31　病死鸡肝脏坏死

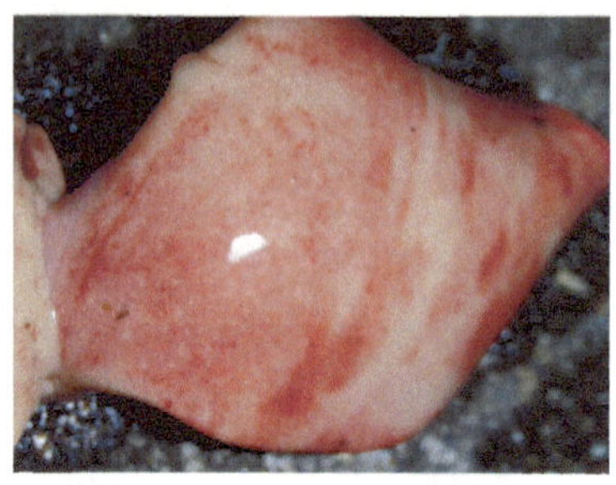

图 2-1-32　病死鸭肝脏坏死

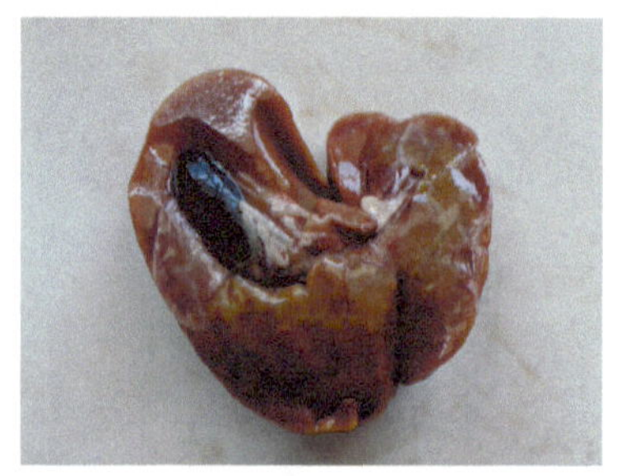

图 2-1-33　病死鸡肝脏坏死，呈古铜色

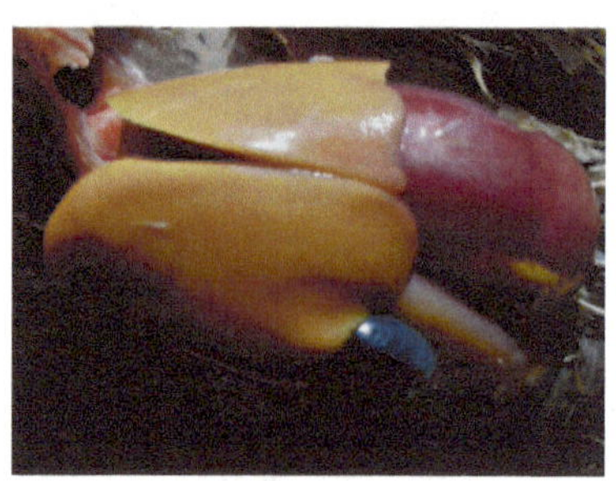

图 2-1-34　病死鸡肝脏变性，呈古铜色

图 2-1-35　病死鸡小肠浆膜表面有大量灰白色坏死灶

（五）诊断

1. 临床诊断指标

（1）鸡白痢

1）3 周龄内雏鸡多发，排白色糊状稀粪；跗关节肿大。

2）肝脏表面有黄白色大小不等的坏死灶。

3）心、肺有灰白色“白痢结节”。

4）盲肠肿大变粗，内充满黄白色干酪样渗出物。

（2）禽伤寒

1）1～5 月龄中大鸡多发，排淡黄绿色稀粪。

2）肝脏表面有黄白色大小不等的坏死灶，有的肝脏呈棕绿色或铜绿色。

（3）禽副伤寒

1）2 周龄内雏鸡多发，排黄白色稀粪。

2）肝脏表面有黄白色大小不等的坏死灶，有的肝脏呈古铜色。

3）直肠、盲肠、回肠黏膜附有糠麸样坏死性假膜。

2. 确诊

1）通过细菌学检查容易确诊。

2）通过平板凝集试验可对后备鸡、种鸡进行鸡白痢、禽伤寒的检疫净化，平板凝集试验阳性和阴性结果见图 2-1-36～图 2-1-38。

（六）防治

1）采用平板凝集试验严格对种鸡进行检疫和淘汰。

① 种鸡的首次最适检疫时间为 120～140 日龄，即转群前。阳性鸡的检出率可达 90%～98%以上，而且不影响种鸡的按时开产。

② 第二次检疫在产蛋高峰过后（约 360～400 日龄），此时阳性鸡血清抗体趋于平衡状态，抗体波动不大。

③ 对已开产的种鸡检疫应在 14d 后进行，以避免产生堕卵性腹膜炎。

2）加强饲养用具及饲养场所的卫生消毒。

3）必要时易感日龄进行预防性投药。

4）发病禽应及时选用敏感药物治疗。

常用药物：氟苯尼考、安普霉素、庆大霉素、小诺霉素、卡那霉素、丁胺卡那霉素、诺氟沙星、环丙沙星、恩诺沙星、氧氟沙星、氨苄青霉素、新霉素、头孢噻呋钠、多黏菌素 B 等。

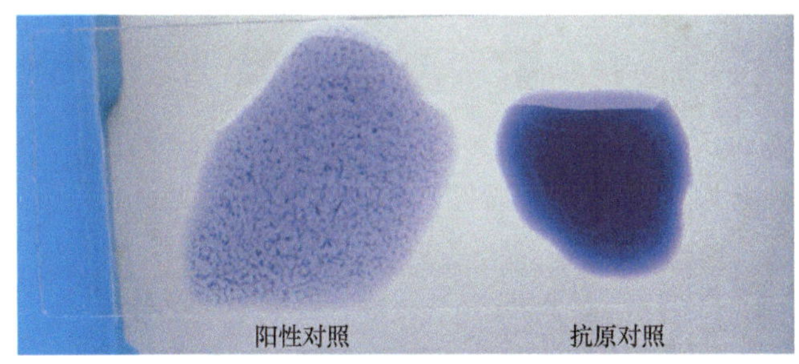

图 2-1-36 鸡白痢平板凝集试验阳性对照及抗原对照

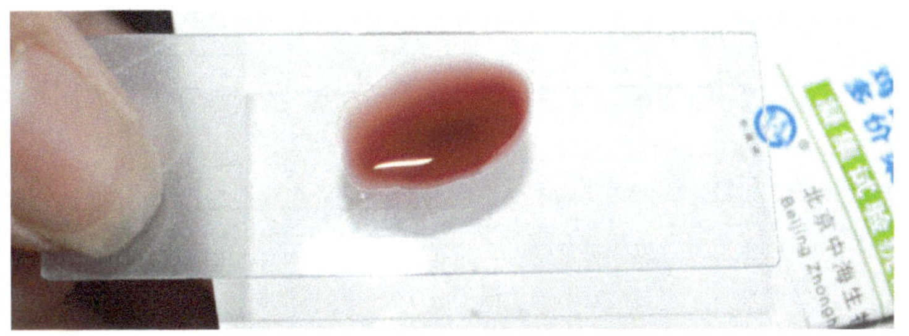

图 2-1-37 鸡白痢全血平板凝集试验阴性结果

图 2-1-38　鸡白痢全血平板凝集试验阳性结果

二、实践案例

1. 病例

某养殖场饲养的三黄鸡 3000 羽，5 日龄时发现有部分鸡排白色糊状稀粪，粪便沾污肛门周围羽毛，个别雏鸡肛门被硬便完全粘住而发出尖叫声。发病鸡精神委顿，厌食，缩颈闭眼，少数病鸡单肢或双肢跗关节肿大，跛行。发病期间每天死亡 20～30 羽。剖检病死鸡肝脏肿大，胆囊充盈，肝脏表面有黄白色大小不等的坏死灶。盲肠肿大，内充满黄白色干酪样渗出物。剖检 30 羽病死鸡大多数卵黄吸收不良。

2. 诊断

根据发病情况、症状表现及剖检病变，对照鸡白痢的临床诊断指标初步诊断为鸡白痢。

3. 防治方案

1）加强饲养管理和卫生消毒。
2）剔除淘汰发病鸡。
3）全群饮服安普霉素 1 周。

一、填空题

1. 防治鸡白痢常用的药物有________、________、________。

2. 种鸡白痢检疫常用________检疫，监测新城疫免疫水平常用的血清学方法是________。

3. 列出四种禽细菌性传染病的病名：________、________、________、________。

4. 鸡白痢多见于________周龄的鸡；鸭浆膜炎多见于________周龄的鸡；鸡传染性鼻炎以________和________多发。

5. 禽沙门氏菌病依病原抗原结构不同可分为________、________、________。

6. 禽伤寒特征性病变为肝脏呈________，禽副伤寒特征性病变为肝脏呈________。

二、选择题

1. 下列疾病中，可以垂直传播的是（　　）。
   A. 鸡白痢　　B. 禽霍乱　　C. 马立克病
2. 剖检鸡时发现肝脏有大小不等的灰白色的坏死灶，应考虑所患的疫病是（　　）。
   A. 传染性法氏囊病　　B. 新城疫　　C. 禽伤寒

三、选择题

（　　）1. 种鸡及小鸡白痢均可使用全血平板凝集试验来诊断。

（　　）2. 禽沙门氏菌常见的有鸡白痢、禽霍乱和禽副伤寒。

（　　）3. 鸡白痢对成年鸡的侵害主要表现为慢性肝炎。

（　　）4. 禽沙门氏菌病包括鸡白痢、鸡伤寒和禽副伤寒。其中，在公共卫生上意义最大的是禽副伤寒。

（　　）5. 禽副伤寒可由禽传染给人，病禽应严格执行无害化处理。

（　　）6. 成年鸡一般隐性感染鸡白痢。

四、案例分析题

1. 某养鸡场的 3 月龄三黄鸡 5500 羽，平均体重约 1200g，已发病 3d，死亡了 70 羽，主要表现为拉绿色稀粪，鸡冠苍白。剖检见肝脏有黄白色大小不等的坏死灶，有的病鸡肝脏呈铜绿色，其余器官组织无明显变化。请你初步诊断该鸡群患的是什么病，并制订一个治疗方案。

2. 某养鸡户 1 周龄的融水香鸭 1000 羽，自进苗开始每天死亡 15～35 羽，主要表现为拉黄白稀粪，肛门沾有明显稀粪。剖检见肝脏有黄白色大小不等的坏死灶，有 3 羽病鸭肝脏呈古铜色，2 羽病鸭盲肠、直肠、回肠黏膜坏死呈糠麸样，剖检的每一羽病鸭均存在不同程度的卵黄吸收不全。请你做出初步诊断并制订一个防治方案。

任务 2　禽巴氏杆菌病的诊断和防治

一、必备知识

禽巴氏杆菌病是由多杀性巴氏杆菌引起禽类的一种急性败血性传染病，又称禽霍乱或禽出败（禽出血性败血症的简称）。本病是鸡场的多发病，尤其是采取果园养殖或林下养殖模式的养鸡场最多发。

（一）病原

1）禽霍乱的病原是多杀性巴氏杆菌，它是一种革兰氏阴性、不形成芽胞、没有运动性的小球杆菌。

2）从病禽新分离的细菌常有荚膜，病禽组织涂片呈典型的两极着色。

3）该菌在血液培养基上生长良好。

（二）流行特点

1）家禽和野禽均有易感性，3～4 月龄鸡和成年种鸡、种鸭最易感，2 月龄以内禽较少发病，鹅的感受性稍差。

2）主要经消化道、呼吸道、伤口、蚊虫叮咬传播。

3）夏秋两季最易发病。

4）本病容易复发，消毒不严的放养鸡场常久治不愈。

（三）主要症状

1）病禽出现体温升高、精神沉郁、食欲废绝、呼吸急促等全身症状。

2）病鸡冠和肉髯严重发绀（图 2-2-1～图 2-2-4），慢性病例出现水肿但不发绀。

3）病禽后期剧烈下痢，粪便呈黄绿色。

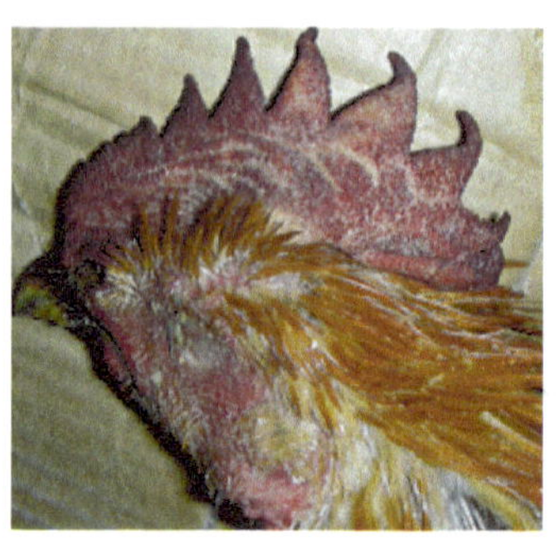

图 2-2-1　病鸡鸡冠、肉垂、颜面发绀（1）

图 2-2-2　病鸡鸡冠、肉垂、颜面发绀（2）

图 2-2-3　病鸡鸡冠、肉垂、颜面发绀（3）

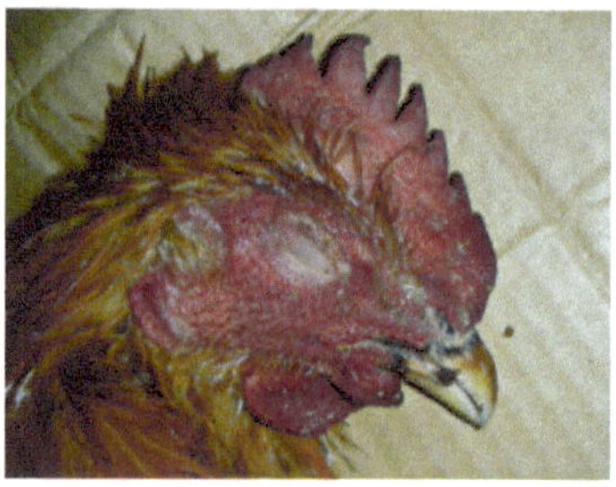

图 2-2-4　病鸡鸡冠、肉垂、颜面发绀（4）

（四）主要病变

1）病禽肝脏肿大，表面布满黄白色针尖大小的坏死灶（图 2-2-5～图 2-2-8）。

2）病禽心肌和心冠脂肪有出血点和出血斑，心包积液（图 2-2-9～图 2-2-12）。

3）病禽小肠呈出血性卡他性肠炎（图 2-2-13～图 2-2-15）。

4）病禽皮下脂肪和腹腔脂肪出血（图 2-2-16～图 2-2-18）。

5）病禽卵泡充血、出血、变形、似半煮熟样（图 2-2-19 和图 2-2-20）。

（五）诊断

1. 临床诊断指标

1）3～4 月龄和成年家禽在夏秋季节多发，排绿色稀粪。

2）肝脏表面有针尖大小坏死灶。

3）心肌、心冠脂肪、皮下腹腔脂肪出血。

4）小肠出血性卡他性肠炎。

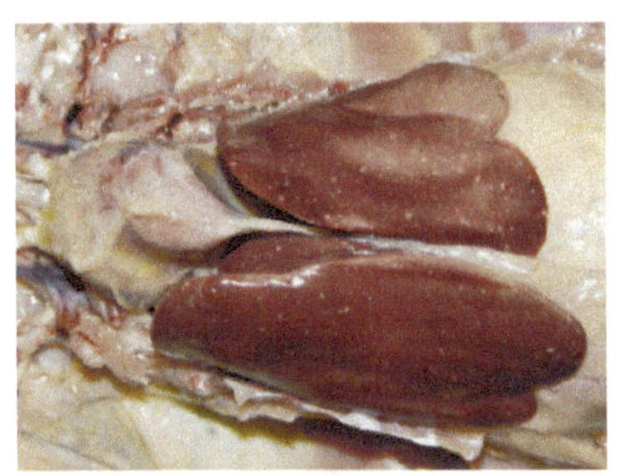

图 2-2-5　病鸡肝脏布满黄白色针尖大小坏死灶（1）

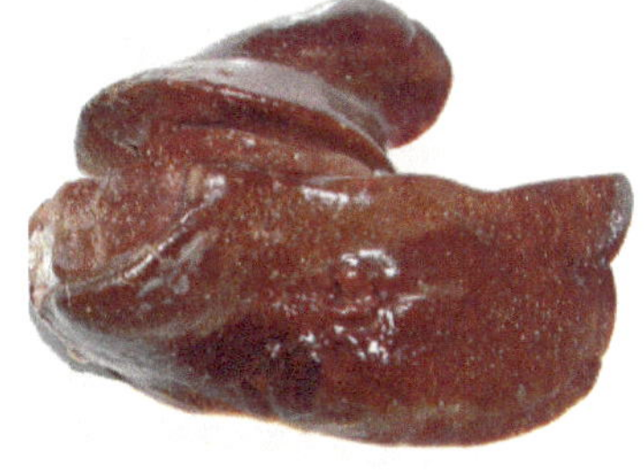

图 2-2-6　病鸡肝脏布满黄白色针尖大小坏死灶（2）

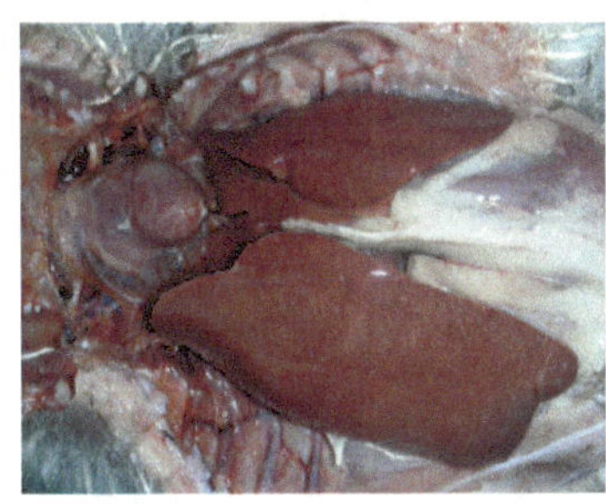

图 2-2-7　病鸭肝脏布满黄白色针尖大小坏死灶

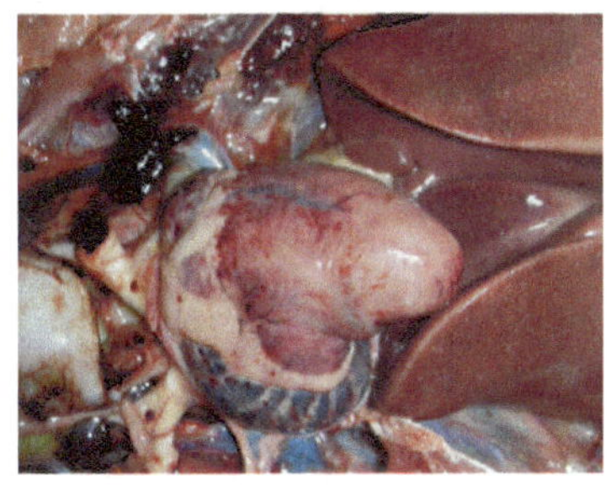

图 2-2-8　病鸭肝脏坏死，心外膜出血（1）

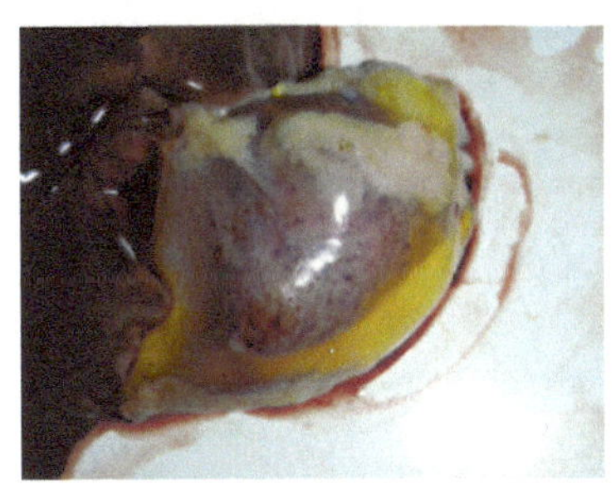

图 2-2-9　病鸡心包积液、心外膜出血（1）

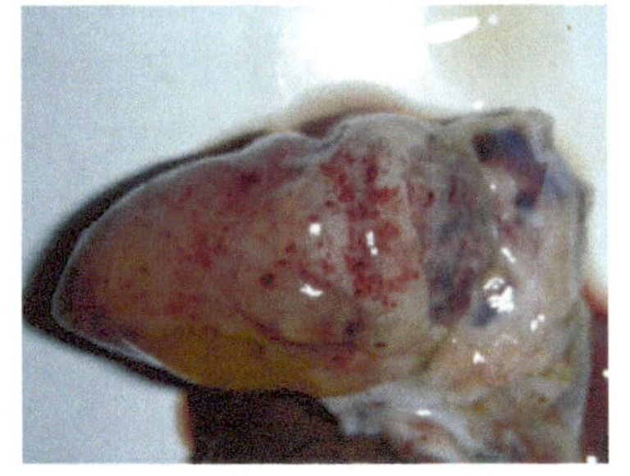

图 2-2-10　病鸡心包积液、心外膜出血（2）

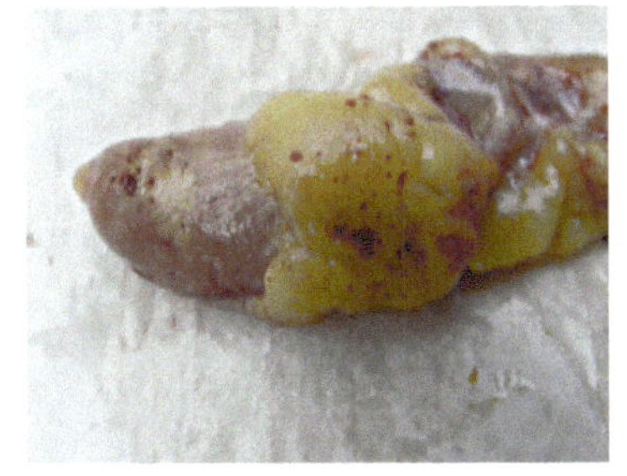

图 2-2-11　病鸡心冠脂肪、心外膜出血（1）

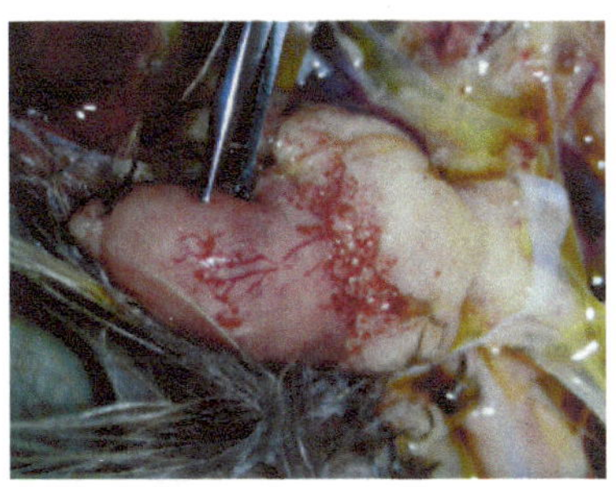

图 2-2-12　病鸡心冠脂肪、心外膜出血（2）

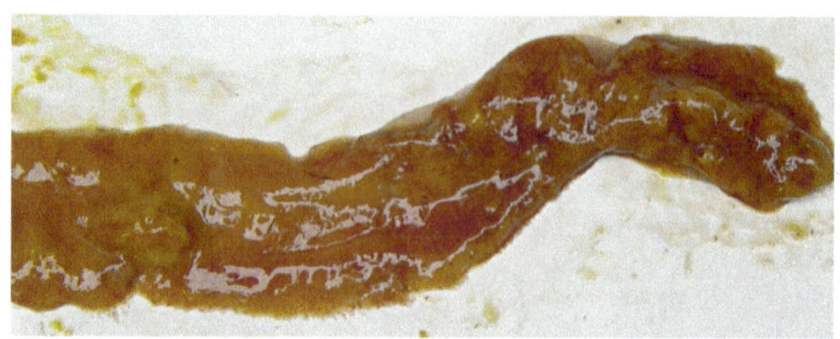

图 2-2-13　病鸡小肠出血性、卡他性肠炎（1）

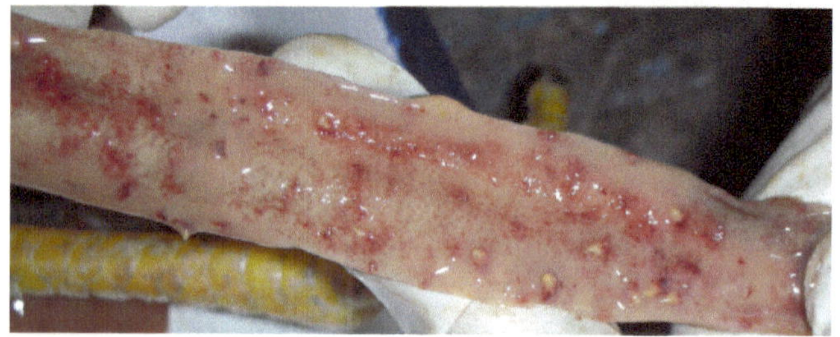

图 2-2-14　病鸡小肠出血性、卡他性肠炎（2）

图 2-2-15　病鸡小肠肠腔内的卡他性渗出物

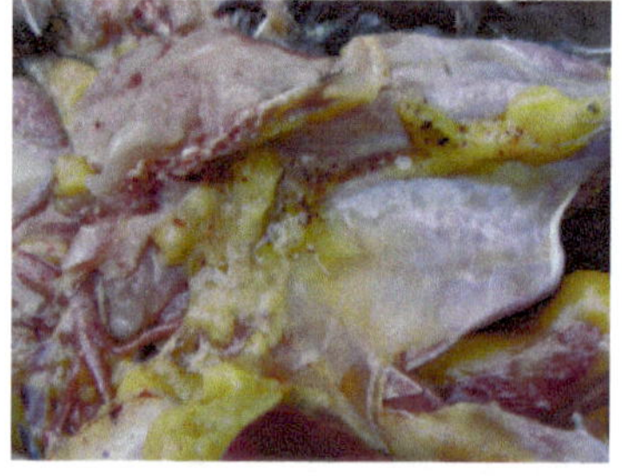

图 2-2-16　病鸡胸腔、腹腔脂肪出血

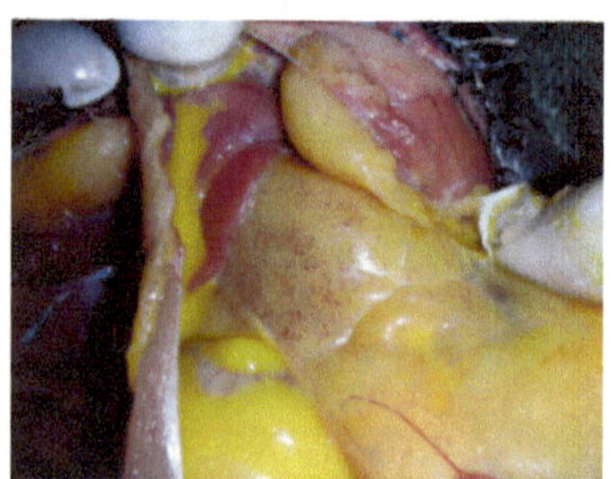

图 2-2-17　病鸡腹腔脂肪出血

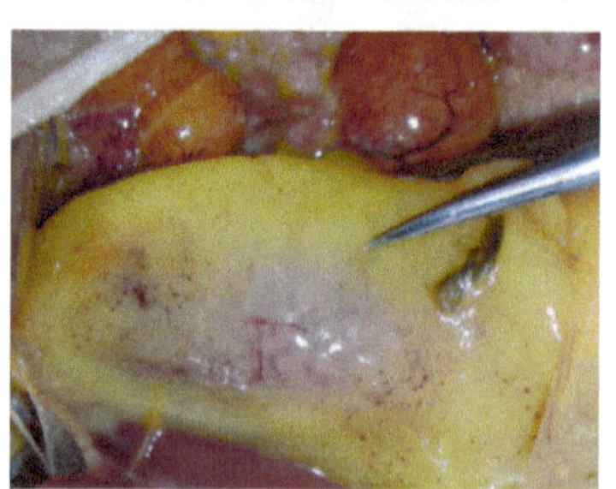

图 2-2-18　病鸡腺胃浆膜脂肪出血

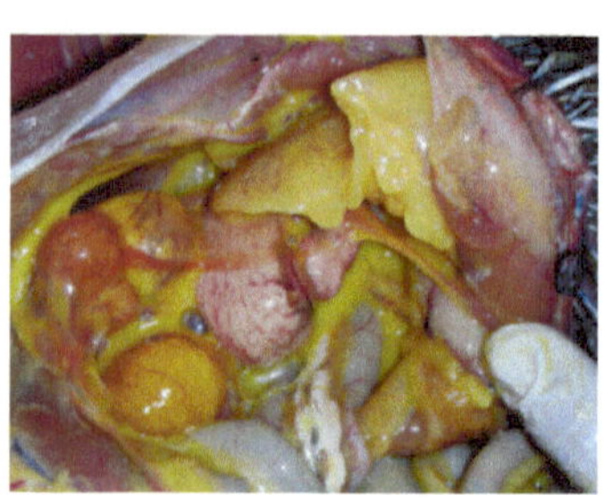

图 2-2-19　病鸡卵泡充血、出血、破裂

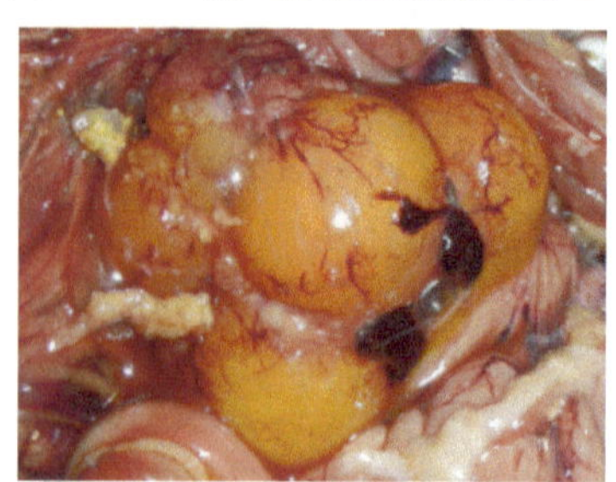

图 2-2-20　病鸡卵泡充血、出血

2. 确诊

通过细菌学检查容易确诊。

3. 与鸡新城疫的鉴别诊断

区别点	禽霍乱	新城疫
病原	多杀性巴氏杆菌	新城疫病毒
流行特点	多散发，偶呈地方性流行	呈流行性
神经症状	多无，鸭有时可见	常见
腺胃出血、坏死	少见	常见
肝脏坏死点	常见	无
肠道溃疡	无溃疡，呈出血性卡他性	呈枣核状出血溃疡
抗菌药治疗	有效	无效

（六）防治

1）加强饲养管理，严格执行卫生消毒制度。

2）免疫接种：预防该病的菌苗保护率较低，可根据实际情况执行。

① 疫苗：禽霍乱 731 株、G190E40 株弱毒苗，禽霍乱蜂胶灭活苗，禽大肠杆菌＋禽霍乱二联蜂胶灭活苗。

② 免疫程序：弱毒苗 6～8 周龄首免，间隔 4 周再次免疫；灭活苗 5～7 周龄首免，间隔 6 周再次免疫。

3）多发鸡场可在易感日龄用敏感药物拌饲或饮水。

常用药物：青霉素、链霉素、阿莫西林、安普霉素、新霉素、卡那霉素、阿米卡星、庆大霉素、环丙沙星、恩诺沙星、氧氟沙星、氟苯尼考、头孢噻呋钠、多西环素、磺胺二甲氧嘧啶钠、磺胺间氧嘧啶钠等。

4）一旦发病要及时给禽群投抗菌药物，最好采用肌肉注射和口服给药同时进行。每天进行 1 次带鸡消毒并加强饲养管理可降低该病的复发率。

二、实践案例

1. 病例

某林下养鸡户饲养的灵山土鸡 3000 羽，平均体重约 1.3kg。110 日龄时突然发病，病鸡精神不振，呼吸急促，鸡冠、肉垂、颜面发绀，排黄绿色稀粪。剖检病死鸡肝脏布满黄白色针尖大小坏死灶，心脏、脂肪出血，小肠呈出血性卡他性肠炎。

2. 诊断

根据发病情况、症状表现及剖检病变，对照禽霍乱的临床诊断指标初步诊断为禽霍乱。

3. 治疗方案

1）全群肌注抗菌药物：头孢噻呋钠 30g＋生理盐水 3000mL 混合肌注，每羽 1mL。
2）全群饮服安普霉素 1 周。
3）加强饲养管理，1∶200 复合碘溶液每天带鸡消毒 1 次，直至病情稳定。

职业能力测试

一、填空题

1. 禽出败的病原是________，鸡白痢的病原是________。
2. 禽巴氏杆菌病又称________和________，多发于________月龄以上的鸡。

二、选择题

1. 剖检鸡发现肝有针尖大小的灰白色的坏死点，应考虑的疫病是（　　）。
A. 禽霍乱　　B. 传染性法氏囊病　　C. 新城疫
2. 剖检鸡发现肝有灰白色的坏死灶，应考虑的疫病是（　　）。
A. 禽伤寒　　B. 鸡毒支原体病　　C. 鸡传染性鼻炎
3. 禽多杀性巴氏杆菌的特点为（　　）。
A. 无可形成荚膜　　B. 两极着色　　C. 可形成芽孢
4. 禽巴氏杆菌病的流行特点为（　　）。
A. 易复发　　B. 大流行　　C. 冬春多发

三、判断题

（　　）1. 鸡霍乱不能传染给鸭。
（　　）2. 禽霍乱小鸡出壳后应尽快进行免疫接种。
（　　）3. 禽巴氏杆菌用瑞氏染色呈两极浓染。
（　　）4. 禽霍乱常为成年鸡的一种散发性传染病
（　　）5. 禽霍乱是由鸡霍乱沙门氏杆菌引起的。
（　　）6. 鸭发生禽霍乱后，临床常有摇头现象，故有“摇头瘟”之称。
（　　）7. 禽霍乱常为成年鸡的一种散发性传染病，病鸡常急性突然死亡，全身呈败血症经过。

四、病例分析

某养鸡场的 3500 羽 110 日龄假三黄鸡，平均体重约 1.5kg，已发病 4d，死亡 160 羽。病鸡主要表现为拉绿色稀粪，鸡冠、肉垂发绀。剖检见肝脏布满黄白色针尖大小坏死灶，心冠脂肪、心肌出血，皮下和腹腔脂肪出血，小肠呈出血性卡他性肠炎。请你初步诊断该鸡群患的是什么病，并为其制订一个治疗方案。

任务 3　禽大肠杆菌病的诊断和防治

一、必备知识

禽大肠杆菌病是由致病性大肠杆菌引起各种禽类急性或慢性多病型疾病的总称。禽大肠杆菌病是养禽场的多发病，饲养管理不好、环境卫生差的养禽场发病较严重，常造成巨大的经济损失。

（一）病原

1）本病的病原是具有特定血清型的致病性大肠杆菌，血清型很多。

2）革兰氏阴性，兼性厌氧、无芽孢、中等大小、两端钝圆的杆菌（图 2-3-1）。

3）在普通培养基上生长良好，在麦康凯培养基上长出红色菌落（图 2-3-2）。

4）常用消毒剂可在数分钟内杀死大肠杆菌。

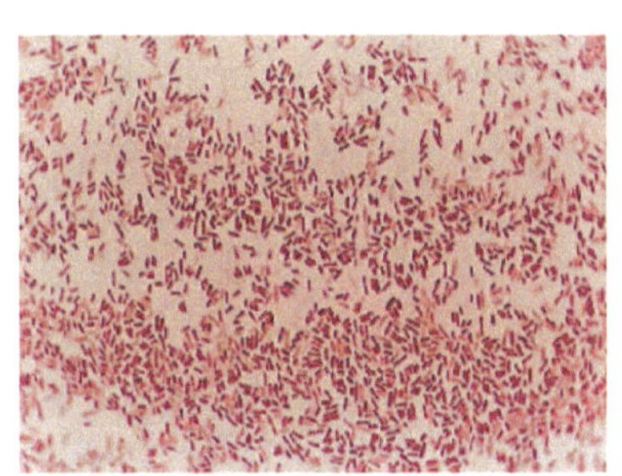

图 2-3-1　禽大肠杆菌革兰氏染色图片

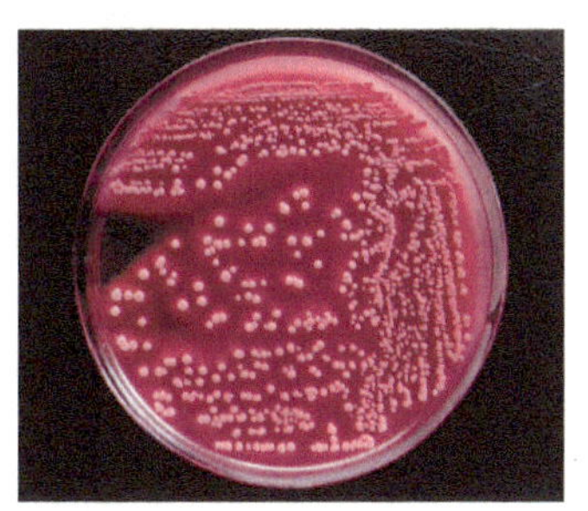

图 2-3-2　某养鸭场分离的大肠杆菌

（二）流行病学

1）各年龄鸡、鸭、鹅均易感，以 3～6 周龄的雏鸡最易感。

2）主要经呼吸道、消化道、可视黏膜、交配和蛋传播。

3）饲养密度大、场地旧、环境污染严重时，可随时发生。

4）本病最常与支原体、新城疫、禽流感、鸡传染性支气管炎、鸭浆膜炎继发或并发感染。

（三）主要症状

1）急性败血症：全身症状明显，病鸡急性呼吸衰竭而死，死亡率最高达 50%。

2）脐炎：雏禽腹围膨大，腹壁呈绿色，脐孔愈合不全。

3）肠炎：病禽排白色或黄绿色粪便（图 2-3-3 和图 2-3-4）。

4）脑炎：较少见，病禽嗜眠、昏睡、头颈后仰、共济失调。

5）眼炎：病禽眼角膜混浊、失明。

（四）主要病变

1）“三炎”：病死禽纤维素性心包炎、肝周炎、气囊炎（图 2-3-5～图 2-3-14）。5 周龄内雏鸡多发，常继发肺炎。

图 2-3-3　病鸡排白色稀粪

图 2-3-4　病鸭排黄绿色水样粪便

2）“蛋子瘟”：病死鸡卵泡充血、出血、破裂，卵黄性腹膜炎，输卵管炎（图 2-3-15～图 2-3-22）。

3）肉芽肿：病死鸡在心、肝、脾、小肠、盲肠、肠系膜等出现灰黄色、结节状肉芽肿。

4）病死鸡气管出血，肺出血、瘀血、纤维素性渗出物（图 2-3-23、图 2-3-24）。

图 2-3-5　病死鸡心包炎、肝周炎、气囊炎（1）

图 2-3-6　病死鸡心包炎、肝周炎、气囊炎（2）

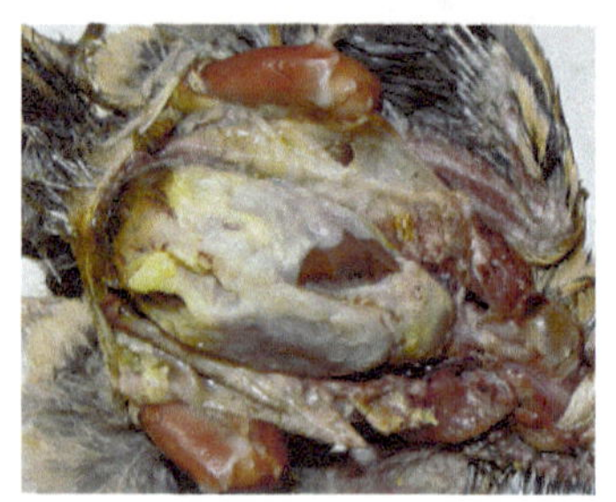

图 2-3-7　病死鸡心包炎、肝周炎、气囊炎（3）

图 2-3-8　病死鸡心包炎、肝周炎、气囊炎（4）

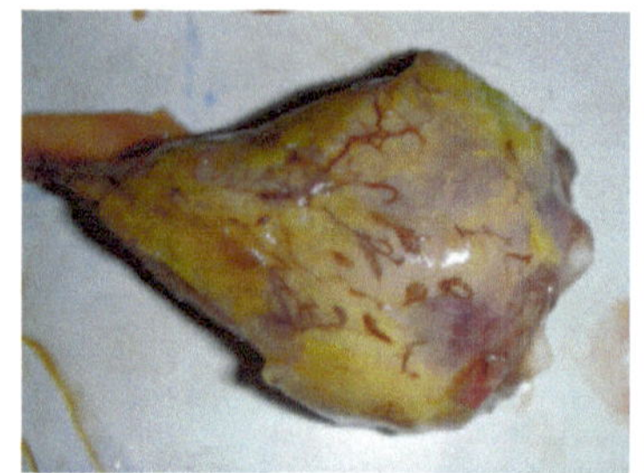

图 2-3-9　病死鸡纤维素性心包炎（1）

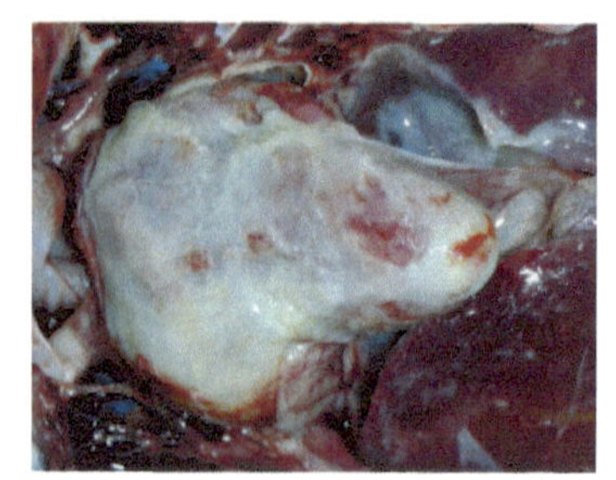

图 2-3-10　病死鸡纤维素性心包炎（2）

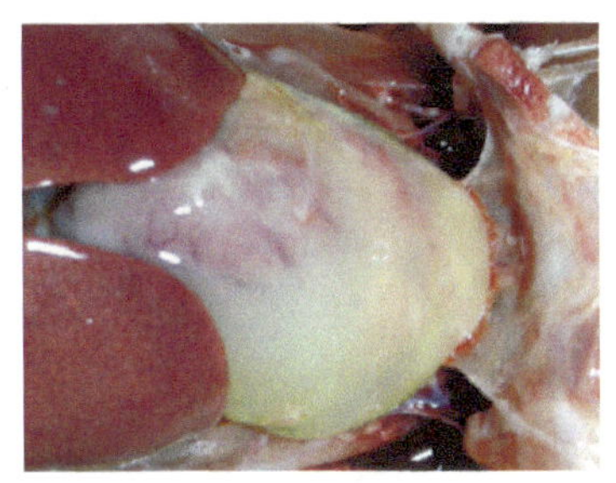
图 2-3-11　病死鸡纤维素性心包炎（3）

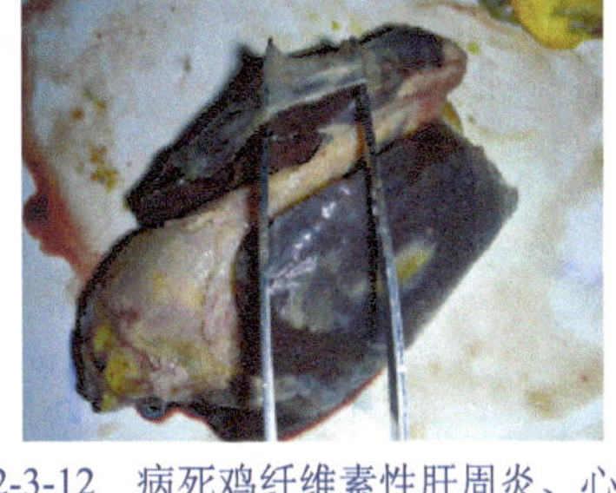
图 2-3-12　病死鸡纤维素性肝周炎、心包炎

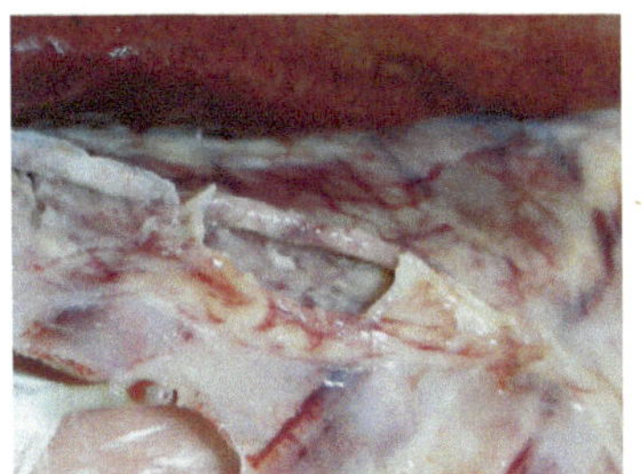
图 2-3-13　病死鸡纤维素性气囊炎

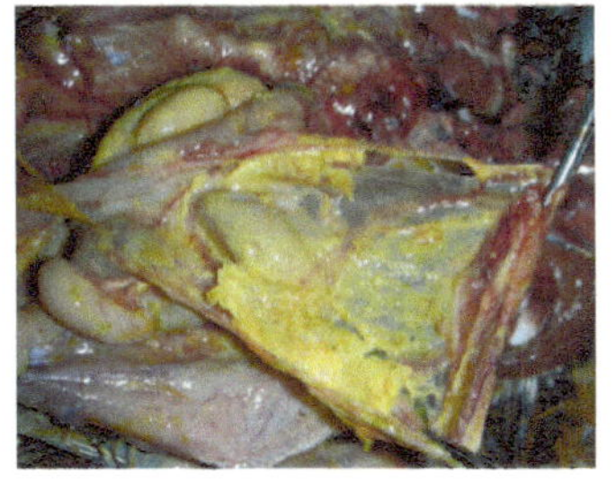
图 2-3-14　病死鸡纤维素性气囊炎

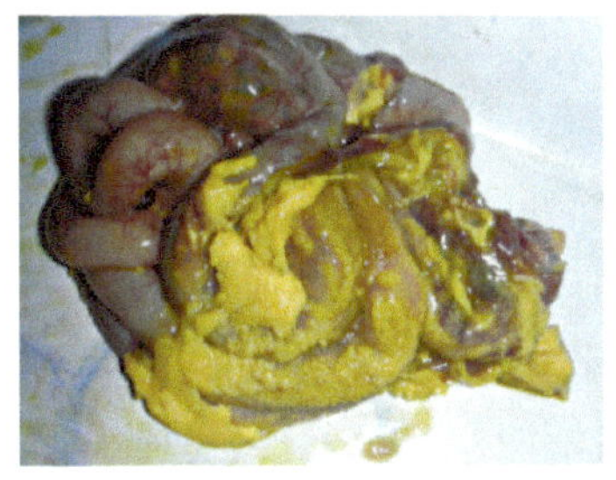
图 2-3-15　病死鸡纤维素性腹膜炎

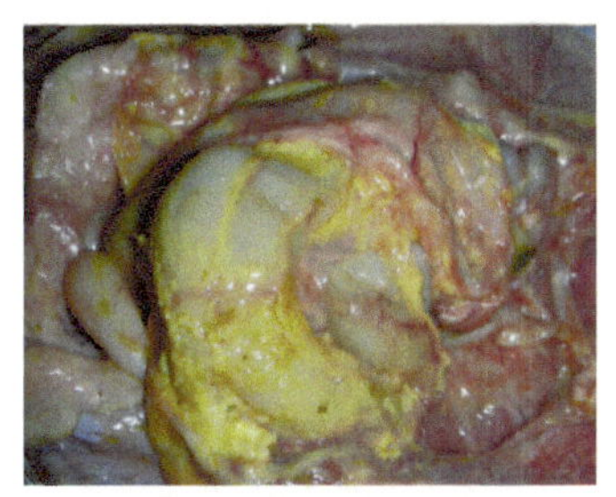
图 2-3-16　病死鸡卵黄性腹膜炎

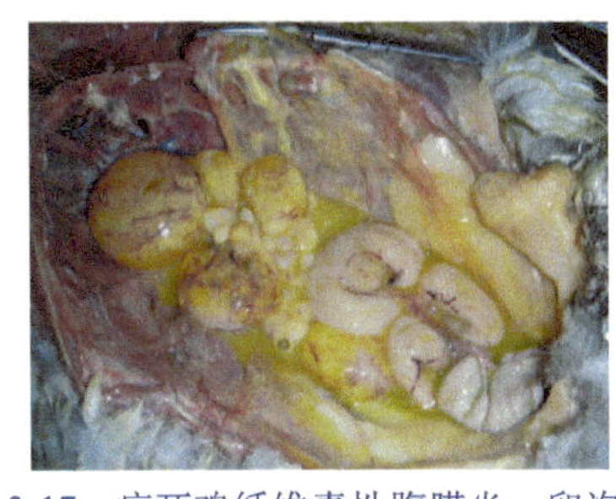
图 2-3-17　病死鸡纤维素性腹膜炎，卵泡破裂

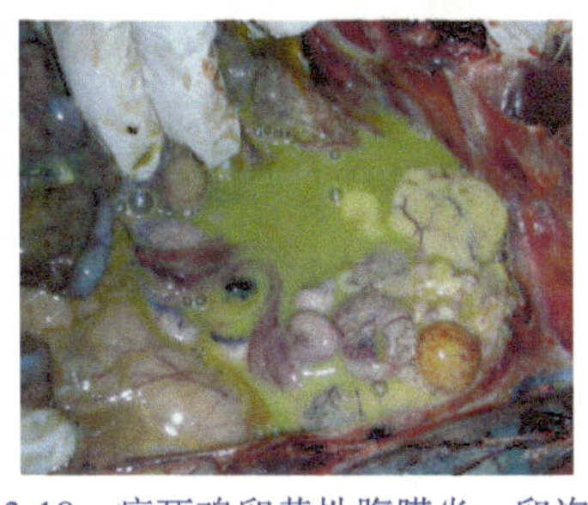
图 2-3-18　病死鸡卵黄性腹膜炎，卵泡破裂

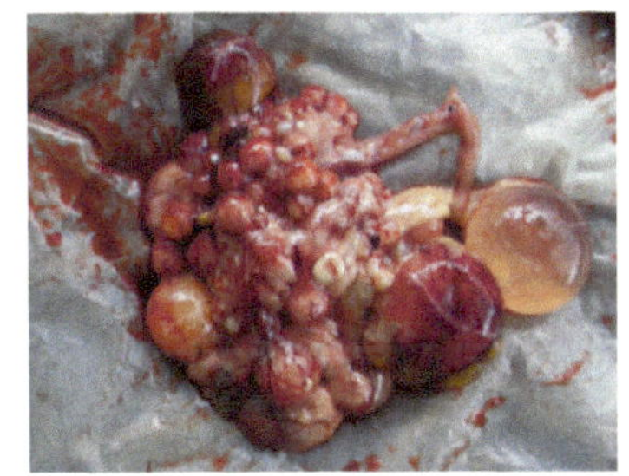
图 2-3-19　病死鸭卵泡充血、出血、变形、液化

图 2-3-20　病死鸡卵泡充血、出血，软壳蛋

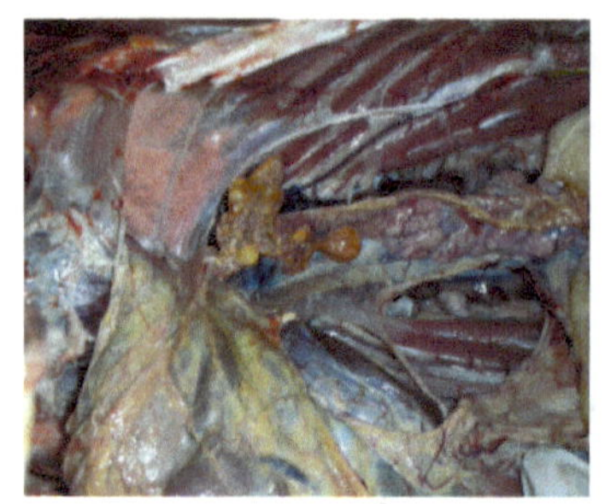
图 2-3-21 病死鹅卵泡萎缩、变形，坏死

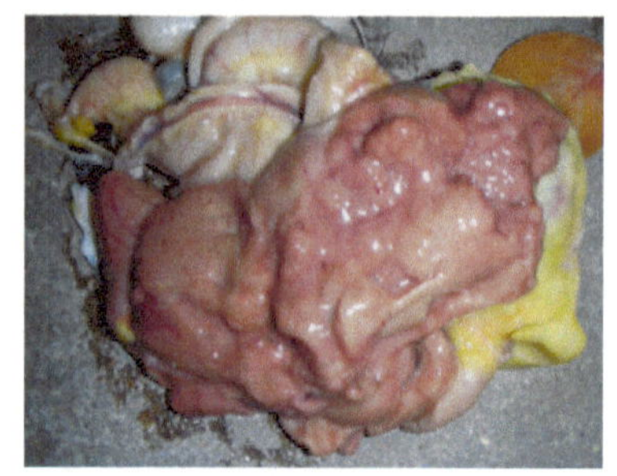
图 2-3-22 病死鸡输卵管黏膜充血、出血

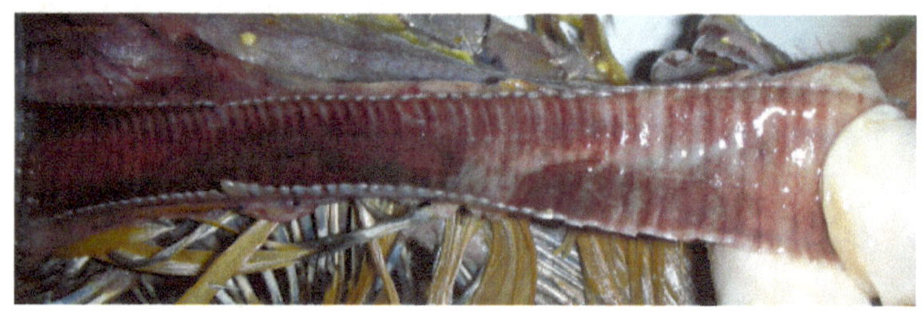
图 2-3-23 病死鸡气管黏膜充血、出血

图 2-3-24 病死鸡肺出血、瘀血，有纤维素性渗出物

（五）诊断

1. 临床诊断指标

1）脐炎、肠炎、脑炎或眼炎。
2）“三炎”：纤维素性心包炎、肝周炎、气囊炎。
3）腹膜炎、输卵管炎。

2. 确诊

通过细菌学检查可确诊。

（六）防治

1）搞好环境卫生和消毒工作。
2）加强育雏期管理。
3）预防接种：免疫保护率不高，可酌情执行。
① 自家灭活苗免疫，1 周龄首免，2 周龄二免，种禽开产前和产蛋中期各加强免疫

一次。

② 禽大肠杆菌＋禽霍乱二联蜂胶苗，5～10 日龄首免，25～30 日龄二免。

③ 鸭浆膜炎＋大肠杆菌二联类脂苗，3～5 日龄首免，15～20 日龄二免。

4）药物预防（15～20 日龄，30～35 日龄）和治疗。

敏感药物：氟苯尼考、庆大霉素、卡那霉素、丁胺卡那霉素、安普霉素、新霉素、诺氟沙星、环丙沙星、恩诺沙星、壮观霉素、强力霉素、磺胺类药等。

5）治疗方案。

1）安普霉素饮水 7d。

2）环丙沙星＋头孢噻呋＋地塞米松，肌注 1～3 次；氟苯尼考饮水 7d。

3）利高霉素＋丁胺卡那＋地塞米松，肌注 1～3 次；环丙沙星饮水 7d。

二、实践案例

1. 病例

某养鸡户饲养的小麻鸡 3000 羽，平均体重约 1kg。35 日龄时开始发病。病鸡精神不振，排黄绿色稀粪，每天死亡 20～40 羽。剖检病死鸡出现纤维素性心包炎、肝周炎、气囊炎，病重鸡可见肺炎。

2. 诊断

根据发病情况、症状表现及剖检病变，对照禽大肠杆菌病的临床诊断指标，初步诊断为禽大肠杆菌病。

3. 治疗方案

1）全群肌注抗菌药物：头孢噻呋钠 25g＋生理盐水 3000mg 混合肌注，1mL/羽。

2）全群饮服安普霉素 1 周。

3）加强饲养管理，搞好卫生消毒。

一、填空题

1. 禽大肠杆菌病的特征性病变是________、________、________。

2. 禽大肠杆菌病的病原是________________，血清型很多；其在麦康凯培养基上长出________色的菌落。

3.“蛋子瘟”表现为____。

4. 禽大肠杆菌病最易与________________________并发或继发感染。

二、选择题

1. 剖检病鸭发现心包炎、肝周炎及气囊炎多见于（　　）。

A．鸭大肠杆菌病　　B．鸭肝炎　　C．鸭出败

2. 与鸭大肠杆菌病非常类似的疾病是（　　）。
　A. 鸭传染性浆膜炎　　B. 鸭伤寒　　C. 鸭霍乱

三、判断题

（　　）1. 禽大肠杆菌病可以用青霉素治疗。

（　　）2. 禽大肠杆菌病剖检主要病变是心包炎、肝周炎及气囊炎。

（　　）3. 治疗鸡大肠杆菌病时，选择药物的依据是进行药敏试验。

（　　）4. 大肠杆菌在麦康凯琼脂上长出红色的菌落。

（　　）5. 禽大肠杆菌病最常与鸡支原体病并发或继发。

四、病例分析

某养鸡场的3100羽23日龄假三黄鸡，平均体重约300g，已发病3d，死亡135羽，病鸡主要表现为排黄白色稀粪，精神沉郁，羽毛蓬松，部分病鸡有啰音。剖检见纤维素性心包炎，肝周炎，气囊炎，腹膜炎。请你初步诊断该鸡群患的是什么病，并制订一个治疗方案。

任务4　鸭传染性浆膜炎的诊断和防治

一、必备知识

鸭传染性浆膜炎又称鸭疫里默氏病，是由鸭疫里默氏杆菌引起鸭、鹅、火鸡等禽类的一种接触性传染病。本病是养鸭场的多发病，常造成较大的经济损失。

（一）病原

1）鸭传染性浆膜炎的病原是鸭疫里默氏杆菌。

2）革兰氏阴性，具有多形性（椭圆形、杆状、长丝状等），组织涂片瑞氏染色呈两极着色（图2-4-1）。

3）10% CO_2 巧克力培养基上生长良好（图2-4-2）。

4）常用消毒剂即可杀灭。

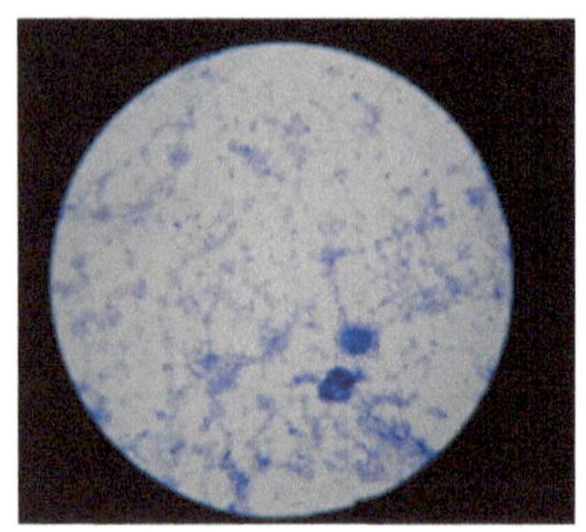

图2-4-1　短杆状的鸭疫里默氏杆菌

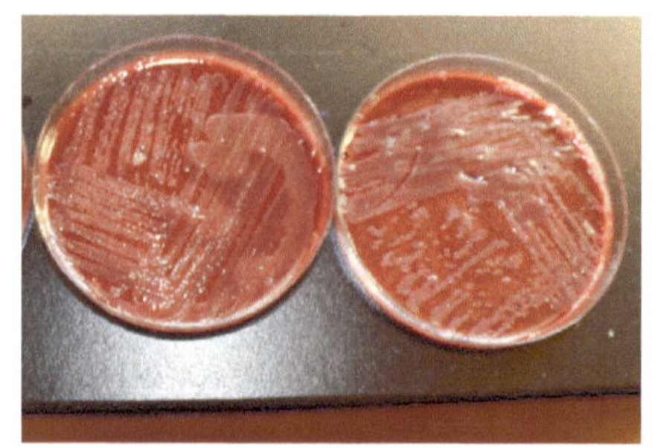

图2-4-2　鸭疫里默氏杆菌在巧克力培养基上生长的奶油状菌落

（二）流行特点

1）2～4 周龄鸭最易感，1 周龄以内和 8 周龄以上很少发病。

2）主要经呼吸道、损伤皮肤黏膜感染。

3）自然感染发病率为 20%～70%，发病鸭死亡率为 5%～80%，耐过者多为僵鸭，育雏环境差时常有发生。

（三）主要症状

1）病鸭精神沉郁，体温升高，排黄白色稀粪，脚软蹲伏，不愿走动（图 2-4-3 和图 2-4-4）。

2）病鸭眼睛流浆液性或黏液性分泌物，咳嗽，流鼻液，鼻窦肿大（图 2-4-5～图 2-4-7）。

3）病鸭出现头颈歪斜、摇头转圈、站立不稳、抽搐痉挛、角弓反张、共济失调等神经症状（图 2-4-8）。

图 2-4-3　病鸭排黄白色稀粪

图 2-4-4　病鸭脚软蹲伏，不愿走动

图 2-4-5　病鸭眼睛流浆液性或黏液性分泌物（1）

图 2-4-6　病鸭眼睛流浆液性或黏液性分泌物（2）

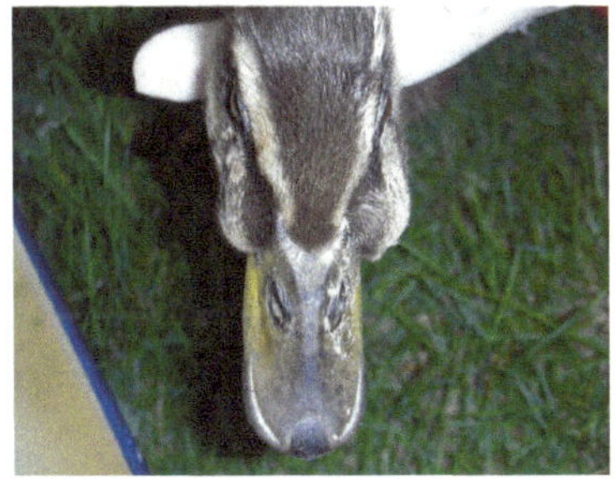

图 2-4-7　病鸭鼻窦肿大

图 2-4-8　病鸭歪头、扭颈等神经症状

（四）主要病变

1）纤维素性心包炎：病死鸭心包膜有黄白色纤维素性渗出物，不易剥离（图 2-4-9～图 2-4-12）。

2）纤维素性肝周炎：病死鸭肝脏浆膜表面有黄白色纤维素性渗出物，易脱落（图 2-4-13～图 2-4-16）。

3）纤维素性气囊炎：病死鸭气囊膜浑浊增厚，重者气囊呈干酪样（图 2-4-17～图 2-4-24）。

4）脑膜炎：病死鸭脑膜充血、出血，颅骨瘀血，颅部皮下出血（图 2-4-25～图 2-4-27）。

5）病死鸭脾肿大，表面有黄白色坏死灶（图 2-4-28）。

6）鼻窦炎：鼻窦黏膜充血、出血，内有干酪样渗出物（图 2-4-29 和图 2-4-30）。

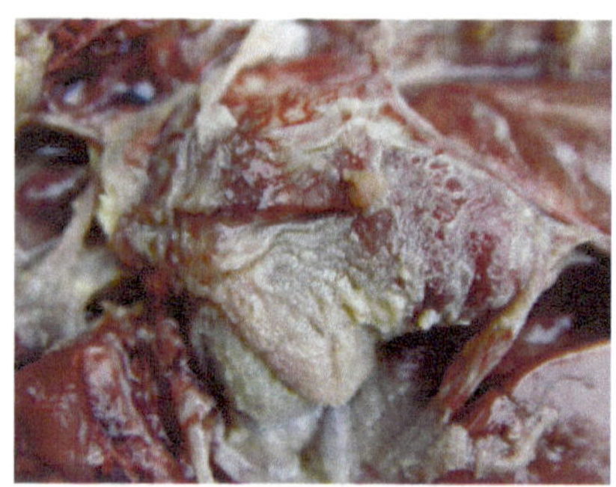

图 2-4-9　病死鸭纤维素性心包炎（1）

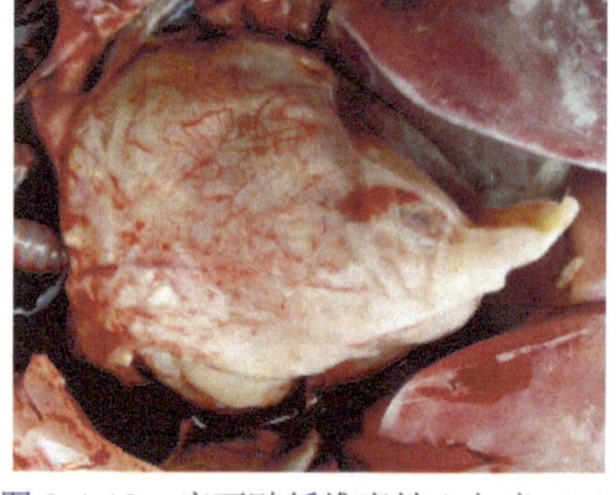

图 2-4-10　病死鸭纤维素性心包炎（2）

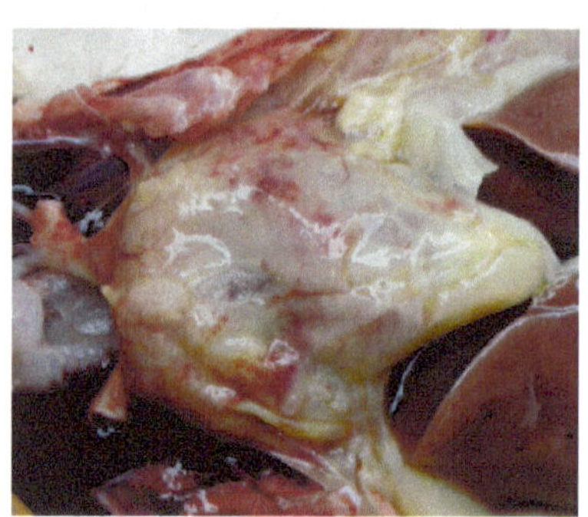

图 2-4-11　病死鸭纤维素性心包炎（3）

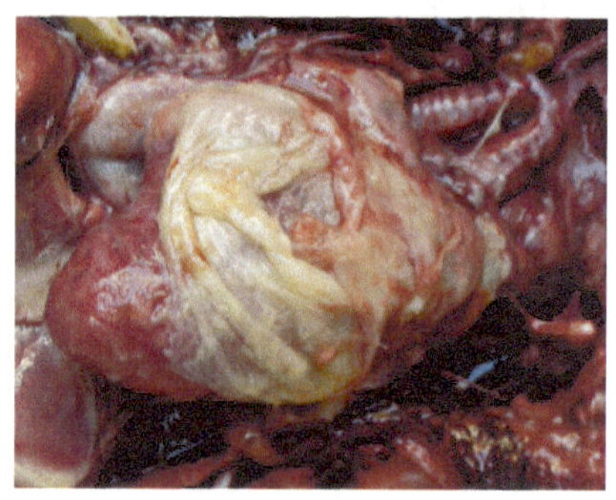

图 2-4-12　病死鸭纤维素性心包炎（4）

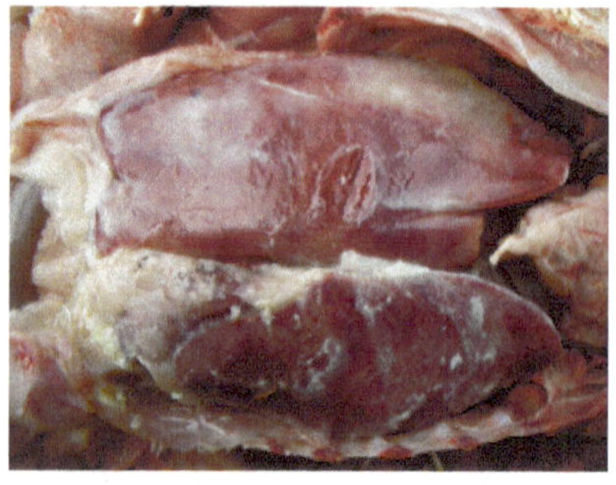

图 2-4-13　病死鸭纤维素性肝周炎（1）

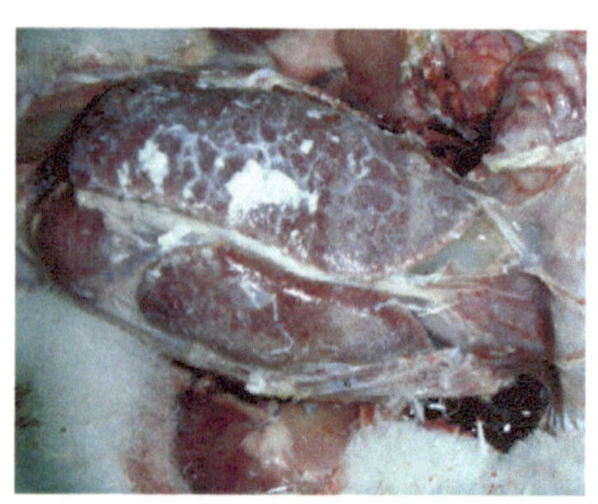

图 2-4-14　病死鸭纤维素性肝周炎（2）

图 2-4-15　病死鸭纤维素性肝周炎（3）

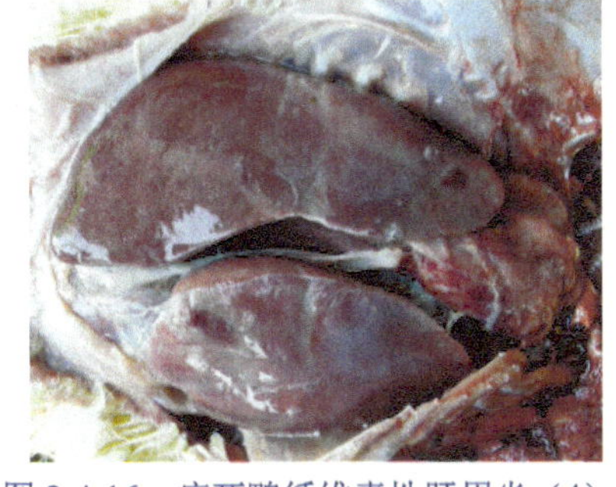
图 2-4-16　病死鸭纤维素性肝周炎（4）

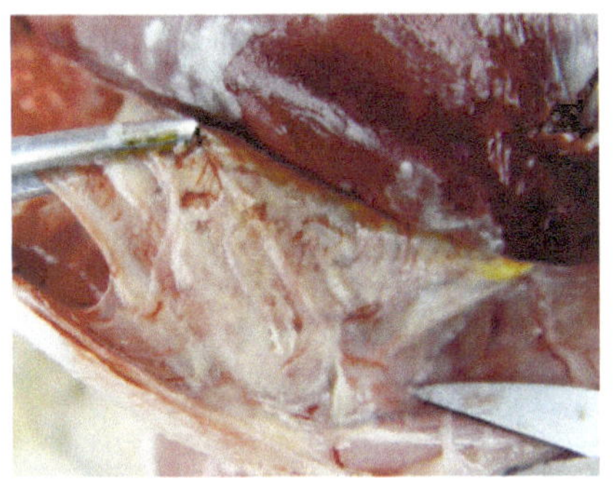
图 2-4-17　病死鸭纤维素性气囊炎（1）

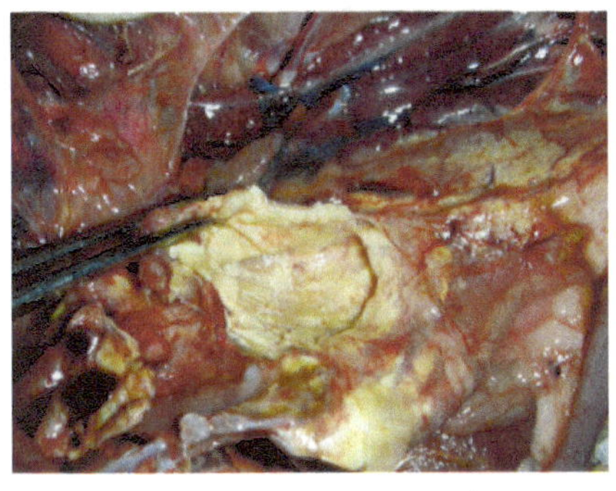
图 2-4-18　病死鸭纤维素性气囊炎（2）

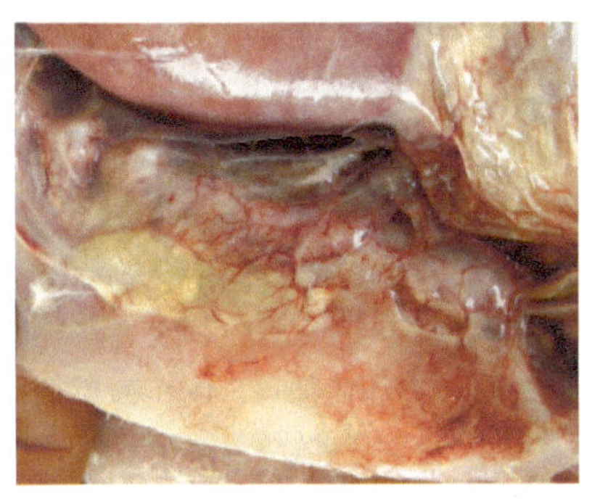
图 2-4-19　病死鸭纤维素性气囊炎（3）

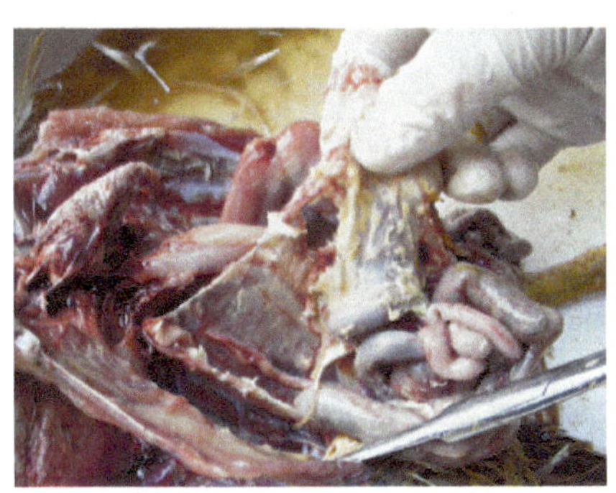
图 2-4-20　病死鸭纤维素性气囊炎（4）

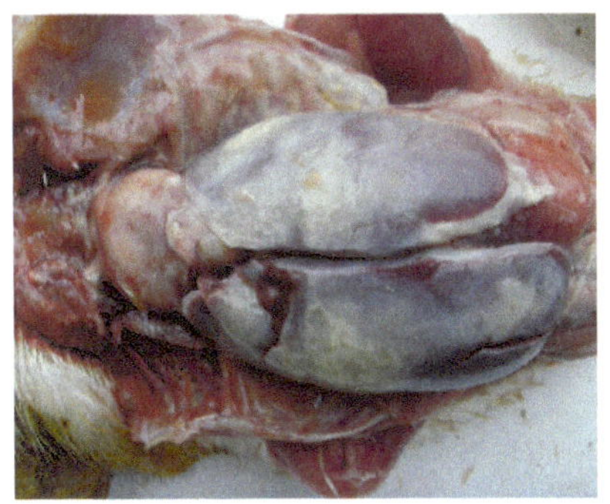
图 2-4-21　纤维素性心包炎、肝周炎、气囊炎（1）

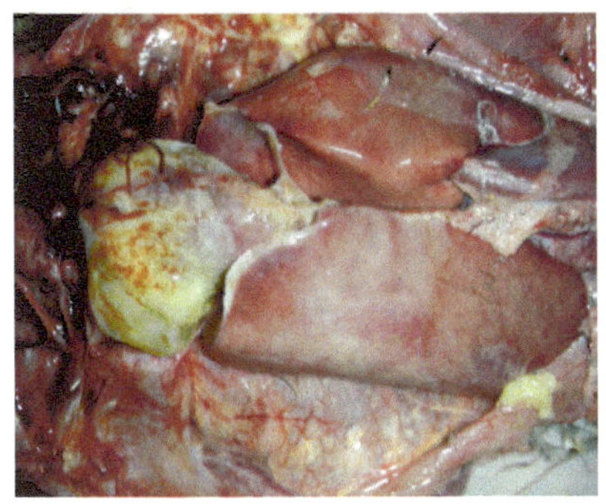
图 2-4-22　纤维素性心包炎、肝周炎、气囊炎（2）

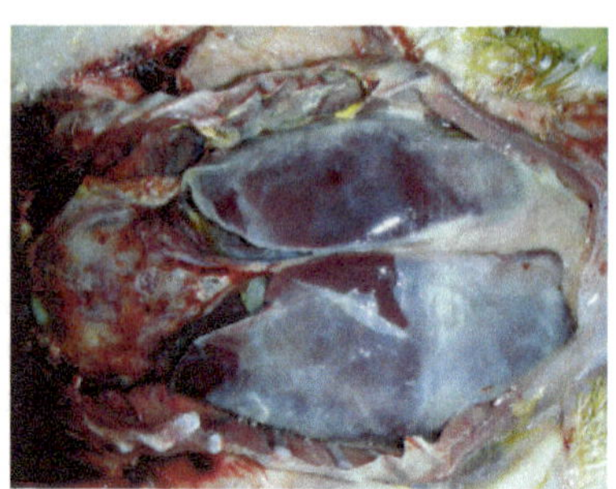
图 2-4-23 纤维素性心包炎、肝周炎、气囊炎（3）

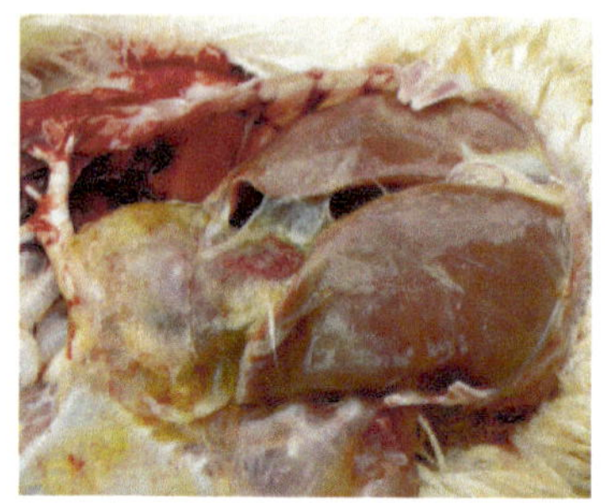
图 2-4-24 纤维素性心包炎、肝周炎、气囊炎（4）

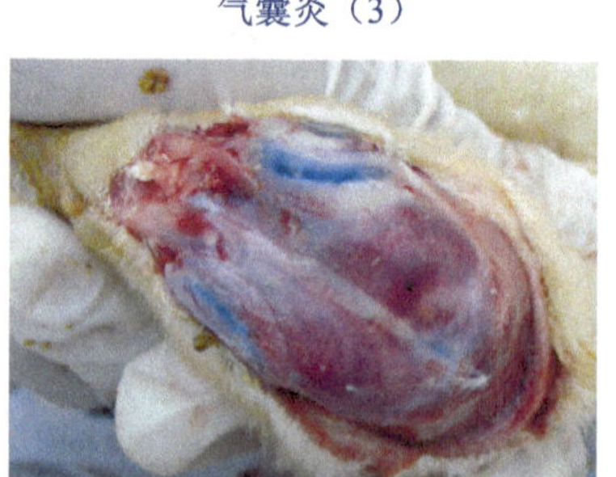
图 2-4-25 病死鸭颅骨瘀血

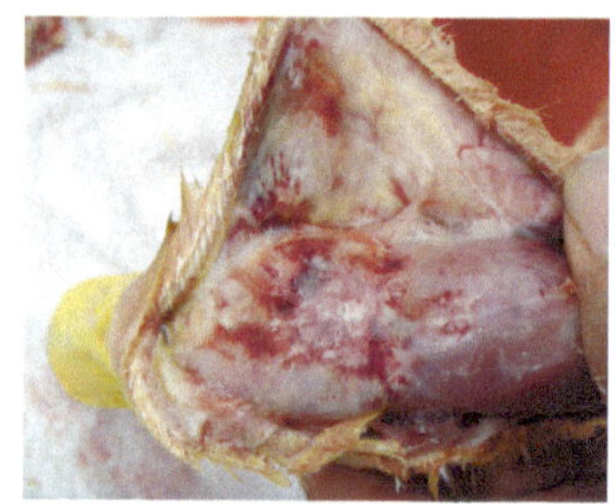
图 2-4-26 病死鸭颅部皮下出血

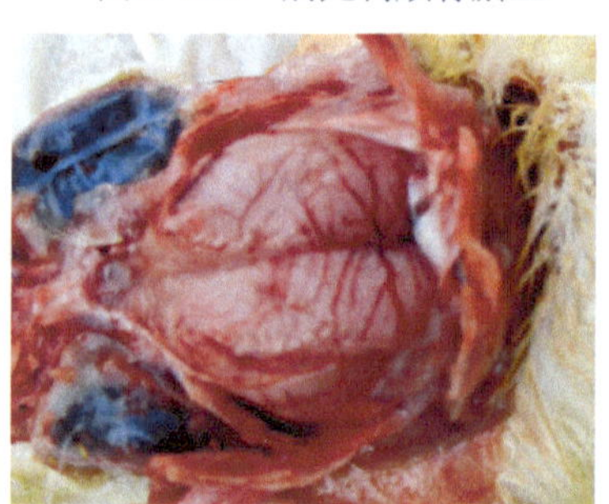
图 2-4-27 病死鸭脑膜充血

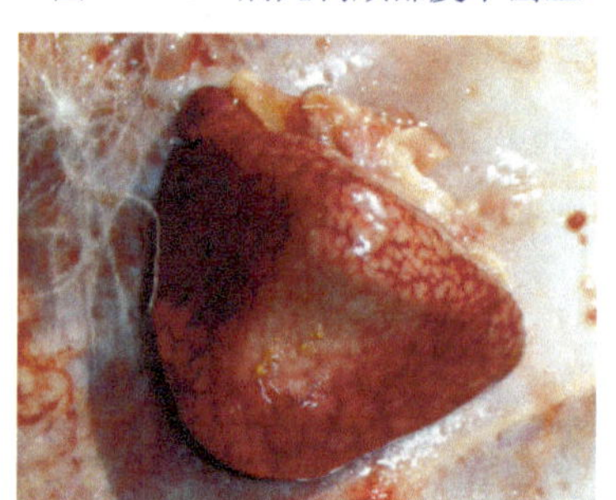
图 2-4-28 病死鸭脾脏坏死

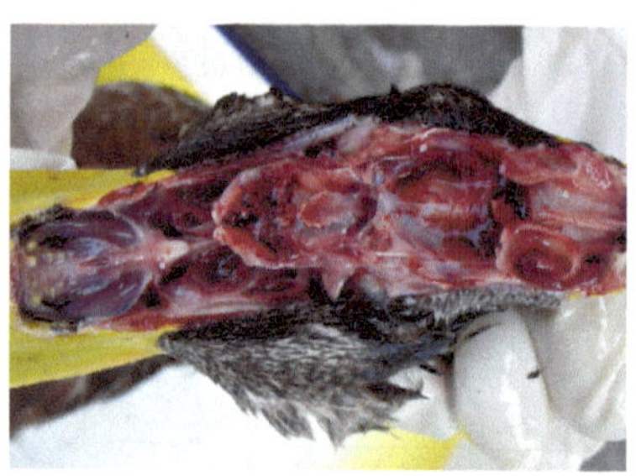
图 2-4-29 病死鸭鼻窦黏充血出血

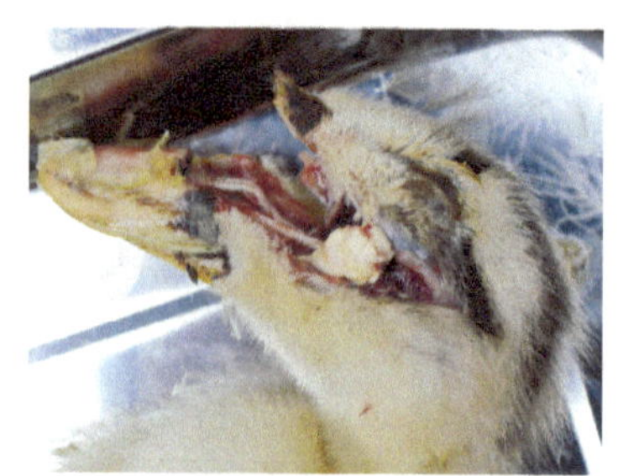
图 2-4-30 病死鸭鼻窦有干酪样渗出物

（五）诊断

1. 临床诊断指标

1）2～4 周龄鸭多发，病鸭下痢、咳嗽、流鼻液。
2）三炎：纤维素性心包炎、肝周炎、气囊炎。
3）鼻窦炎、脑膜炎、脾坏死。

2. 确诊

通过细菌学检查可确诊。

（六）防治

1）加强饲养管理，搞好卫生消毒。

2）免疫接种。

鸭传染性浆膜炎＋大肠杆菌病二联类脂苗，3～5 日龄皮下注射 0.5mL 首免，16 日龄皮下注射 0.8mL 二免。樱桃谷肉鸭因饲养期短不宜作二免。

3）多发鸭场可在易感日龄作预防性投药。

4）药物治疗：有条件的养殖场最好每年定期进行 2～3 次的药敏试验。

氟苯尼考、安普霉素、庆大霉素、卡那霉素、新霉素、丁胺卡那霉素、恩诺沙星、利高霉素、壮观霉素、头孢噻呋钠、敌菌净等。

5）治疗方案。

① 安普霉素饮水 7d。

② 环丙沙星＋头孢噻呋＋地塞米松，肌注 1～3 次；氟苯尼考饮水 7d。

③ 利高霉素＋丁胺卡那＋地塞米松，肌注 1～3 次；环丙沙星饮水 7d。

二、实践案例

1. 病例

某养鸭户饲养的樱桃谷肉鸭 5000 羽，平均体重约 1.3kg。23 日龄时开始发病，病鸭精神不振，体温升高；排黄白色稀粪，脚软不愿活动；咳嗽、流鼻液；部分病鸭出现歪头、扭颈、转圈等神经症状。每天死亡 20～50 羽。剖检病死鸭可见纤维素性心包炎、肝周炎、气囊炎，脑膜炎，鼻窦炎，经某实验室化验未检出大肠杆菌。

2. 诊断

根据发病情况、症状表现及剖检病变，对照鸭传染性浆膜炎的临床诊断指标，初步诊断为鸭传染性浆膜炎。

3. 治疗方案

1）全群肌注抗菌药物：头孢噻呋钠 50g＋5mg/mL 地塞米松 1500mL＋生理盐水 5000mL 混合肌注，1.3mL/羽。

2）全群饮服安普霉素 1 周。

3）加强饲养管理，搞好卫生消毒。

一、填空题

1. 鸭传染性浆膜炎的病原是________，禽出血性败血症的病原是________，禽副伤寒的病原是________和________等。

2．鸭传染性浆膜炎特征性病变为________、________、________。

二、选择题

1．在剖检病死鸭时，如见到纤维素性心包炎、肝周炎和气囊炎等，可能是（　　）。

A．鸭传染性浆膜炎　　B．鸭病毒性肝炎　　C．鸭瘟

2．与鸭传染性浆膜炎非常类似的疾病是（　　）。

A．鸭大肠杆菌病　　B．鸭伤寒　　C．鸭霍乱

三、判断题

（　　）1．鸭传染性浆膜炎剖检时可见纤维素性肝周炎、心包炎及气囊炎。

（　　）2．鸭疫里默氏杆菌病的病原是禽型多杀巴氏杆菌。

（　　）3．鹅及火鸡对鸭传染性浆膜炎无易感性。

四、案例分析题

某养鸭场饲养的10000羽樱桃谷肉鸭，平均体重约1.2kg。18日龄发病，病鸭表现为精神不振，体温升高；排黄白色稀粪，脚软不愿活动；咳嗽、流鼻液；部分病鸭出现歪头、扭颈、转圈等神经症状，每天死亡30～60羽。剖检病死鸭可见纤维素性心包炎、肝周炎、气囊炎，脑膜炎，鼻窦炎。畜主送检病料经某实验室检出的致病菌在麦康凯培养基上不生长，在巧克力培养基上生长良好。请你对该病作出诊断并制订一个防治方案。

任务5　鸡毒支原体病的诊断和防治

一、必备知识

鸡毒支原体病是鸡和火鸡等禽类的一种慢性接触性传染病。该病阳性率极高，饲养管理差的鸡场发病严重，常造成巨大的药费开支，被人们戏称为最耗钱的病。

（一）病原

1）病原为鸡毒支原体，呈细小的圆形或椭圆形，姬姆萨氏染色良好，革兰氏阴性。

2）抵抗力很弱，在外界存活时间短。但药物不能把体内病原完全杀灭。

（二）流行特点

1）各年龄鸡和火鸡均易感，4～8周龄鸡和5～16周龄火鸡最多发。

2）主要经呼吸道、消化道、交配和蛋水平或垂直传播。

3）感染率极高，单独发病死亡率为10%～30%，如果并发或继发感染大肠杆菌时死亡率可达40%～60%，并发新城疫或禽流感时死亡率更高。

4）本病常在气候突变、保温不好（图2-5-1）、未接种疫苗、密度过大、通风不良等因素存在时诱发。

（三）主要症状

1）病鸡咳嗽、甩头、流鼻液（图 2-5-2），后期呼吸出现啰音。

图 2-5-1　保温不好，鸡群向保温炉挤堆

图 2-5-2　病鸡鼻腔有多量黏稠分泌物

2）鼻窦炎、结膜炎：病鸡初期流泪，后期流黏性分泌物，眼睑鼻窦逐渐肿胀，经 2～4 周可出现典型的“金鱼眼”（图 2-5-3～图 2-5-11）。病眼一侧颈肩部羽毛被眼分泌物浸湿和黏结。有的还可出现肉垂和面部水肿。

3）病程长达 1～2 个月，如不加治疗，可绵延数月。

（四）主要病变

1）鼻窦炎、结膜炎：病鸡眼睑内、眶下窦内充满干酪样纤维素性渗出物（图 2-5-12）。

2）病死鸡腹腔内有泡沫样渗出物，气管充血，内有黏稠分泌物（图 2-5-13 和图 2-5-14）。

图 2-5-3　病鸡眼睛流黏性分泌物，眼睑肿胀（1）

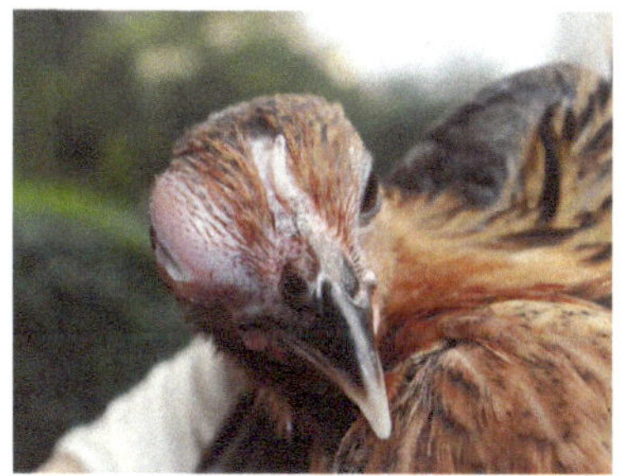

图 2-5-4　病鸡眼睛流黏性分泌物，眼睑肿胀（2）

图 2-5-5　病鸡眼睛流黏性分泌物，眼睑肿胀（3）

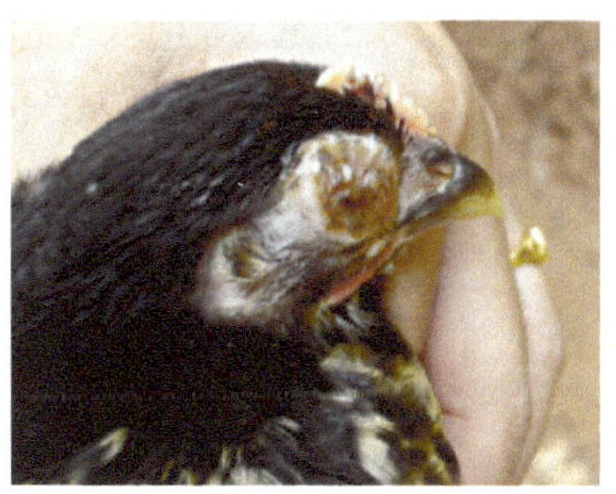

图 2-5-6　病鸡眼睛流黏性分泌物，眼睑肿胀（4）

图 2-5-7　病火鸡眼睛流黏性分泌物，眼睑肿胀

图 2-5-8　病火鸡眼睑鼻窦肿胀

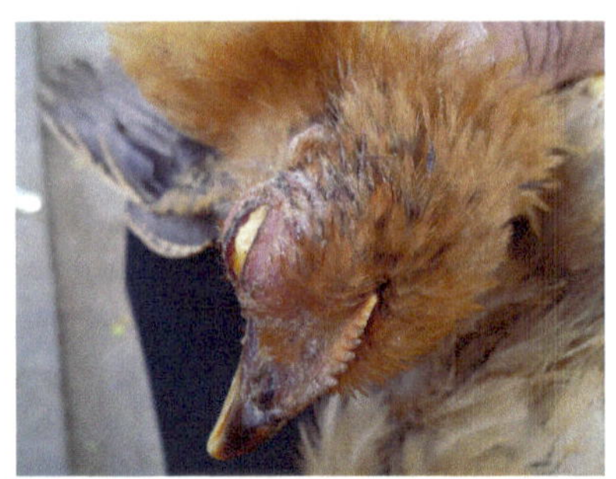

图 2-5-9　病鸡眼睑肿胀，内有干酪样渗出物（1）

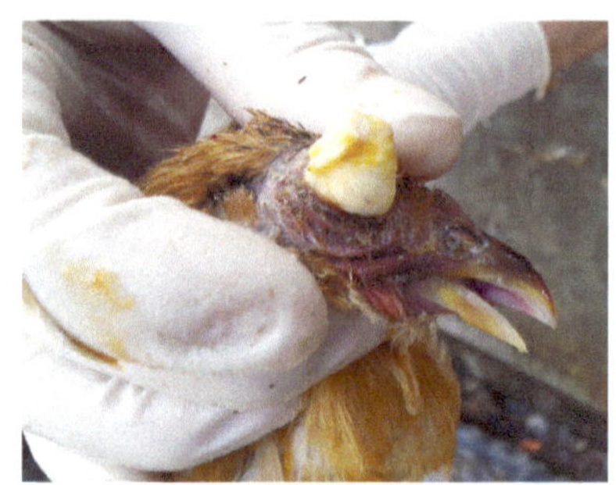

图 2-5-10　病鸡眼睑肿胀，内有干酪样渗出物（2）

图 2-5-11　病鸡眶下窦内摘取的干酪样渗出物

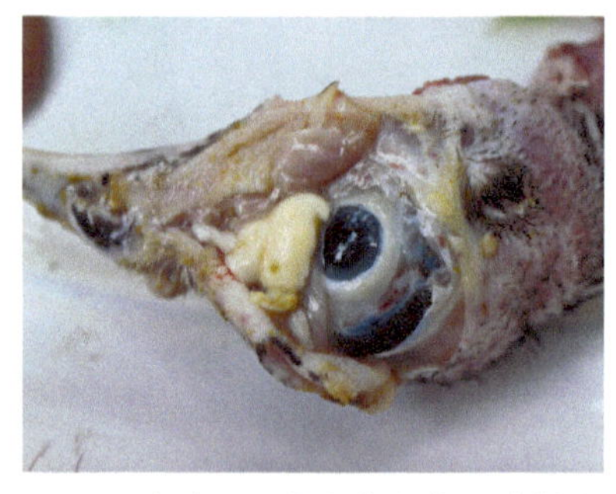

图 2-5-12　病鸡眶下窦内蓄积的干酪样渗出物

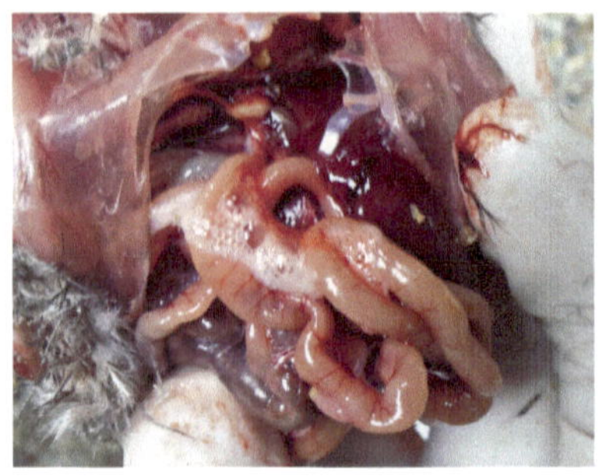

图 2-5-13　病死鸡腹腔有白色泡沫样渗出物

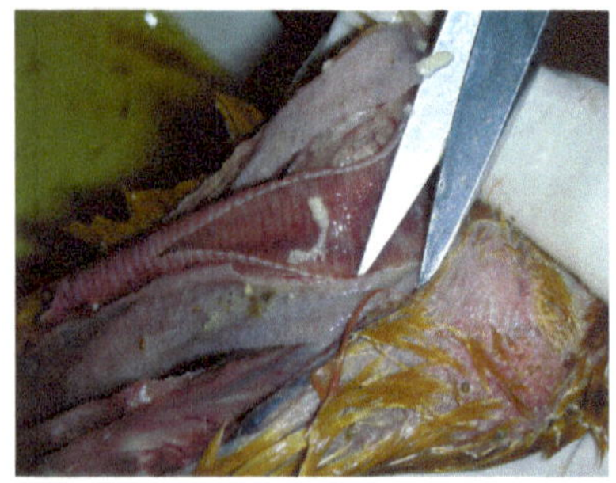

图 2-5-14　病死鸡气管充血、有黏稠分泌物

3）气囊炎：病死鸡气囊浑浊、增厚，纤维素性渗出，重者呈干酪样。以胸气囊最为严重（图 2-5-15～图 2-5-22）。

4）重者发展为肺炎（图 2-5-23），继发大肠杆菌可见“三炎”（图 2-5-24）。

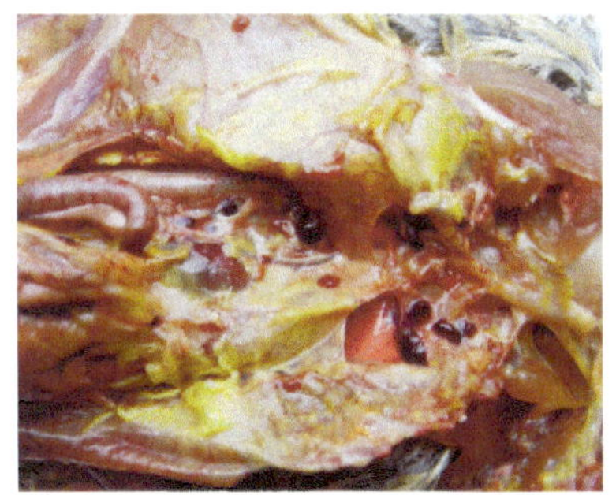

图 2-5-15 病死鸡纤维素性气囊炎

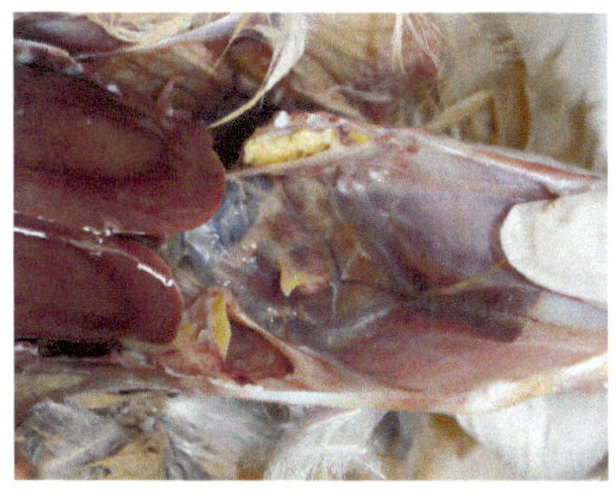

图 2-5-16 病死鸡气囊壁有干酪样渗出物

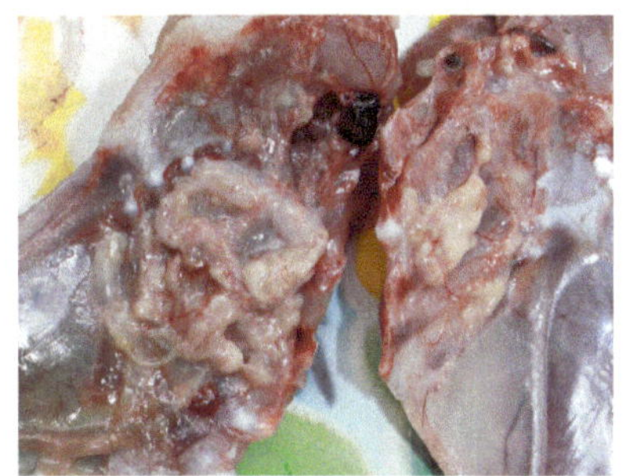

图 2-5-17 病死鸡纤维素性气囊炎（1）

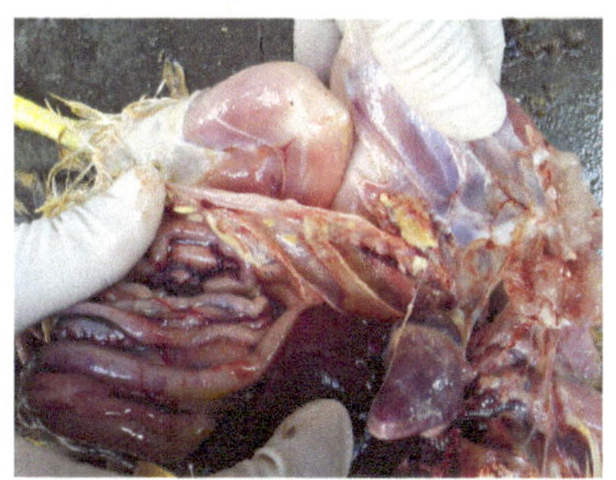

图 2-5-18 病死鸡纤维素性气囊炎（2）

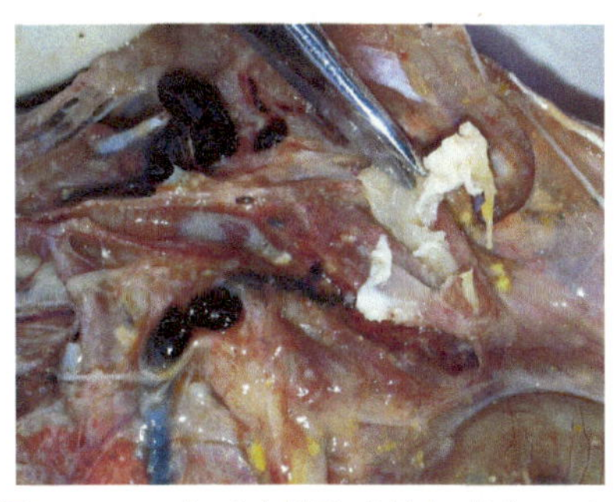

图 2-5-19 病死鸡纤维素性气囊炎（3）

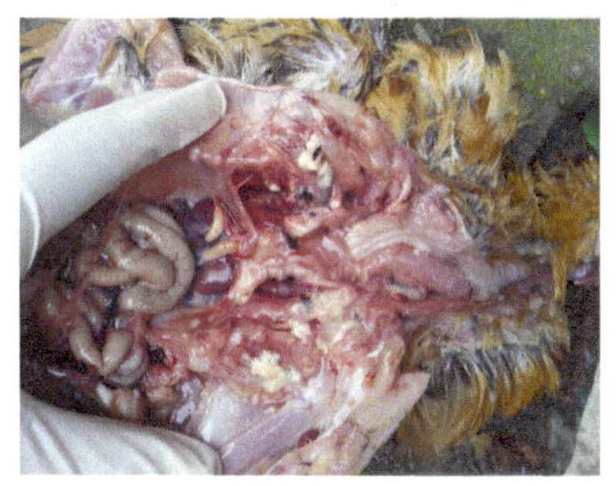

图 2-5-20 病死鸡纤维素性气囊炎（4）

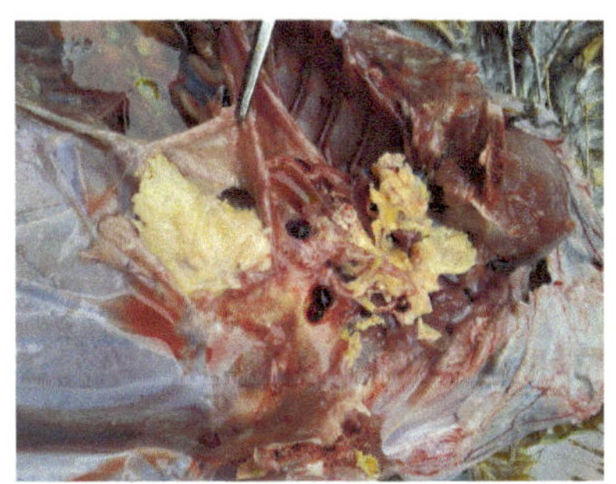

图 2-5-21 病死鸡纤维素性气囊炎（5）

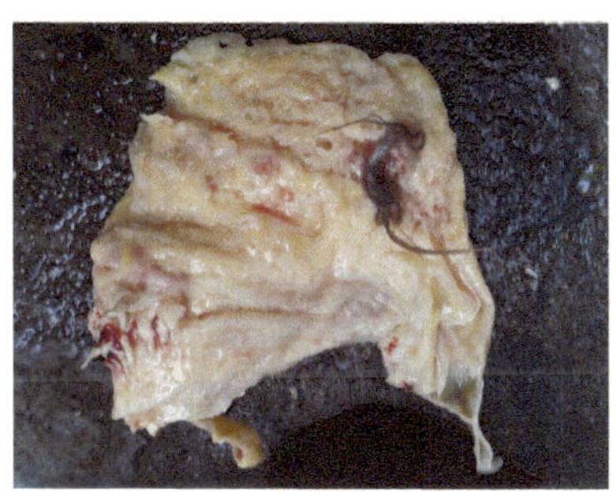

图 2-5-22 病死鸡气囊壁上摘除的干酪样渗出物

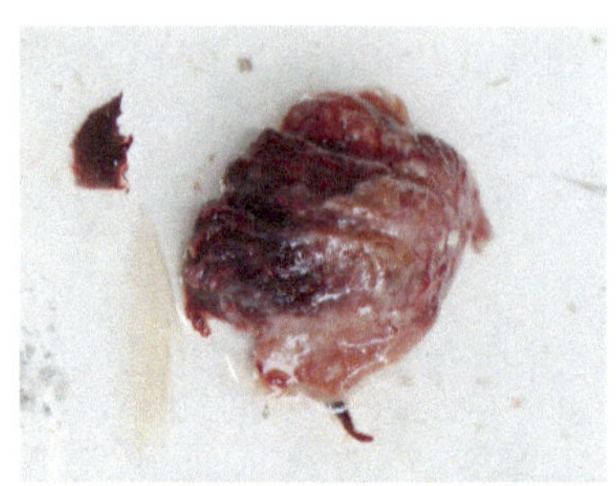

图 2-5-23 病死鸡纤维素性肺炎

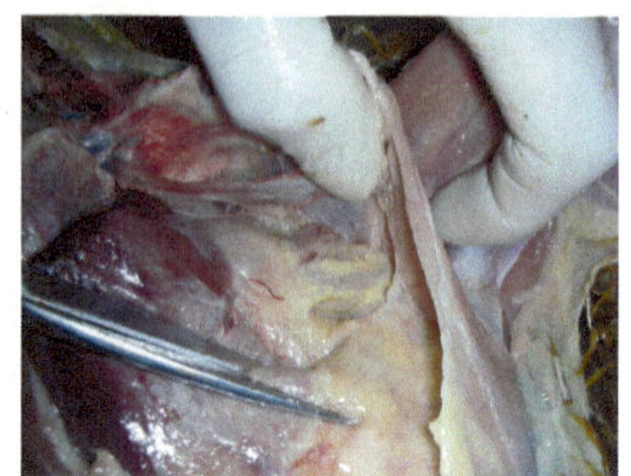

图 2-5-24 病死鸡纤维素性气囊炎、肝周炎、心包炎

（五）诊断

1. 临床诊断指标

1）4～8 周龄鸡多发，病程长。病鸡顽固性咳嗽、甩头、流鼻液。

2）“金鱼眼”：从咳嗽至眼肿需 2～4 周。

3）纤维素性气囊炎。

2. 确诊

通过细菌学检查可确诊。

（六）防治

1）加强饲养管理，密度适宜，通风良好，日粮标准。

2）药物预防。

① 种鸡在饲料中定期添加土霉素，连用 1 周。

② 雏鸡泰乐菌素饮水 5d。

③ 疫苗接种。

弱毒苗：种鸡于 6～8 周龄和开产前滴鼻或饮水免疫，雏鸡可在 1 日龄滴鼻免疫。

油乳剂灭活苗：种鸡于 1～4 周龄和开产前肌注。

3）药物治疗。常用药物有氟苯尼考、泰乐菌素、泰妙菌素、强力霉素、北里霉素、红霉素、恩诺沙星、氧氟沙星、洛美沙星、利高霉素、红霉素等。

4）治疗方案。

① 氟苯尼考饮水 1 周。

② 链霉素喷雾，每天 1 次，连用 3d。泰乐菌素饮水 1 周。

③ 利高霉素＋阿米卡星＋地塞米松肌注。氧氟沙星饮水 1 周。

二、实践案例

1. 病例

某养鸡户饲养三黄鸡 5000 羽，平均体重约 0.5kg。刚脱温几天时，因气温突然下降鸡群开始出现打喷嚏、咳嗽、流泪、流鼻液等呼吸道症状，由于畜主未及时采取措施，呼吸道症状逐渐加重，出现眼睛流粘性分泌物，发病 3 周时结膜、鼻窦肿胀并出现死亡。剖检见病死鸡气管出血，鼻腔、喉头、气管有大量黏液，气囊浑浊、增厚、有纤维素性渗出物。

2. 诊断

根据发病情况、症状表现及剖检病变，对照鸡毒支原体感染的临床诊断指标初步诊断为鸡毒支原体感染。

3. 治疗方案

1）全群肌注抗菌药物：利高霉素 200g＋地塞米松（5mg/mL）500mL＋生理盐水 2000mL 混合肌注，0.5mL/羽。

2）全群饮服氧氟沙星 1 周。

3）加强饲养管理，适当提高室温。

一、填空题

1. 常见的细菌性呼吸道病有________、________。
2. 鸡毒支原体感染特征性剖检病变为________、________。

二、选择题

1. 鸡慢性呼吸道病（　　）。
   A. 青霉素疗效特高　　B. 又称鸡毒支原体病　　C. 不可经蛋传播
2. 病鸡呼吸道有明显的啰音多见于（　　）。
   A. 马立克病　　B. 传染性法氏囊病　　C. 支原体感染

三、判断题

（　　）1. 鸡毒支原体感染的病程极短，常呈急性经过。

（　　）2. 鸡毒支原体病又称慢性呼吸道病。

（　　）3. 鸡毒支原体感染可出现特征性的“金鱼眼”。

四、案例分析题

某养鸡户饲养三黄鸡 2000 羽，平均体重约 0.5kg。因气温突变鸡群开始出现打喷嚏、咳嗽、流泪、流鼻液等呼吸道症状并逐渐加重，眼睛流黏性分泌物，结膜、鼻窦肿胀。剖检病死鸡气管出血，鼻腔、喉头、气管有多量黏液，气囊浑浊、增厚、有纤维素性渗出物。请你做出初步诊断并制订治疗方案。

任务 6　鸡传染性鼻炎的诊断和防治

一、必备知识

鸡传染性鼻炎是由副鸡嗜血杆菌引起的一种急性呼吸道传染病。

（一）病原

1）病原为副鸡嗜血杆菌，革兰氏阴性，呈球状、杆状或长丝状，鼻腔分离菌美蓝染色呈两极着色。

2）在 10% CO_2 巧克力培养基上生长良好，在葡萄球菌周围呈卫星状生长。

3）本菌对外界的抵抗力不强。

（二）流行病学

1）各年龄鸡均可发病，但以育成鸡和产蛋鸡多发。

2）主要经呼吸道、消化道传播。

3）以秋冬、春初季节多发，鸡群密度过大、寒冷潮湿、通风不良、维生素 A 缺乏等因素可促进本病的发生和流行。

（三）主要症状

1）发病急、传播快，3～5d 即可波及全群。

2）病鸡精神沉郁，缩头呆立，打喷嚏，咳嗽，流鼻液，甩头（图 2-6-1）。

3）发病几天病鸡即可出现眼睑和面部肿胀（图 2-6-2～图 2-6-6）。

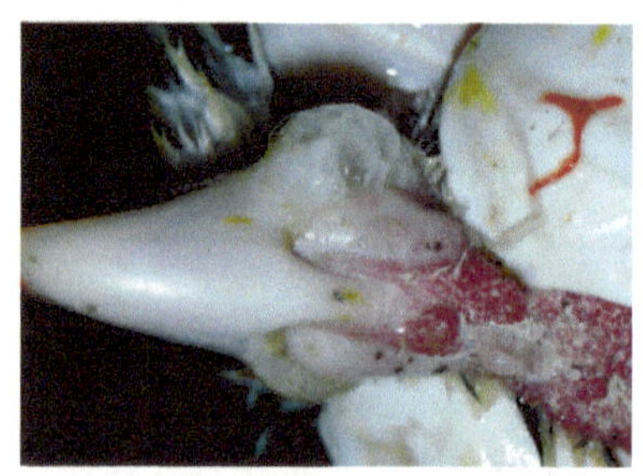

图 2-6-1　贵妃鸡鼻腔有大量黏稠分泌物

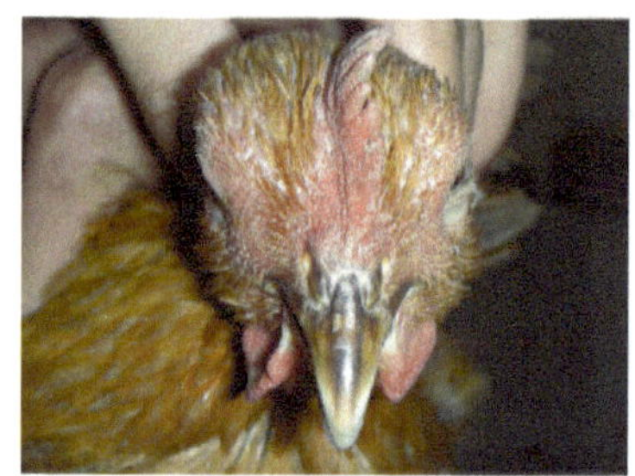

图 2-6-2　病鸡眼睑、鼻窦、面部肿胀（1）

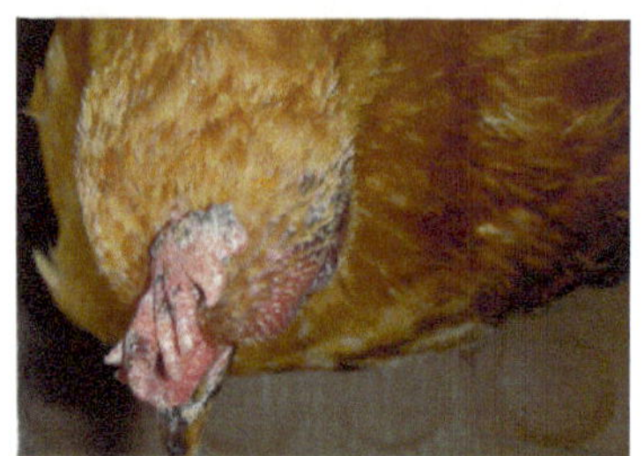

图 2-6-3　病鸡眼睑、鼻窦、面部肿胀（2）

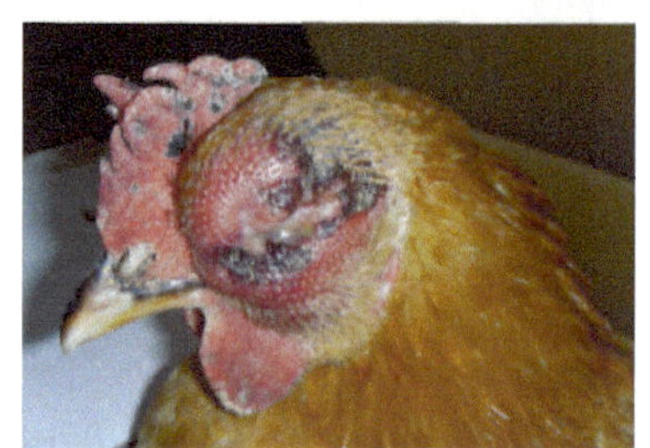

图 2-6-4　病鸡眼睑、鼻窦、面部肿胀（3）

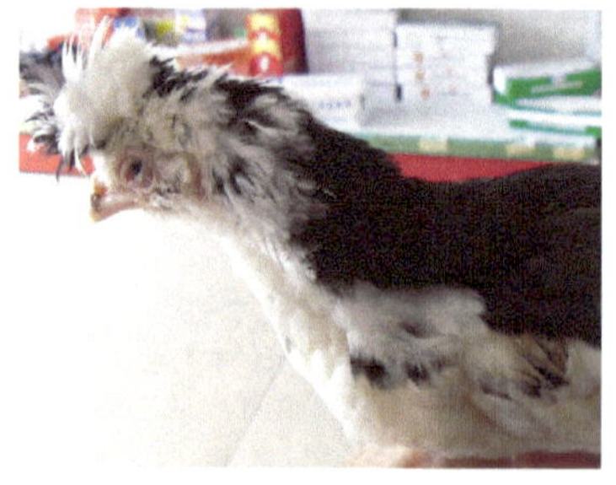

图 2-6-5　贵妃鸡眼睑、面部肿胀

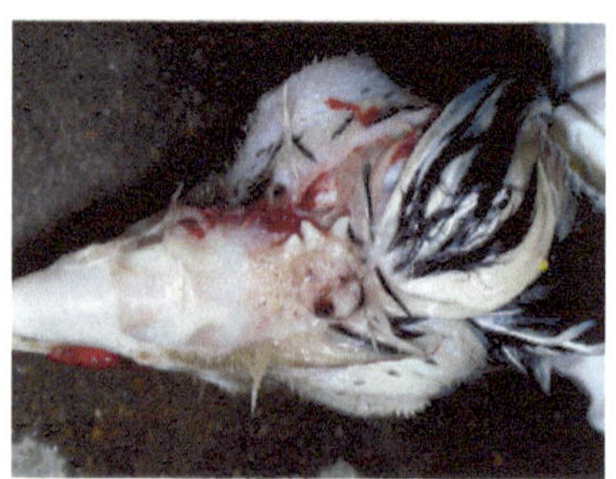

图 2-6-6　贵妃鸡眼睑、面部肿大突出

（四）主要病变

1）病死鸡鼻腔、鼻窦黏膜充血、肿胀，内有大量黏液（图 2-6-7）。

2）病死鸡结膜充血、出血；下颌、肉垂皮下水肿；气管黏膜充血、出血，内有黏稠分泌物。

3）病程较长的病死鸡鼻窦、眶下窦和结膜囊内蓄积黄色干酪样渗出物。

4）病死产蛋鸡卵泡变形、易破裂（图 2-6-8）。

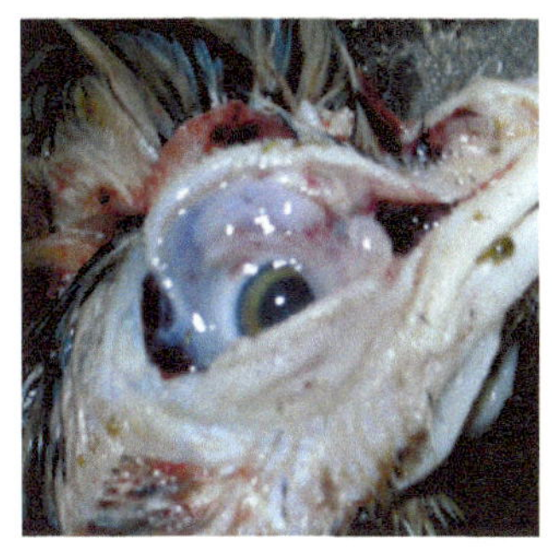

图 2-6-7　贵妃鸡眼睑、鼻窦肿胀增厚

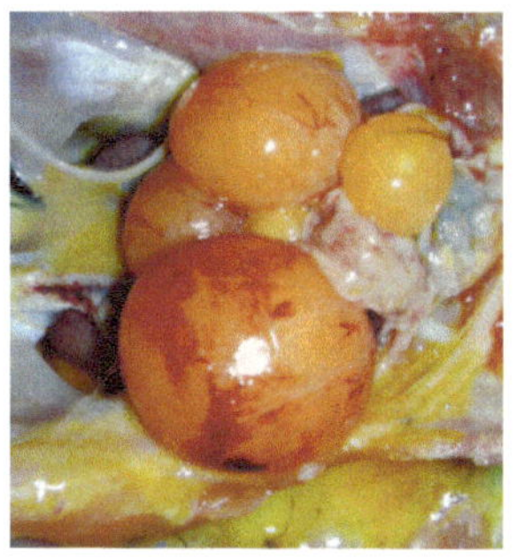

图 2-6-8　病死鸡卵泡充血、出血

（五）诊断

1. 临床诊断指标

1）育成鸡和产蛋鸡多发，发病急、传播快。病鸡出现咳嗽、甩头、流鼻液等症状。

2）发病数天后出现眼睑和面部肿胀。

3）鼻窦、眶下窦和结膜囊内蓄积黄色干酪样渗出物。

4）多无气囊炎。

2. 确诊

通过细菌学检查可确诊。

（六）防治

1）加强饲养管理，搞好卫生和通风，合理饲喂优质饲料。

2）免疫接种：多发地区可用鸡传染性鼻炎油乳剂灭活苗于 6～8 周龄腿部肌肉注射接种，0.5mL/羽；产蛋前再肌注 1 次，1mL/羽。

3）药物防治：磺胺和部分抗生素对本病有效。如磺胺间甲氧嘧啶和链霉素、红霉素、林可霉素、泰乐菌素等。

4）治疗方案。

① 磺胺间甲氧嘧啶钠＋TMP 饮水 5d。

② 链霉素喷雾，每天 1 次，连用 3d。红霉素饮水 1 周。

③ 链霉素＋地塞米松肌注；磺胺间甲氧嘧啶钠＋TMP 饮水 5d。

二、实践案例

1. 病例

某养鸡户饲养的假三黄阉鸡2000羽，平均体重约3kg。150日龄时鸡群开始出现打喷嚏、咳嗽、流泪、流鼻液等呼吸道症状，发病几天即出现结膜、鼻窦和面部肿胀，每天死亡15～20羽。剖检见病死鸡鼻腔、气管充血出血，内有大量黏液，鼻窦、眶下窦、结膜囊有黄色干酪样渗出物。

2. 诊断

根据发病情况、症状表现及剖检病变，对照鸡传染性鼻炎的临床诊断指标初步诊断为鸡传染性鼻炎。

3. 治疗方案

1）全群喷雾给药：链霉素10万IU＋蒸馏水20L喷雾给药。

2）全群饮服磺胺间甲氧嘧啶钠＋TMP饮水5d。

一、填空题

1．鸡传染鼻炎的病原是________。鸡白痢的病原是________，鸭传染性浆膜炎的病原是________。

2．鸡传染性鼻炎以________和________多发。

二、选择题

1．鸡传染性鼻炎主要症状是（　　）。

A．剧烈下痢　　B．咳出血痰。

C．鼻腔和鼻窦发炎，有黏性或牛乳样鼻液，脸部肿胀，喷嚏

2．下列疾病中，只能使鸡感染的是（　　）。

A．沙门氏菌病　　B．大肠杆菌病　　C．传染性鼻炎

3．病鸡呼吸道有明显的啰音多见于（　　）。

A．鸡马立克病　　B．传染性法氏囊病　　C．鸡传染性鼻炎

三、判断题

（　　）1．鸡传染性鼻炎具有发病急、传播快的特点。

（　　）2．鸡传染性鼻炎常可出现气囊炎。

（　　）3．鸡传染性鼻炎的特征是流鼻液、鼻腔和鼻窦发炎、结膜炎、面部肿胀等。

（　　）4．鸡传染性鼻炎是由副鸡嗜血杆菌引起的急性呼吸道疾病。

四、案例分析题

某养鸡户饲养的三黄阉鸡 3000 羽，平均体重约 2.5kg。140 日龄时鸡群开始出现打喷嚏、咳嗽、流泪、流鼻液等呼吸道症状，发病几天即出现结膜、鼻窦和面部肿胀，每天死亡 15～25 羽。剖检见病死鸡鼻腔、气管充血出血，内有大量黏液，鼻窦、眶下窦、结膜囊有黄色干酪样渗出物，未见气囊炎。请你作出初步诊断并制订一个治疗方案。

任务 7 禽葡萄球菌病的诊断和防治

一、必备知识

禽葡萄球菌病是由金黄色葡萄球菌引起的一种急性败血性或慢性传染病。

（一）病原

1）病原为金黄色葡萄球菌，革兰氏阳性，呈葡萄串状，不形成芽孢。

2）在营养琼脂培养基上生长良好，特征性菌落呈金黄色，也有的呈白色和柠檬色；在血液培养基中呈 β 溶血。

3）本菌抵抗力为非芽孢菌中较强的，但常用消毒剂可将其杀灭。

（二）流行病学

1）各年龄鸡均可发病，急性败血型以 40～80 日龄幼鸡多发。

2）金黄色葡萄球菌广泛存在于自然界和家禽羽毛上，常经损伤的皮肤黏膜和脐带侵入机体，也可经呼吸道感染。

3）鸡群拥挤、不断喙、鸡舍不平整、患鸡痘、维生素缺乏等因素都可导致本病的发生。

（三）临床诊断要点

1. 急性败血型

1）病禽急性发病，死亡率高，精神沉郁、食欲减退等全身症状明显。

2）病禽不愿站立、跛行、关节肿胀，剖开关节腔内有渗出物。

3）病禽胸腹部及股内侧皮肤浮肿，有波动感，外观呈紫黑色，剖开可见黄红色胶冻样水肿。

4）病禽肝脏、脾脏、肾脏肿大，表面有白色坏死灶。

2. 关节炎型

病禽多无全身症状，常见跖关节、趾关节发热、肿胀、疼痛、跛行。关节腔内初期为浆液样渗出物，后期为干酪样渗出物，关节周围组织增生畸形（图 2-7-1～图 2-7-6）。

图 2-7-1 病鸡跖关节肿胀，破溃

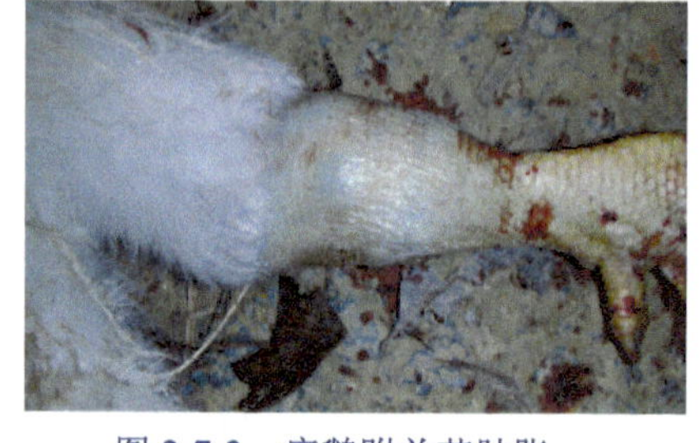

图 2-7-2 病鹅跗关节肿胀

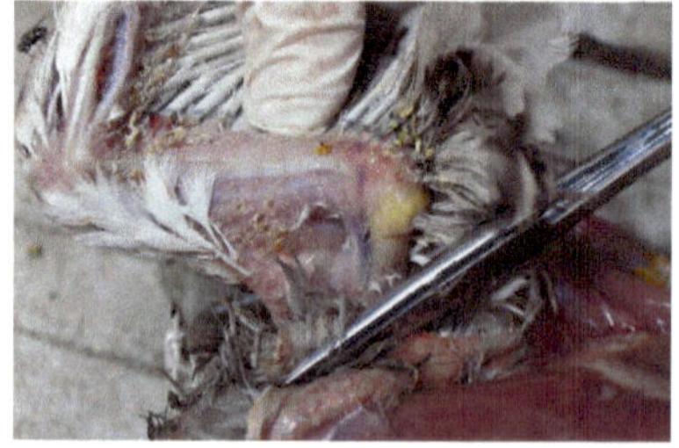

图 2-7-3 病鸽翅膀关节肿胀，破溃

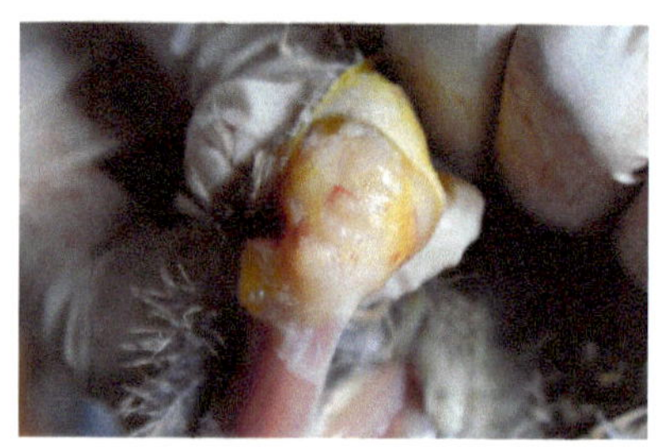

图 2-7-4 病鸽翅膀关节肿胀，内有渗出物

图 2-7-5 病鸭跗关节肿胀

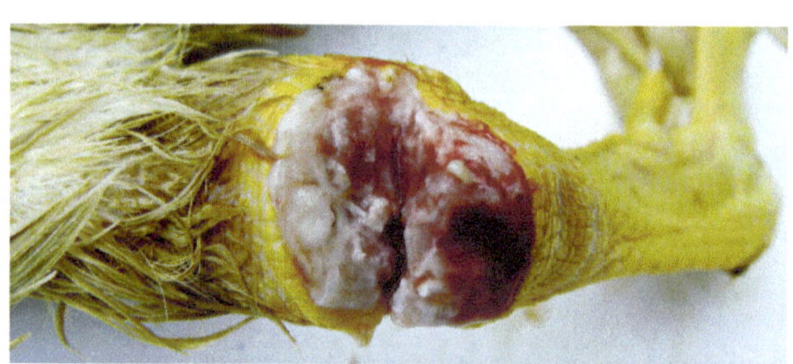

图 2-7-6 病鸭跗关节肿胀、内有脓性渗出物

3. 脐炎型

多见于刚出壳不久的雏鸡，病程短，死亡率高。病鸡腹部膨大，脐孔发炎肿大，周围常有黄红色液体。卵黄吸收不良，呈液状或干酪样。

4. 眼炎型

病禽结膜炎，眼睛红肿、流出黄色脓性黏液、眼睑粘合，甚至失明。

（四）防治

1）做好鸡痘接种工作，避免外伤。

2）加强卫生消毒。

3）治疗。常用药物有青霉素、红霉素、林可霉素、头孢噻呋、阿米卡星、庆大霉素等。

4）治疗方案：

① 个体发病者隔离病禽，肌注庆大霉素，每天 1 次，连用 3d。

② 群发性时可全群饮服林可霉素 5d。

二、实践案例

1. 病例

某养鸡户饲养的小麻鸡 3000 羽，在 35 日龄时鸡群零星出现跗关节、趾关节或跖关节肿胀，有的出现疼痛、跛行等症状，病鸡无呼吸道症状和死亡现象。

2. 诊断

根据发病情况及症状表现，对照禽葡萄球菌病的临床诊断要点初步诊断为禽葡萄球菌病（关节炎型）。

3. 治疗方案

1）搞好环境卫生及消毒。

2）隔离发病鸡并肌肉注射林可霉素。

3）全群投服红霉素。

一、填空题

1. 禽葡萄球菌病的病原是________。

2. 禽葡萄球菌病可分为急性败血型、________型、________型及________型。

二、选择题

脐炎型葡萄球菌多见于（　　）。

A. 刚出壳雏鸡　　　　B. 育成鸡　　　　C. 成年鸡

三、判断题

（　　）1. 鸡葡萄球菌病的发生与外伤及环境不良有关，与鸡痘无关。

（　　）2. 急性败血型葡萄球菌病多见于 40～80 日龄幼鸡。

（　　）3. 金黄色葡萄球菌属于革兰氏阴性菌。

任务8 鸡弯曲杆菌性肝炎的诊断和防治

一、必备知识

鸡弯曲杆菌性肝炎又称鸡弧菌性肝炎，是由空肠弯曲杆菌引起的一种急性或慢性传染病。

（一）病原

1）病原为空肠弯曲杆菌，存在于鸟、禽、狗、猫肠道内，经损伤肠黏膜侵入机体。革兰氏阴性，可呈海鸥形、S形、弧形、螺旋形。

2）抵抗力弱，对氧敏感，在外界环境很容易死亡，一般消毒剂也可将其灭活。

（二）流行病学

1）鸡、火鸡、山鸡均易感，多发于开产前后的母鸡。

2）主要经消化道传播，也可呈内源性感染。

3）多在转群、注射疫苗和气候突变等应激情况下发生，球虫病以及滥用抗生素致使肠道菌群失衡也可促进本病发生。

（三）临床诊断要点

1）病鸡急性死亡，冠肉垂苍白，剧烈腹泻，粪便初呈黄褐色稀糊状，后呈水样。产蛋鸡产蛋量下降。

2）肝肿大破裂，腹腔内有血凝块，有的被膜下出血或有血肿，有的肝脏坏死，特征为星状坏死或呈斑驳样；有的胆囊膨大、胆汁液化（图2-8-1～图2-8-10）。

3）部分病鸡出现胸肌、腿肌出血（图2-8-11～图2-8-13）。

4）有的病鸡肠道膨大、充满气体（图2-8-14和图2-8-15）。

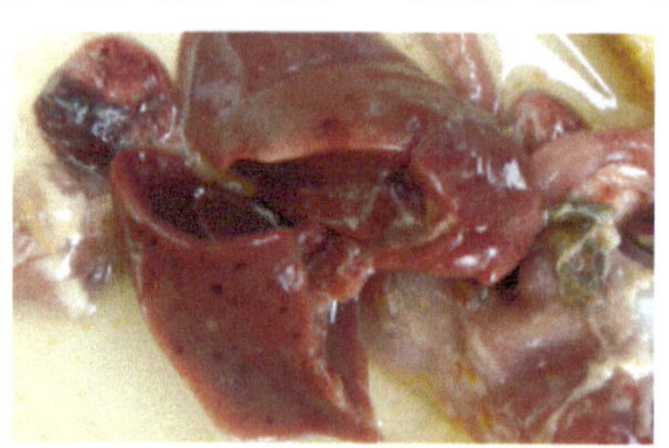

图2-8-1 病山鸡肝脏出血、坏死（1）

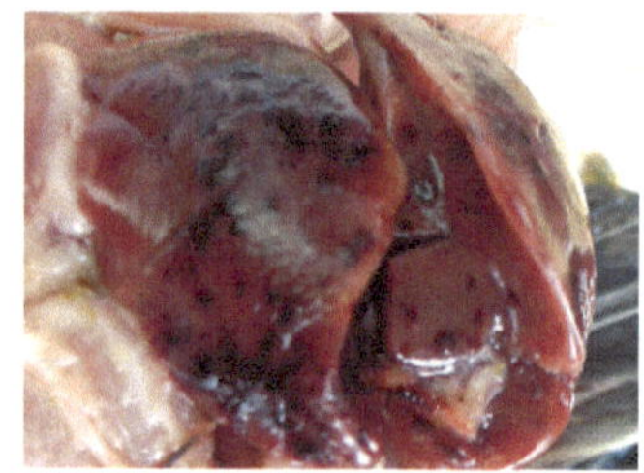

图2-8-2 病山鸡肝脏出血、坏死（2）

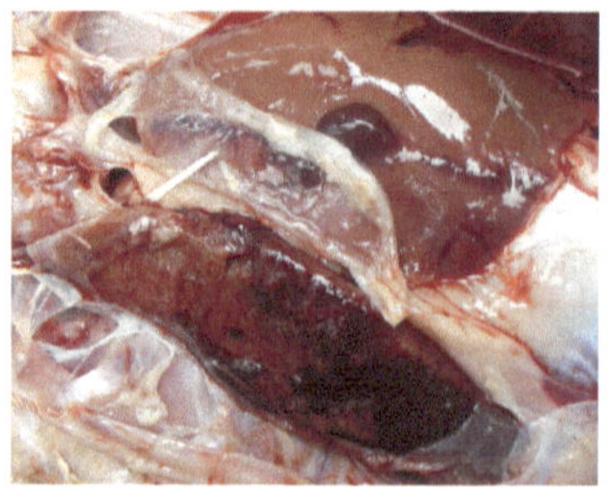

图2-8-3 病鸡肝脏被膜下出血、血肿

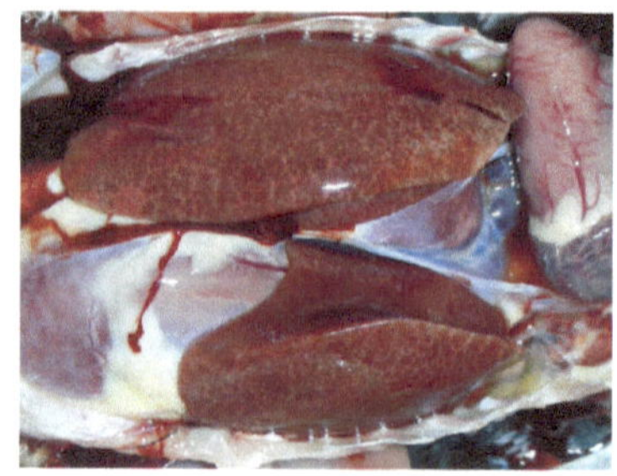

图2-8-4 病鸡肝破裂性出血、坏死（1）

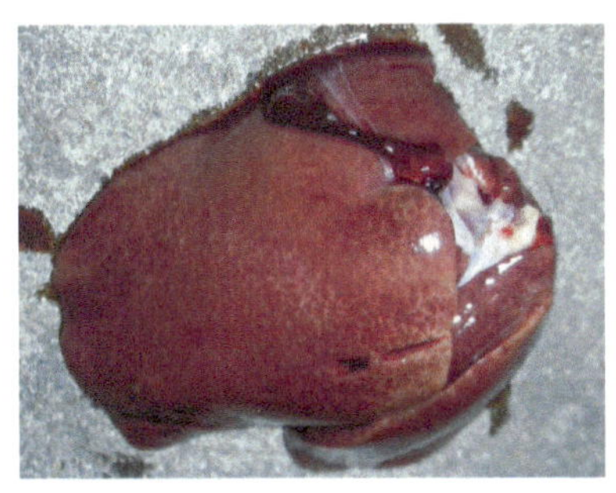

图 2-8-5 病鸡肝脏破裂性出血、坏死（2）

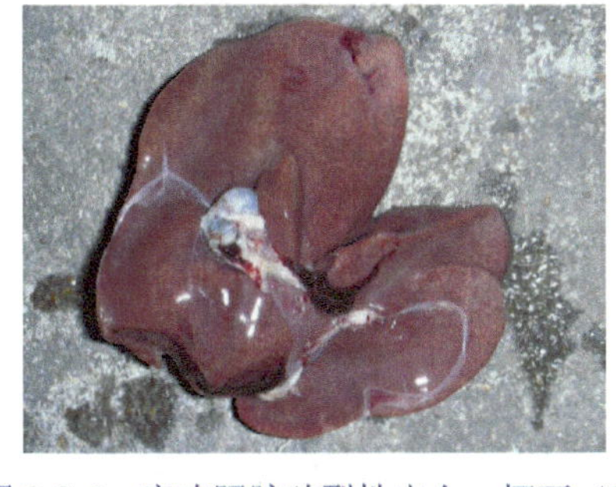

图 2-8-6 病鸡肝脏破裂性出血、坏死（3）

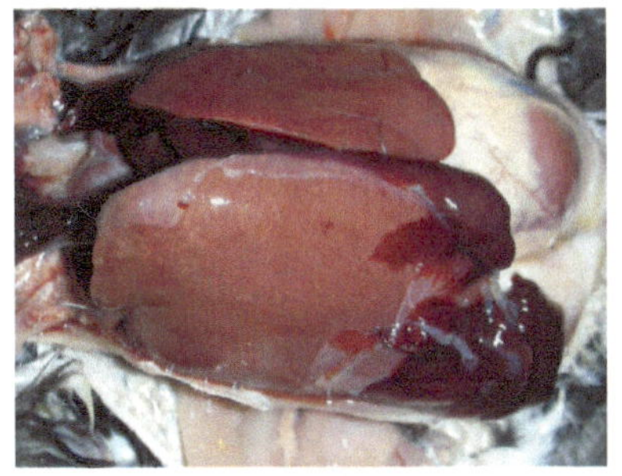

图 2-8-7 病鸡肝脏破裂性出血、肝脏周围有血凝块，肝脏表面有坏死灶（1）

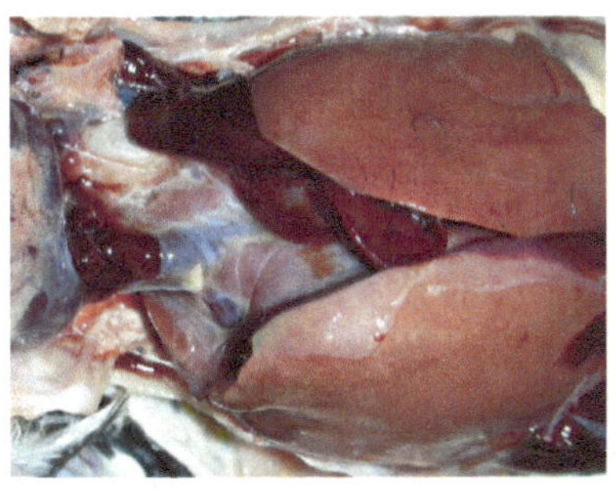

图 2-8-8 病鸡肝脏破裂性出血、肝脏周围有血凝块，肝脏表面有坏死灶（2）

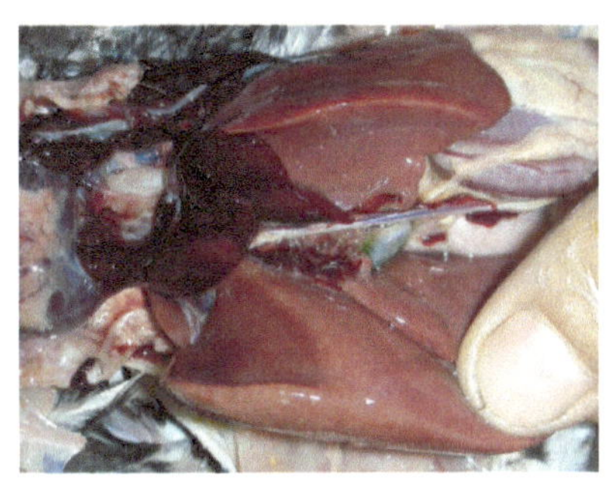

图 2-8-9 病鸡肝脏破裂性出血、肝脏周围有血凝块，肝脏表面有坏死灶（3）

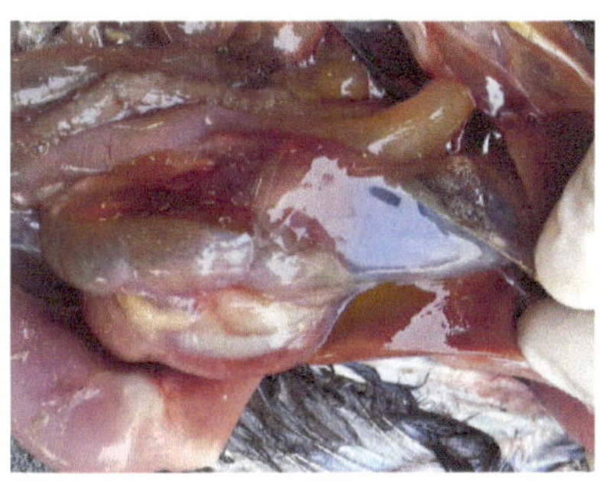

图 2-8-10 病鸡胆囊松弛、胆汁液化、色淡

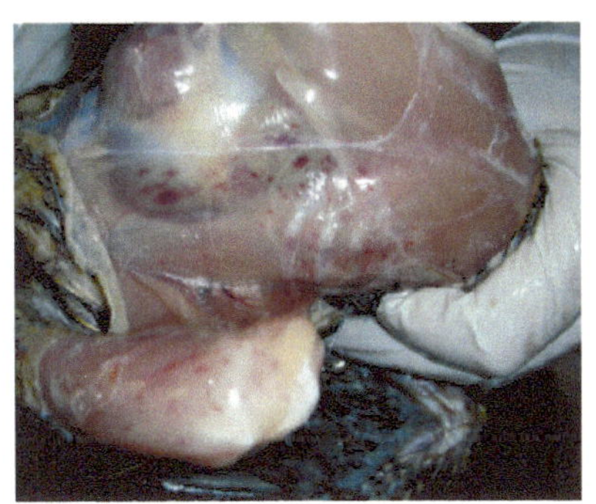

图 2-8-11 病鸡胸肌、腿肌出血（1）

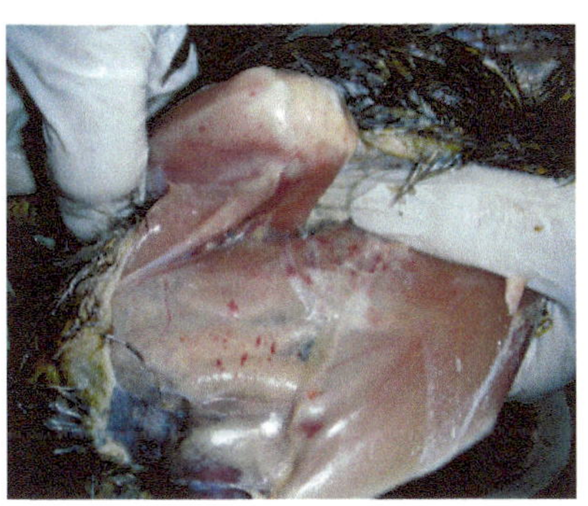

图 2-8-12 病鸡胸肌、腿肌出血（2）

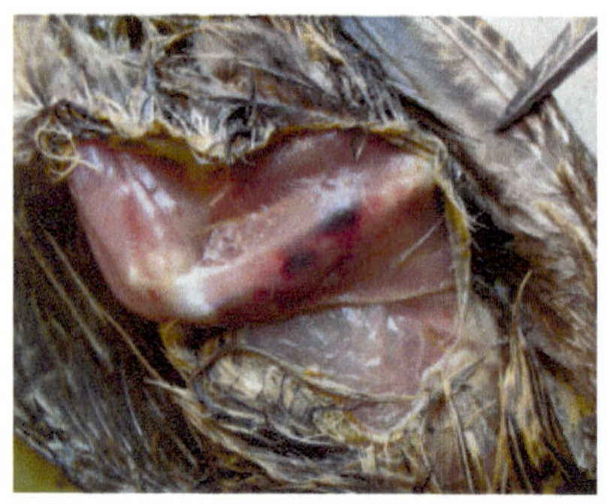

图 2-8-13 病山鸡腿肌出血

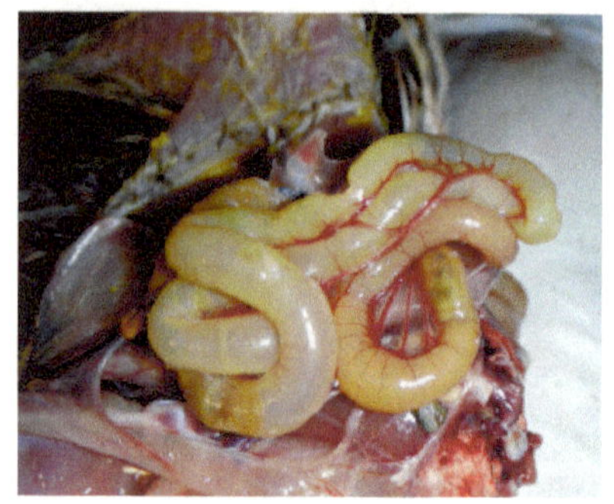

图 2-8-14 病鸡小肠胀气膨大

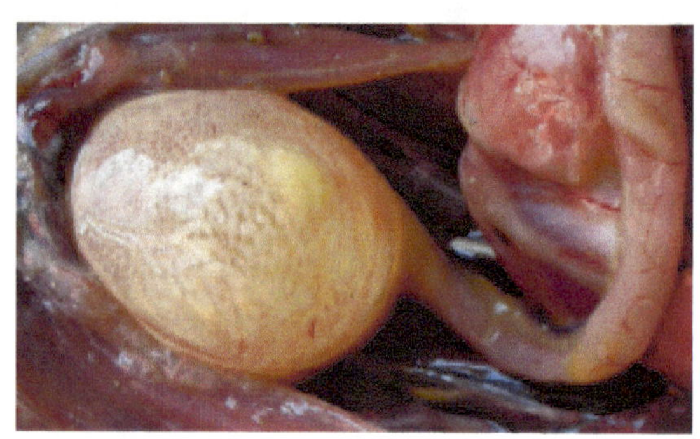

图 2-8-15 病山鸡泄殖腔胀气膨大

（四）防治

1）加强饲养管理，搞好卫生和消毒工作。

2）避免各种应激因素。

3）一旦发病及时治疗。

常用药物：恩诺沙星、强力霉素、金霉素、磺胺甲基嘧啶、安普霉素、庆大霉素、氟苯尼考、头孢噻呋等。

4）治疗方案

① 头孢噻呋+阿米卡星混合肌注。

② 全群投服安普霉素 5d。

二、实践案例

1. 病例

黄某饲养了 1000 羽七彩山鸡，在一次暴雨后，5 月龄的鸡群突然出现急性死亡，病鸡剧烈下痢，剖检见肝脏呈破裂性出血，腹腔有大量血凝块，有的肝脏有血肿或坏死，胆囊肿大，胸肌、腿肌有条索状出血。

2. 诊断

根据发病情况、症状及剖检病变，对照鸡弯曲杆菌性肝炎的临床诊断要点初步诊断为鸡弯曲杆菌性肝炎。

3. 治疗方案

1）搞好环境卫生及消毒工作。
2）全群投服安普霉素。

一、填空题

1. 鸡弯曲杆菌病又称________，其病原是________。
2. 鸡弯曲杆菌病主要经________传播，也可内源性感染。

二、选择题

不属于鸡弯曲杆菌性肝炎特征性表现的是（　　）。
A. 肝脏破裂出血及星状坏死　　B. 肌肉出血　　C. 脚鳞出血

三、判断题

（　　）1. 内源性感染鸡弯曲杆菌性肝炎与应激因素无关。
（　　）2. 鸡弯曲杆菌具有很强的抵抗力，选择消毒剂时需注意。
（　　）3. 鸡弯曲杆菌性肝炎的特征性病变为肝脏破裂、出血、坏死。
（　　）4. 感染鸡弯曲杆菌性肝炎的病鸡可出现肌肉出血。

任务 9　禽曲霉菌病的诊断和防治

一、必备知识

禽曲霉菌病是由多种曲霉菌引起禽类的一种急性传染病，又称霉菌性肺炎。

（一）病原

1）病原为曲霉菌，以烟曲霉菌和黄曲霉菌多见。
2）曲霉菌孢子对理化因素抵抗力较强，一般消毒剂需经 1～3h 才能杀死孢子。

（二）流行病学

1）各种禽类均易感，以 20 日龄以内雏禽最多发，常呈暴发性，成年家禽呈散发性。
2）主要经呼吸道和消化道传播。
3）多发于春末夏初，由于空气潮湿温暖造成霉菌大量繁殖，发霉的饲料、垫料及霉菌污染的空气是本病的传播媒介。

（三）临床诊断要点

1）病禽咳嗽、打喷嚏、流泪、甩鼻、流鼻液，重者呼吸困难，张口伸颈呼吸，排黄色稀粪。

2）病死禽胸腹腔浆膜、气囊、肺脏、心脏、胃肠、肾脏浆膜有黄白色霉菌结节（图 2-9-1～图 2-9-8）。

3）饲料或垫料发霉。

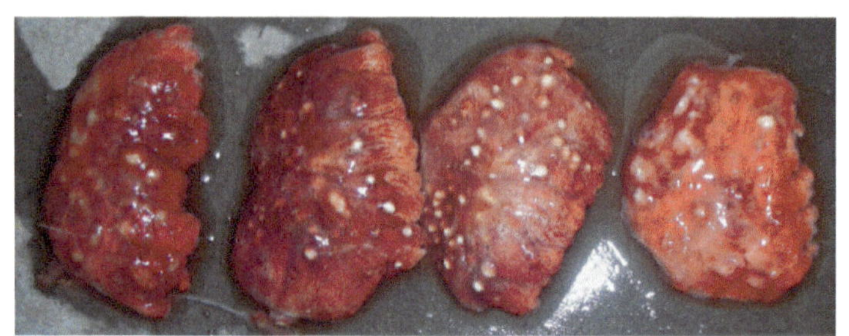

图 2-9-1 病死鸡肺组织内有大小不等的白色的霉菌结节

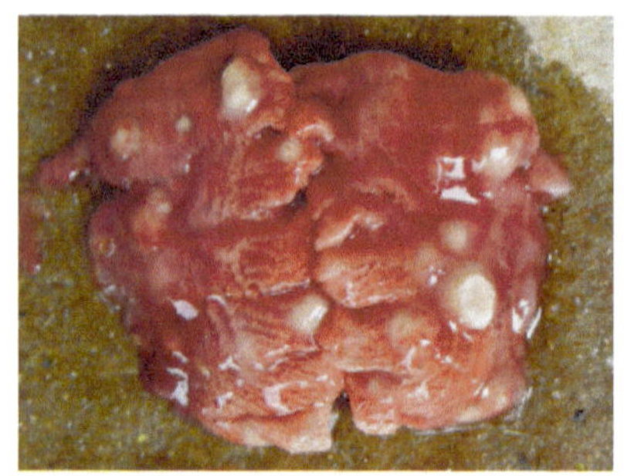

图 2-9-2 病死鸡肺组织有霉菌结节（1）

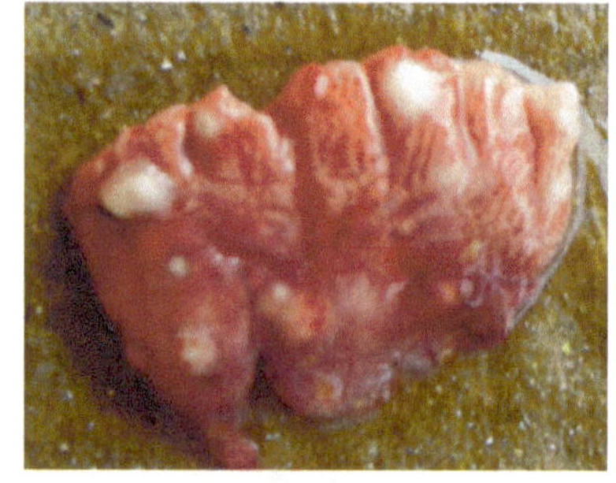

图 2-9-3 病死鸡肺组织有霉菌结节（2）

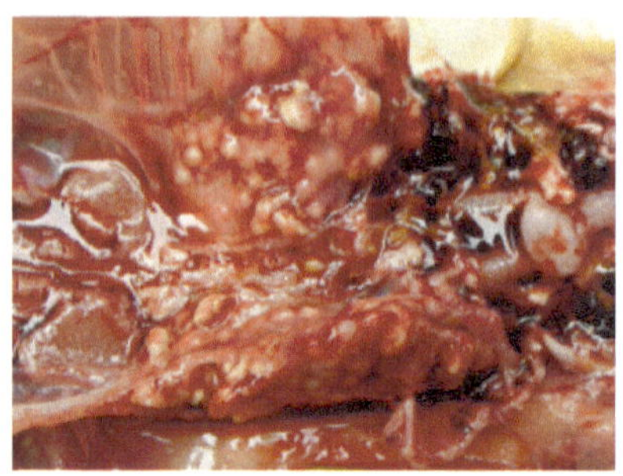

图 2-9-4 病死鸭肺组织有霉菌结节

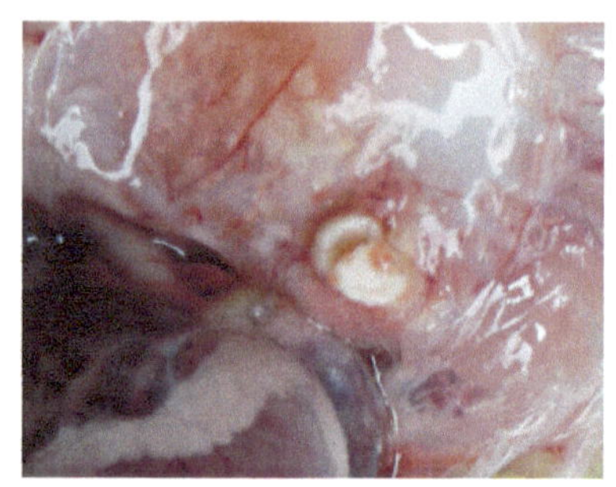

图 2-9-5 病死鸭胸骨内壁有霉菌结节

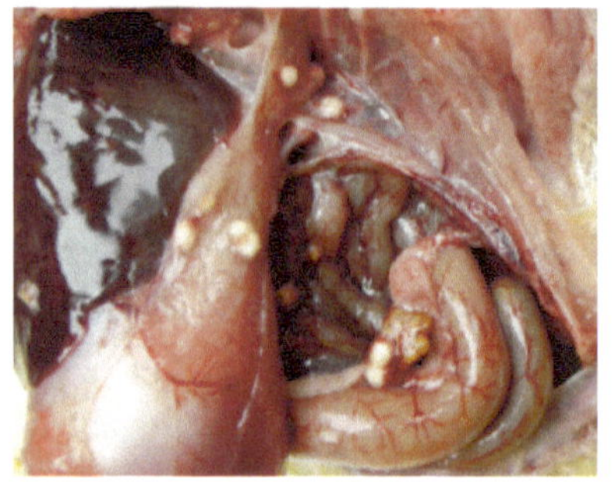

图 2-9-6 病死鸭腺胃、胰腺浆膜有霉菌结节

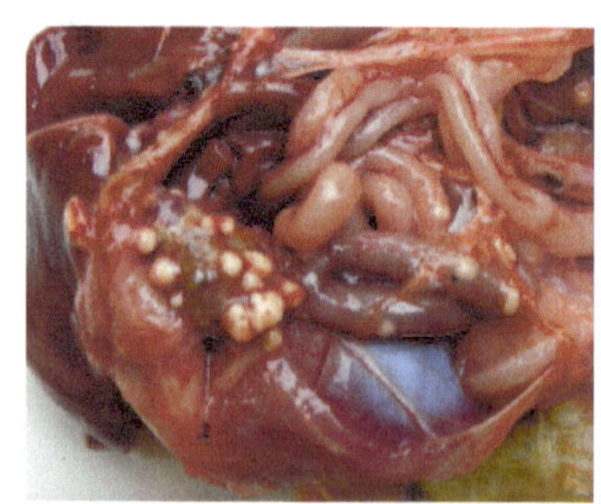

图 2-9-7 病死鸭腺胃、小肠浆膜有霉菌结节

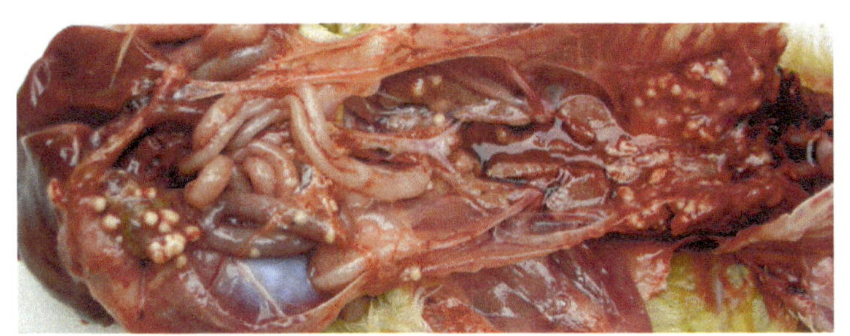

图 2-9-8　病死鸭肺脏、肾脏、胃肠有大小不等的白色的霉菌结节

（四）防治

1）妥善保管饲料和垫料，避免发霉。

2）加强种蛋、孵化器、育雏室的消毒。

3）一旦发病及时治疗，更换发霉的饲料或垫料。

常用药物：制霉菌素、二性霉素、硫酸铜（1∶2000）、碘化钾等。

4）治疗方案

① 找出发霉源，更换发霉的饲料和垫料。

② 全群用制霉菌素喷雾，每天 1 次，连用 3d。

③ 全群用 1∶2000 硫酸铜溶液饮水 3～5d。

④ 如出现霉菌毒素中毒尚需在饲料中添加霉菌毒素吸附剂。

二、实践案例

1. 病例

黄某饲养的 2000 羽三黄鸡，12 日龄时出现打喷嚏，咳嗽，继而出现张口伸颈呼吸；剖检病死鸡见气囊、肺、肾、胃肠有黄白色的结节，肝无坏死，支气管无堵塞；经肉眼检查所用的饲料有霉变现象。

2. 诊断

根据发病情况、症状、剖检病变及饲料霉变，对照禽曲霉菌病的临床诊断要点初步诊断为禽曲霉菌病。

3. 治疗方案

1）更换饲料，保持饲料干燥。

2）全群用制霉菌素拌料，1∶2000 硫酸铜饮水。

一、填空题

1. 禽曲霉菌病又称________，其病原是________。

2．禽曲霉菌病主要经________传播，传播媒介为________。

二、选择题

1．属于禽曲霉菌病特征性表现的是（　　）。

A．肺、气囊等有白色的霉菌结节　　B．肝脏出血　　C．肝脏肿瘤

2．对禽曲霉菌病有治疗作用的是（　　）。

A．头孢噻呋　　B．青霉素　　C．制霉菌素

三、判断题

（　　）1．患有禽曲霉菌病的病禽常出现张口伸颈呼吸。

（　　）2．利高霉素对禽曲霉菌病具有良好的治疗作用。

（　　）3．防止饲料及垫料发霉基本上可以杜绝禽曲霉菌病的发生。

（　　）4．一般消毒药即可迅速杀灭霉菌孢子。

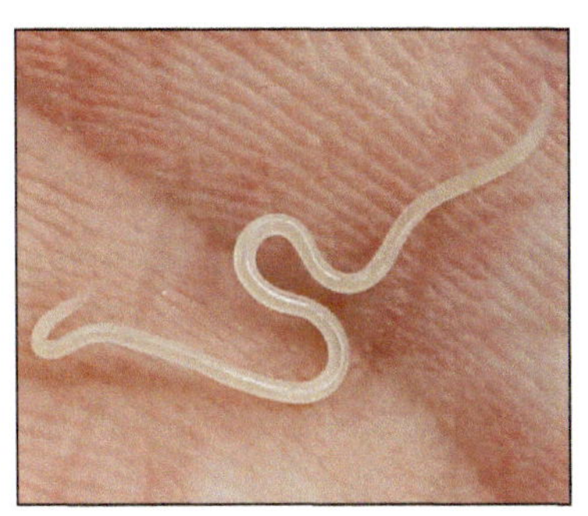

模块 2

禽寄生虫病防治

项目 3　禽原虫病防治
项目 4　禽蠕虫病及蜘蛛昆虫病防治

项目3

禽原虫病防治

任务1　鸡球虫病的诊断和防治

一、必备知识

原虫是一种单细胞动物，在细胞内寄生，个体很小，肉眼看不见。原虫病的发病特点及危害类似于细菌病。鸡球虫病是由艾美耳球虫寄生于鸡肠道黏膜内引起的一种最常见的原虫病，鸭、鹅也可感染其他种类球虫，故本病对养禽业危害很大。

（一）病原

1）鸡球虫病原为艾美耳球虫，最常见的为寄生于盲肠的柔嫩艾美耳球虫（俗称盲肠球虫，图3-1-1）和寄生于小肠的毒害艾美耳球虫（俗称小肠球虫）。

2）球虫发育需要经过孢子生殖、裂殖生殖和配子生殖三个阶段。其中孢子生殖阶段在体外完成，病鸡刚排出的卵囊需要在温暖潮湿的环境下经孢子生殖才能发育为感染性卵囊。裂殖生殖和配子生殖在肠道黏膜上皮细胞内进行，裂殖生殖对肠道黏膜损伤的程度取决于卵囊繁殖的数量。

3）球虫卵囊对5%甲醛、10%硫酸等有很强的抵抗力。高温、干燥不利于卵囊的生存。热烧碱溶液和氨水对卵囊有杀灭作用。

（二）流行特点

1）盲肠球虫以15～50日龄雏鸡多发，死亡率高达70%～100%；小肠球虫以8～18周龄的青年鸡多发，死亡率高达50%。

2）健康家禽经消化道感染（吞食感染性卵囊）。

3）在春夏温暖潮湿气候下最多发，鸡群拥挤、饲料中缺乏维生素A、维生素K等因素可诱发本病。

（三）主要症状及病变

1. 盲肠球虫

1）病鸡急性血痢，肛门周围有血迹，重者排出鲜血（图3-1-2）。

2）病鸡鸡冠、肉垂、皮肤、黏膜、爪、肌肉贫血、苍白（图3-1-3、图3-1-4）。

3）病鸡盲肠显著肿大，浆膜和黏膜布满出血点，肠腔内充满深红色血凝块（图3-1-5～图3-1-7）。

2. 小肠球虫

1）病禽排暗红色、带黏液、较腥臭的血便，消瘦，贫血（图 3-1-8 和图 3-1-9）。

2）病鸡小肠显著肿大，浆膜和黏膜布满出血点和坏死灶，肠腔内充满暗红色血凝块或血样内容物，肠壁明显增厚（图 3-1-10～图 3-1-12）。

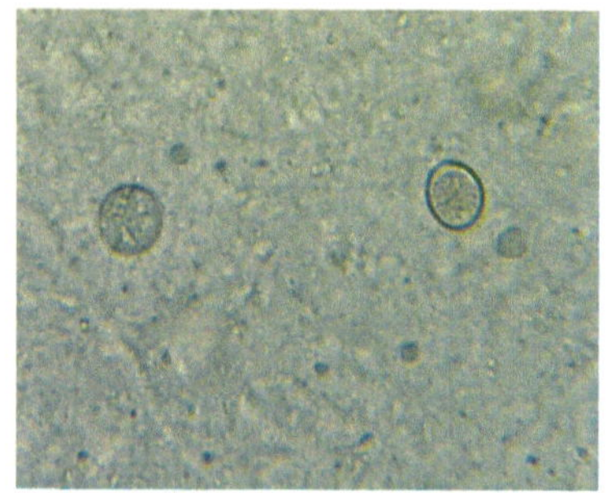
图 3-1-1 柔嫩艾美尔球虫卵囊（400×）

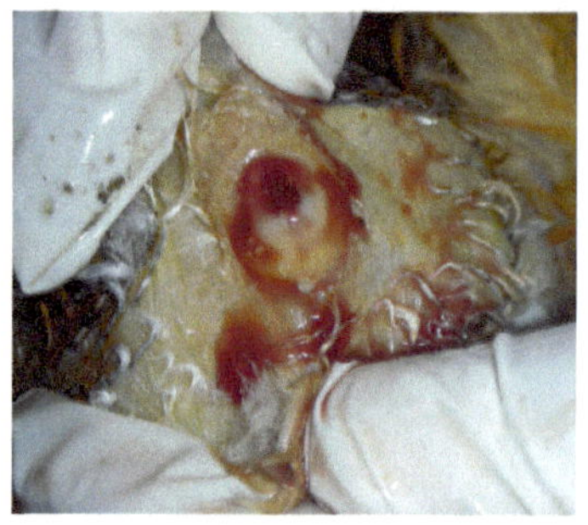
图 3-1-2 病鸡肛门流出鲜红色血便

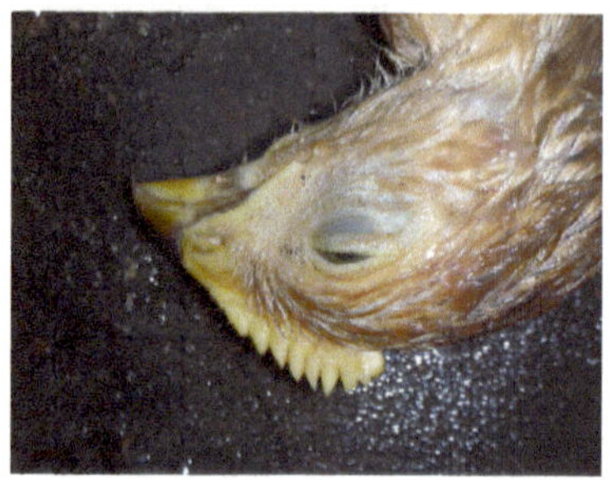
图 3-1-3 病鸡鸡冠、颜面苍白

图 3-1-4 病鸡胸肌苍白

图 3-1-5 病鸡盲肠肿大，浆膜布满出血点

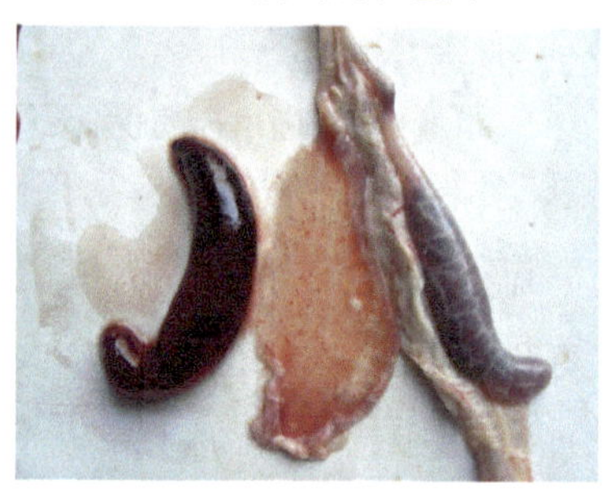
图 3-1-6 病鸡盲肠肿大，黏膜出血，内有凝固的血凝块

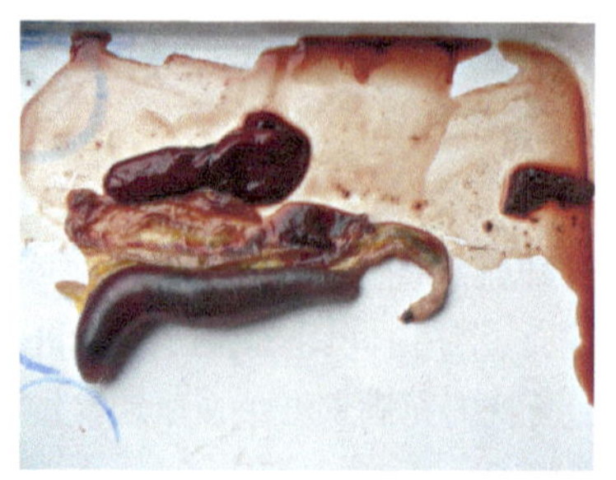
图 3-1-7 病鸡盲肠肿大，内有血凝块

图 3-1-8 病鸡排暗红色带黏液的血便

图 3-1-9　病鸭排暗红色带血稀便

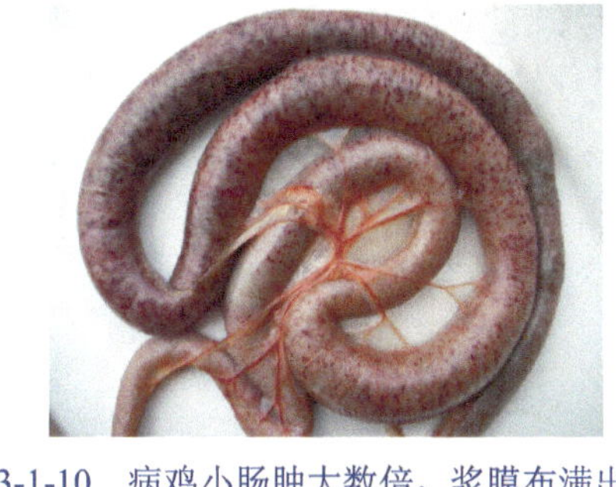

图 3-1-10　病鸡小肠肿大数倍，浆膜布满出血点

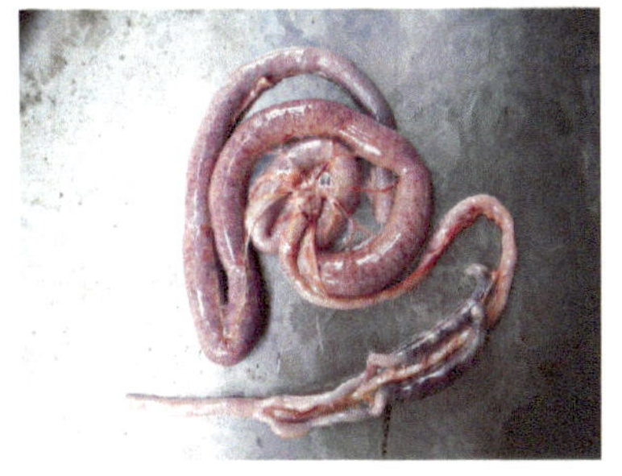

图 3-1-11　病鸡小肠肿大数倍，浆膜布满出血点

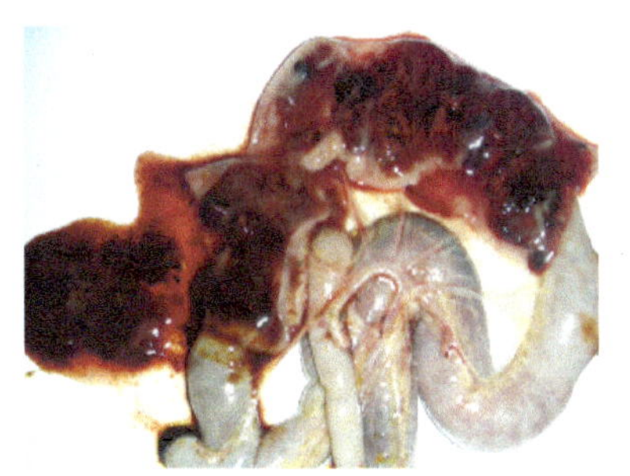

图 3-1-12　病鸡小肠内充满血凝块

（四）诊断

1. 临床诊断指标

1）盲肠球虫：雏鸡多发，排鲜红色血便，盲肠肿大、出血充满血凝块。

2）小肠球虫：青年禽多发，排暗红色腥臭血便，小肠肿大、出血、坏死、增厚、内充满血凝块或血样内容物。

2. 确诊

1）直接涂片法检出卵囊。

2）饱和盐水漂浮法检出卵囊。

3）临床诊断指标支持。

（五）防治

1）搞好生物安全措施：加强饲养管理，及时清除粪便，严格卫生消毒，保持禽舍干燥。

2）疫苗接种：肉鸡 4～10 日龄饮水免疫球虫弱毒苗。接种球虫疫苗前后 5d 不可使用抗球虫药。

3）药物防治。

常用药物：磺胺氯吡嗪、磺胺喹恶啉、磺胺二甲氧嘧啶、氨丙啉、地克珠利、妥曲珠利、二硝托胺（球痢灵）、氯苯胍、常山酮、莫能菌素、盐霉素、海南霉素、山度霉素、青蒿素等。必要时雏禽 13～18 日龄和 35～40 日龄分别投服球虫药预防。

可采用如下治疗方案：
① 磺胺氯吡嗪饮水5d。
② 妥曲球利＋维生素K_3混合饮水5d。
③ 海南霉素＋维生素K_3混合饮水5d。

二、实践案例

1. 病例

某养鸡户饲养的三黄鸡3000羽，平均体重约0.5kg。28日龄时鸡群出现精神沉郁、采食量下降，继而出现排鲜红色血便，病程稍长者皮肤黏膜苍白，每天死亡30～50羽。剖检病鸡见盲肠明显肿大，浆膜、黏膜布满出血点，肠腔内充满深红色的血凝块。

2. 诊断

根据发病情况、症状表现及剖检病变，对照盲肠球虫的临床诊断指标初步诊断为鸡球虫病。

3. 治疗方案

1）全群用妥曲珠利＋维生素K_3混合饮水7d。
2）更换潮湿的垫料。

一、填空题

1. 原虫是一种单细胞动物，________寄生，肉眼________。
2. 鸡艾美耳球虫最常见的为寄生于盲肠内的________，俗称“盲肠球虫”和寄生于小肠内的________俗称“小肠球虫”。
3. 球虫发育需要经过________、________和________三个阶段。其中________阶段需在外界环境完成。
4. 常用的治疗球虫的药物有________、________、________等。

二、选择题

1. 适宜球虫卵囊发育为感染性卵囊的外界条件为（　　）。
A. 阴凉干燥　　B. 温暖潮湿　　C. 高温干热
2. 盲肠球虫多见于（　　）。
A. 雏鸡　　B. 青年鸡　　C. 老年鸡
3. 小肠球虫多见于（　　）。
A. 雏鸡　　B. 青年鸡　　C. 老年鸡
4. 感染盲肠球虫和小肠球虫的病鸡粪便分别呈（　　）。
A. 黄色和绿色　　B. 鲜红和暗红　　C. 暗红和鲜红

三、判断题

（ ）1. 鸡盲肠球虫病的典型症状为血痢、盲肠肿胀出血。

（ ）2. 鸡小肠球虫病的特征性病变为小肠黏膜呈枣核状出血。

（ ）3. 球虫病最常发生于冬春季节。

（ ）4. 伊维菌素对球虫有良好的杀灭作用。

四、案例分析题

一群 4 月龄肉鸡排暗红色腥臭稀粪，冠、肉垂、颜面苍白；剖检见小肠极度膨大，浆膜布满出血点和坏死灶，肠腔充满暗红色血凝块。请你对该群病鸡做出初步诊断并制订治疗方案。

任务 2 鸡住白细胞虫病的诊断和防治

一、必备知识

鸡住白细胞虫病又称白冠病，是由住白细胞虫引起的以内脏和肌肉组织广泛出血为特征的一种高度致死性、虫媒性原虫病。

（一）病原

病原为卡氏住白细胞虫和沙氏住白细胞虫，寄生于白细胞和红细胞内。

（二）流行特点

1）各种年龄鸡均可感染，但以 1～3 月龄的雏鸡和青年鸡发病率和死亡率较高。

2）经蚊虫叮咬传播：卡氏住白细胞虫的传播媒介为库蠓，沙氏住白细胞的传播媒介为蚋。

3）南方 4～10 月份多发，北方 7～9 月份多发。

（三）主要症状及病变

1）鸡冠、肉垂苍白（图 3-2-1），有时可见圆形出血囊或白色小结节。

2）病鸡突然咯血（喉以下呼吸道出血），死前口流鲜血（图 3-2-2 和图 3-2-3）。

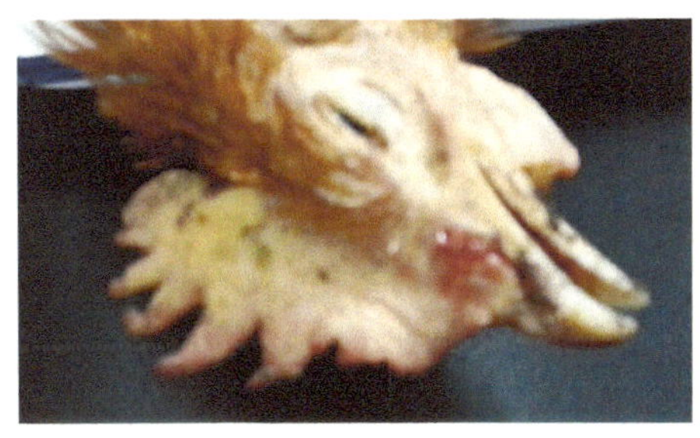

图 3-2-1 病鸡鸡冠、肉垂苍白

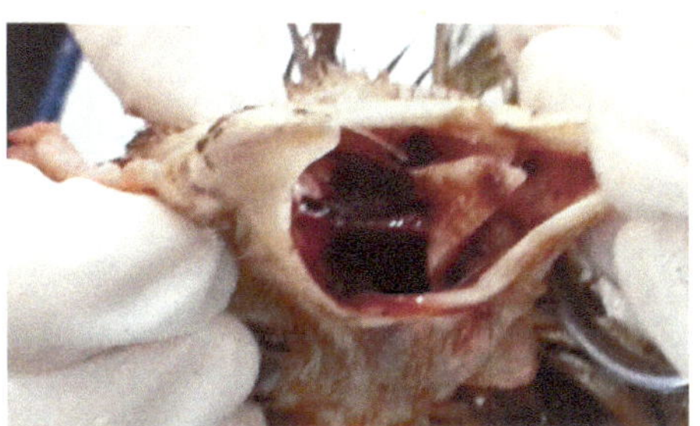

图 3-2-2 病鸡口腔有鲜血（咯血）

3）病死鸡胸肌、腿肌圆点状出血，少数呈不规则形状（图 3-2-4 和图 3-2-5）。

4）病死鸡胃肠、肝脏、肾脏、胰腺、心脏等内脏浆膜出现圆点状出血点或出血囊（图 3-2-6～图 3-2-10），有时可见白色裂殖体结节。

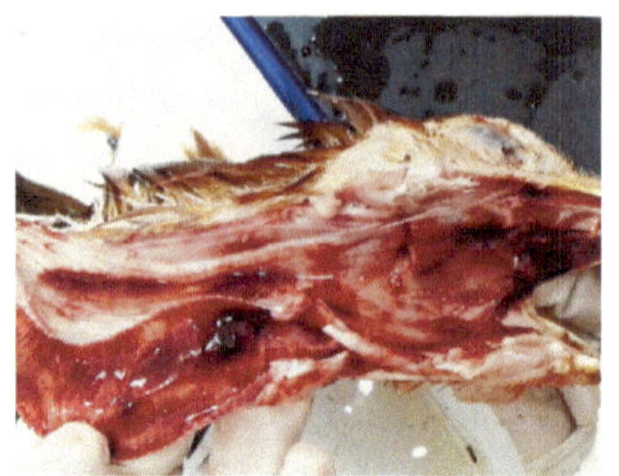

图 3-2-3 病鸡气管出血有血凝块

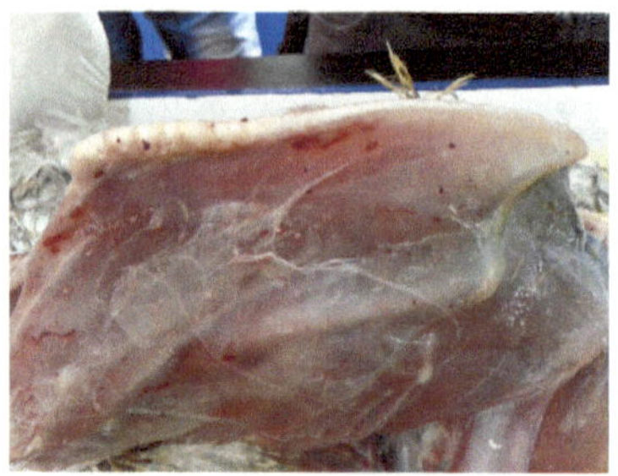

图 3-2-4 病死鸡胸肌有出血点

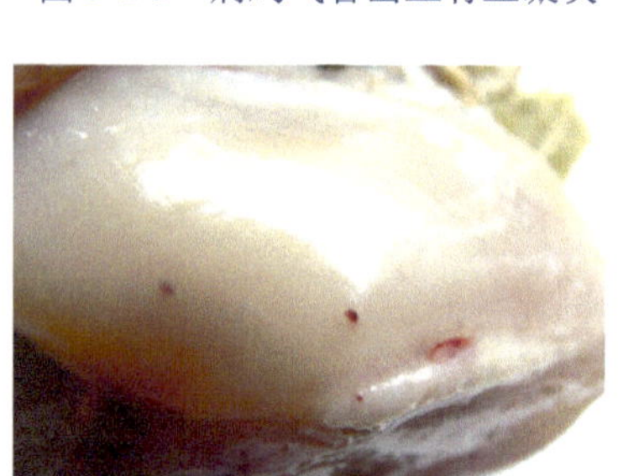

图 3-2-5 病死鸡胸肌有圆点状出血

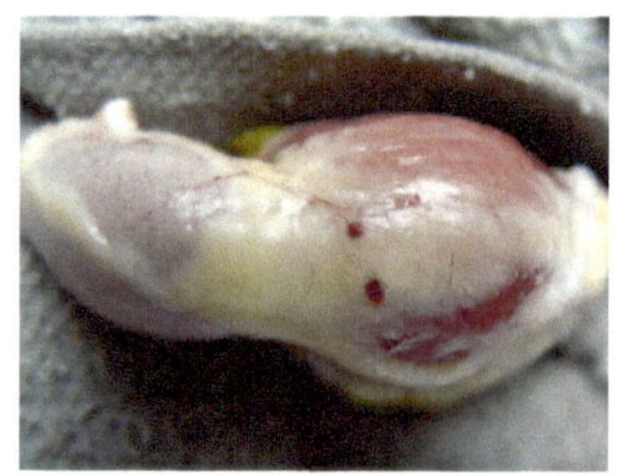

图 3-2-6 病死鸡肌胃浆膜有圆点状出血

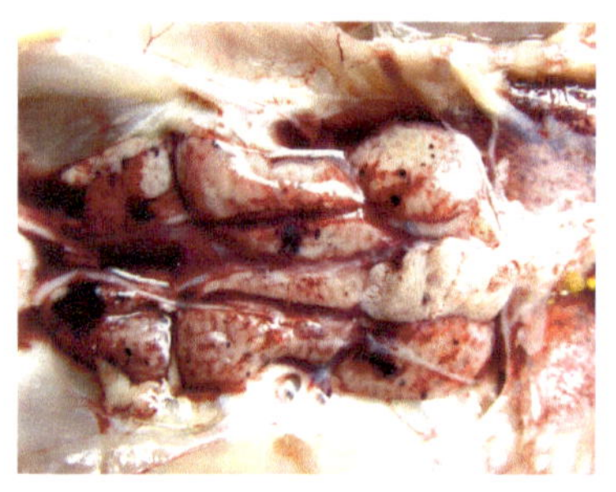

图 3-2-7 病死鸡肾脏有圆点状出血

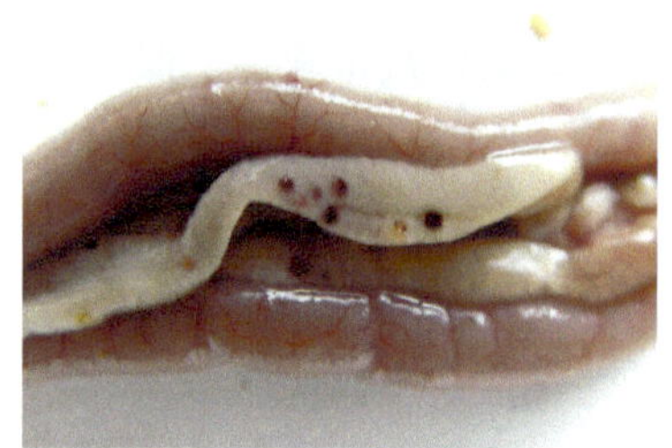

图 3-2-8 病死鸡胰腺有圆点状出血（1）

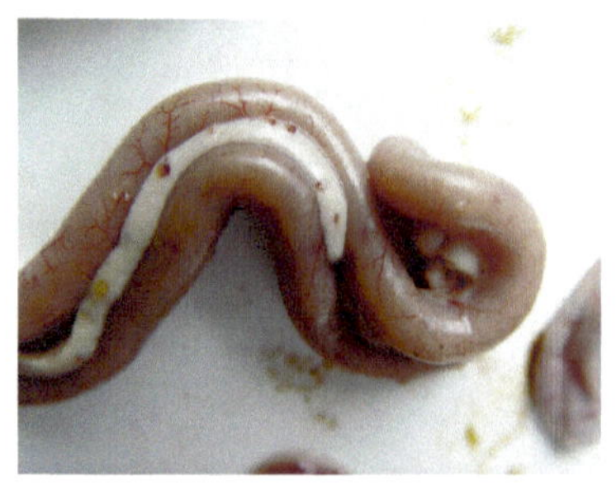

图 3-2-9 病死鸡胰腺有圆点状出血（2）

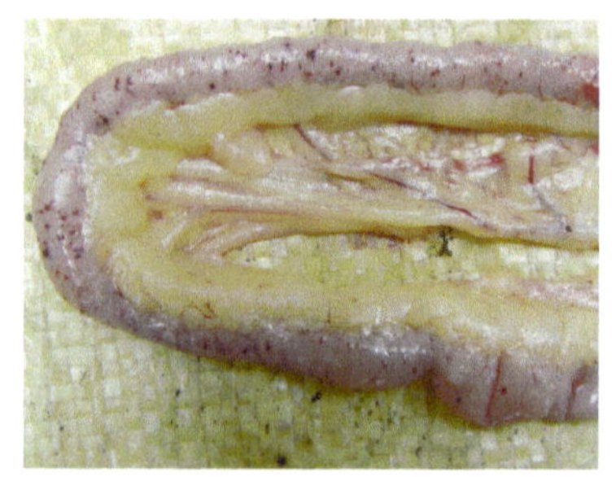

图 3-2-10 病死鸡小肠浆膜有圆点状出血

（四）诊断

1. 临床诊断指标

1）雏鸡夏秋季节多发，病鸡白冠、咯血。
2）肌肉、胃肠、肾、胰、肝等内脏和组织圆点状出血点或出血囊。

2. 确诊

血片检查法检出病原体（第一、二期虫体或配子体）可确诊。

（五）防治

1. 预防

1）加强饲养管理，搞好卫生消毒，杀灭吸血昆虫。
2）安装灭蚊灯杀虫。
3）采用 5%高效氯氰菊酯 30～100 倍稀释液喷雾、涂擦、浸泡杀虫。

2. 药物治疗

1）常用药物：乙胺嘧啶、磺胺间甲氧嘧啶、磺胺氯吡嗪、磺胺二甲氧嘧啶。
2）治疗方案：
① 乙胺嘧啶饮水 5d。
② 磺胺氯吡嗪饮水 5d。
③ 磺胺间甲氧嘧啶钠＋TMP 混合饮水 5d。

二、实践案例

1. 病例

某养鸡户去年 7 月份饲养假三黄鸡 2000 羽，55 日龄时鸡群出现精神沉郁、采食量下降，有的突然从口腔流出鲜血，呼吸困难。病程较长的鸡冠、肉垂苍白。剖检病死鸡可见胸肌、腿肌呈圆点状出血，肝脏、肾脏、腺胃、小肠、胰腺有大量的圆点出血。口流鲜血者可见气管出血，内有血凝块。

2. 诊断

根据发病情况、症状表现及剖检病变，对照鸡住白细胞虫病的临床诊断指标初步诊断为鸡住白细胞虫病。

3. 治疗方案

1）全群用乙胺嘧啶饮水 7d。
2）用 5%高效氯氰菊酯 100 倍稀释液带鸡群喷雾。

职业能力测试

一、填空题

1．鸡住白细胞虫病又称________，病原为卡氏住白细胞虫和沙氏住白细胞虫，寄生于________。

2．白冠病以________最易感，南方________月份多发、北方________月份多发。

3．鸡住白细胞虫病的特征性症状为________，特征性病变为________。

二、选择题

1．卡氏住白细胞虫的传播媒介为（　　）。

A．库蠓　　B．蚋　　C．螨

2．沙氏住白细胞虫的传播媒介为（　　）。

A．库蠓　　B．蚋　　C．螨

3．病禽咯血是指（　　）。

A．喉以上呼吸道出血　　B．喉以下呼吸道出血　　C．喉以下消化道出血

4．鸡住白细胞虫病的肌肉特征性出血呈（　　）。

A．条索状　　B．圆点状　　C．不规则状

三、判断题

（　　）1．卡氏住白细胞虫的传播媒介为蚋，沙氏住白细胞虫的传播媒介为库蠓。

（　　）2．鸡住白细胞虫病是一种仅寄生在白细胞上的寄生虫。

（　　）3．鸡住白细胞虫病最常发生于冬春季节。

（　　）4．治疗住白细胞虫病首选的药物是乙胺嘧啶。

（　　）5．杀灭库蠓和蚋较好的化学药物是5%氯氰菊酯。

四、案例分析题

养鸡户吴某饲养的1000羽灵山土鸡，于80日龄时开始出现死亡，数量逐日增加，部分发病鸡鸡冠、颜面苍白，剖检病死鸡可见胸肌、腿肌、胰腺、肾脏、肌胃表面有出血点或出血囊，大多数出血点呈圆形囊状；有一具肝脏表面有3个粟粒大凸起的白色小结节。请你对该群病鸡做出初步诊断并制订治疗方案。

任务3　鸡组织滴虫病的诊断和防治

一、必备知识

鸡组织滴虫病又称盲肠肝炎，俗称“黑头病”。它是由火鸡组织滴虫引起鸡和火鸡发生的一种急性原虫病。

（一）病原

1）病原为火鸡组织滴虫，形态呈圆形、椭圆形或变形状，在盲肠肠腔中的虫体有鞭毛，新鲜虫体能作钟摆运动。

2）组织滴虫可钻入异刺线虫卵巢中繁殖而进入其虫卵内，异刺线虫卵排出体外后卵中的组织滴虫可在外界长期存活。

（二）流行特点

1）以 4～6 周龄鸡和 3～12 周龄火鸡最多发；山鸡、鸽、孔雀、鹌鹑、珍珠鸡等也可感染。

2）异刺线虫为组织滴虫的储藏宿主，是本病的重要传播媒介（图 3-3-1 和图 3-3-2）。蚯蚓及蝇、蚱蜢、土鳖、蟋蟀等节肢动物都可作为机械传播者，因此以林下养殖或在土质地面平养的鸡场发病率较高。

3）本病一年四季均可发生，但以春夏温暖潮湿季节更多发。

（三）主要症状及病变

1）病鸡下痢，头部皮肤瘀血呈紫蓝色或黑色，故俗称“黑头病”。

2）病鸡闭眼缩头，行如踩高跷。

3）病死鸡肝脏肿大，表面有大小不等、淡黄色或淡绿色、圆形或不规则、中央稍凹陷的坏死灶，有时可见特征性同心圆状坏死（图 3-3-3～图 3-3-8）。

4）病死鸡盲肠肿大，肠壁肥厚、坚实，肠腔内充满干酪样栓塞物，横切面多呈同心层状（图 3-3-9～图 3-3-14）。

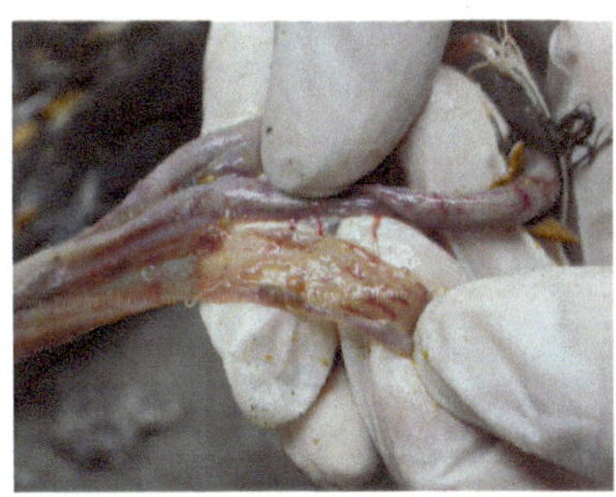

图 3-3-1　病死鸡盲肠中的异刺线虫

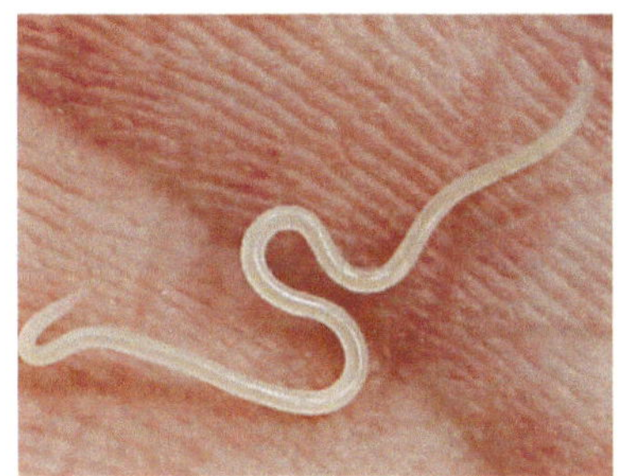

图 3-3-2　鸡异刺线虫

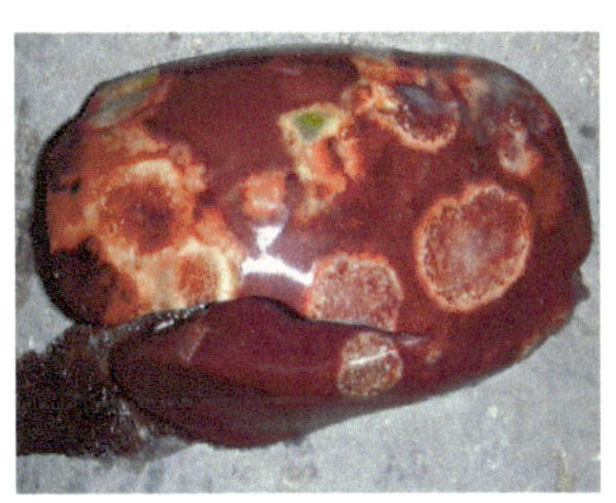

图 3-3-3　病死火鸡肝脏同心圆状大坏死灶（1）

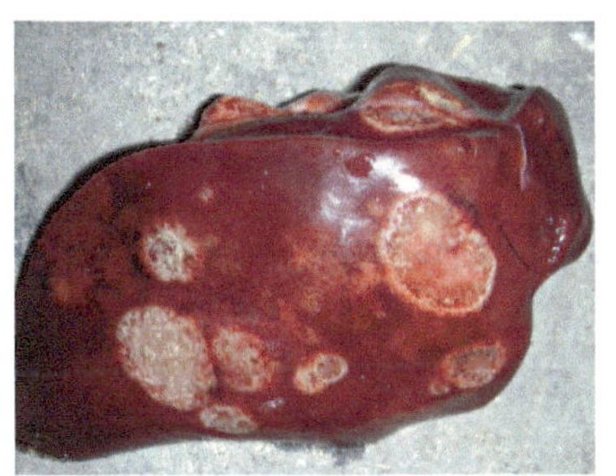

图 3-3-4　病死火鸡肝脏同心圆状大坏死灶（2）

图 3-3-5 病死鸡肝脏同心圆状大坏死灶（1）

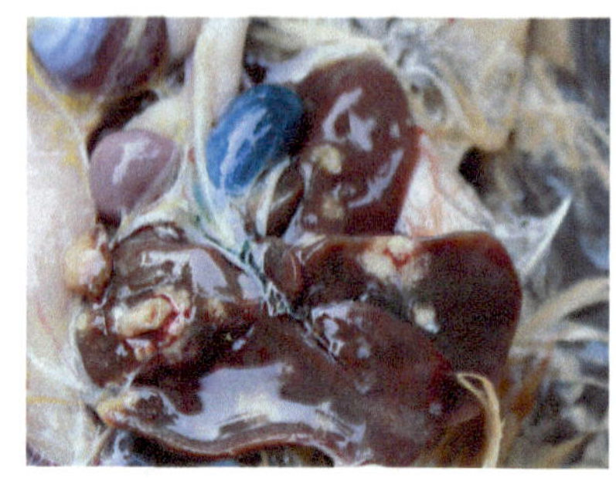

图 3-3-6 病死鸡肝脏同心圆状大坏死灶（2）

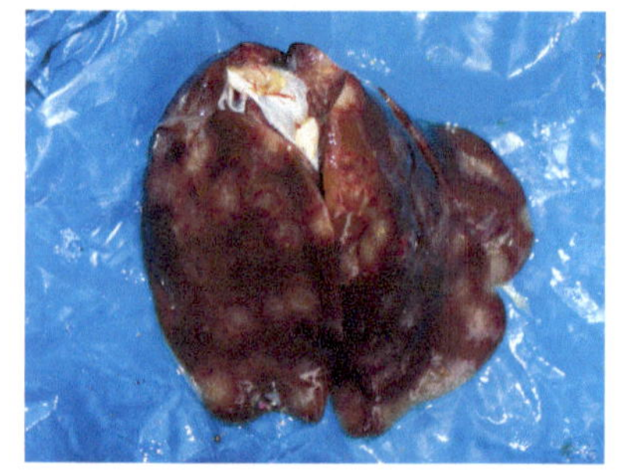

图 3-3-7 病死鸡肝脏同心圆状大坏死灶（3）

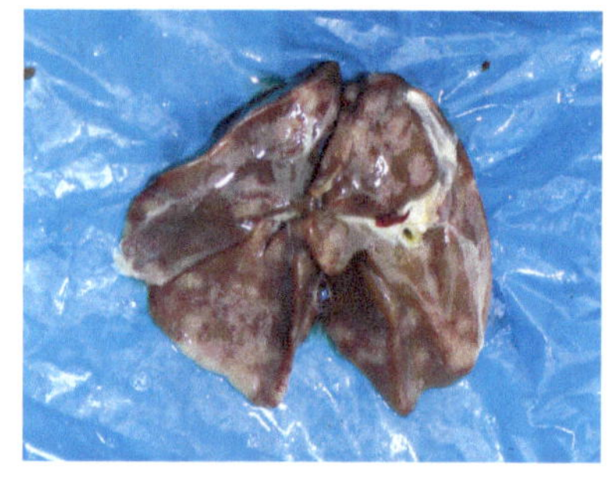

图 3-3-8 病死鸡肝脏同心圆状大坏死灶（4）

图 3-3-9 病死鸡盲肠肿大、质地较硬（1）

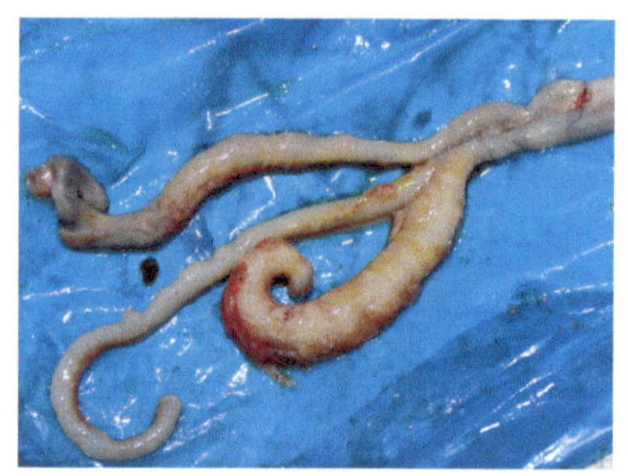

图 3-3-10 病死鸡盲肠肿大、质地较硬（2）

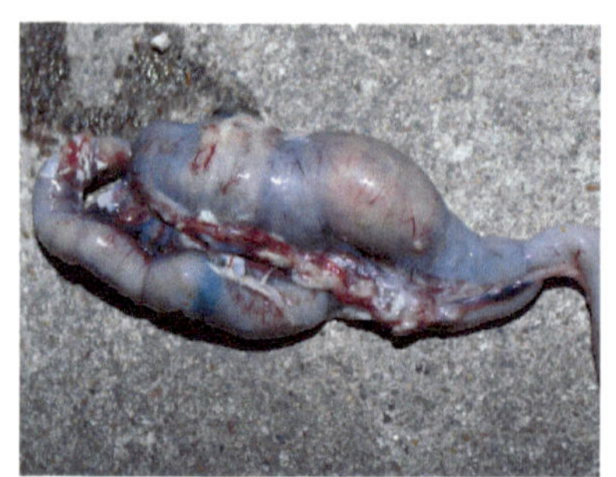

图 3-3-11 病死火鸡盲肠肿大、质地较硬（1）

图 3-3-12 病死火鸡盲肠肿大、质地坚硬（2）

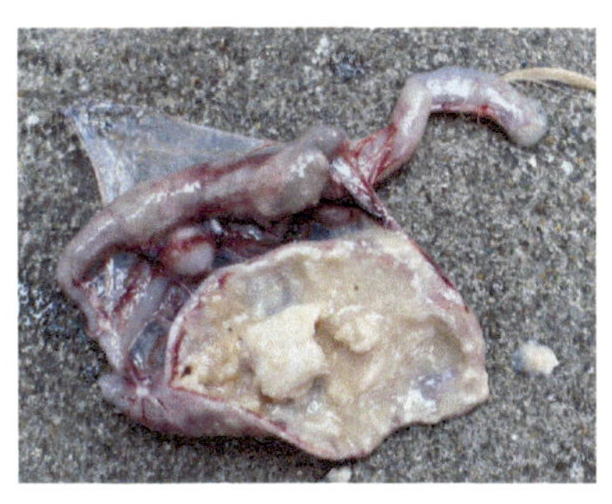
图 3-3-13　病死鸡盲肠内充满干酪样渗出物

图 3-3-14　病死火鸡盲肠内摘除的干酪样渗出物

（四）诊断

1. 临床诊断指标

1）病鸡头部皮肤发紫、发黑。
2）肝脏同心圆状或大块不规则坏死，盲肠肿大、壁厚，内充满干酪样渗出物。

2. 确诊

取盲肠内容物作悬滴标本，如 400 倍镜检发现呈钟摆样运动虫体即可确诊。

（五）防治

1）加强饲养管理，搞好卫生消毒。

2）定期驱除异刺线虫，尤其是在土质地面平养的鸡场更应严格执行定期驱虫制度；驱虫药物可选择左旋咪唑、阿苯达唑、伊维菌素等。

3）药物防治：组织滴虫病的特效药为甲硝唑、替硝唑等硝基咪唑类，但是我国已经禁止其在畜禽中使用。一旦发生本病除了加强饲养管理、杀灭传播媒介外无特效治疗办法。

二、实践案例

1. 病例

某养殖户在自家果园放养的 500 羽火鸡，在 2 月龄时出现精神沉郁，食欲下降，呆立，个别头部皮肤呈紫蓝色。剖检病死火鸡可见肝脏肿大，表面有直径为 0.5～1cm 的稍凹陷的坏死灶。盲肠明显肿大，肠壁增厚，内充满黄色干酪样渗出物。

2. 诊断

根据发病情况、症状表现及剖检病变，对照组织滴虫病的临床诊断指标初步诊断为火鸡组织滴虫病。

3. 治疗方案

1）全群用左旋咪唑拌饲 1 周。
2）加强饲养管理，搞好卫生消毒，病死鸡作无害化处理。

职业能力测试

一、填空题

1．鸡组织滴虫病又称________，俗称________。

2．盲肠肝炎的特征性病变为肝脏________，盲肠________。

3．禽常见的原虫病有________、________、________。

二、选择题

1．以下饲养方式最易发生鸡组织滴虫病的是（　　）。

A．网上饲养　　B．水泥地面舍饲　　C．林下平养

2．镜检诊断鸡组织滴虫病时首选采集的病料是（　　）。

A．肝脏组织　　B．盲肠内容物　　C．新鲜粪便

3．鸡组织滴虫病头部皮肤的特征性表现是（　　）。

A．皮肤苍白　　B．皮肤黄染　　C．皮肤黑紫

三、判断题

（　　）1．盲肠肝炎的病原是鸡异刺线虫。

（　　）2．组织滴虫病是由火鸡组织滴虫引起的，除火鸡外其他禽类不感染。

（　　）3．组织滴虫病又称白冠病。

（　　）4．鸡组织滴虫病首选药物为甲硝唑，一旦发病应及时使用。

（　　）5．鸡组织滴虫病的特征性病变在肝脏和盲肠。

（　　）6．鸡异刺线虫是鸡组织滴虫病重要的传播媒介。

（　　）7．蚯蚓不会传播鸡组织滴虫病。

四、案例分析题

某养殖户在自家旱地放养的 800 羽龙胜瑶鸡，在 40 日龄时出现精神沉郁，食欲下降，呆立，个别头部皮肤呈紫蓝色。剖检病死鸡可见肝脏肿大，表面有直径为 0.5cm 左右的稍凹陷的坏死灶。盲肠明显肿大，肠壁增厚，内充满黄色干酪样渗出物。请你对该群病鸡做出诊断及治疗，并为该养殖户制订今后防控本病的方案。

项目4 禽蠕虫病及蜘蛛昆虫病防治

任务1 鸡蛔虫病的诊断和防治

一、必备知识

鸡蛔虫病是由蛔虫寄生于鸡小肠引起的一种最常见的蠕虫病。鸡蛔虫成虫形态呈细豆芽状，长26～110mm。本病以在土质地面上饲养的鸡群发病率较高。

（一）诊断要点

1）3～4月龄内鸡最易感，1年以上鸡多为带虫者。

2）病鸡生长不良、消瘦、下痢，偶见衰竭死亡。

3）剖检病死鸡在小肠、肌胃、腺胃或者粪便中发现虫体即可确诊（图4-1-1～图4-1-3）。

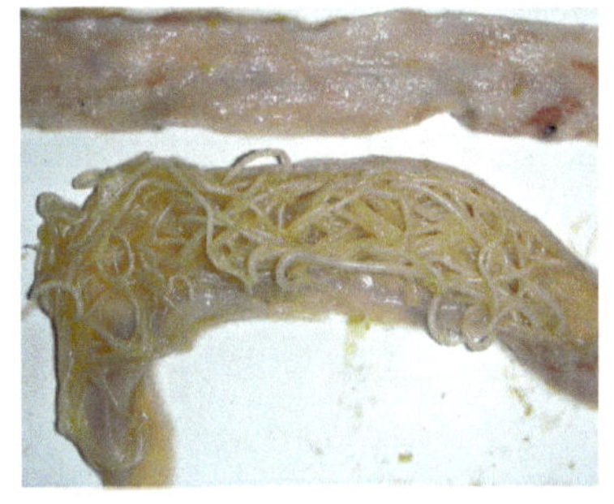

图 4-1-1　病鸡小肠有大量鸡蛔虫堵塞肠腔

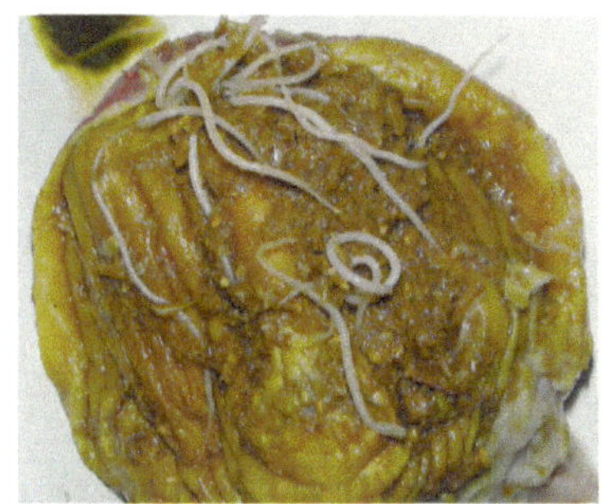

图 4-1-2　病鸡肌胃中的鸡蛔虫

图 4-1-3　病鸡小肠中有鸡蛔虫寄生

（二）防治措施

1. 预防

1）搞好环境卫生，及时清除粪便，并将其堆积发酵杀灭虫卵。

2）定期驱虫：土质地面放养的肉鸡群应于 2 月龄后每月驱虫 1 次，水泥地面舍饲的肉鸡群于2月龄后隔月驱虫1次，出栏前两个月不宜使用驱虫药。

3）定期使用伊维菌素+阿苯达唑复方制剂拌饲1周，即可把除原虫外的大部分寄生虫驱除，该药物组合在生产中应用广泛。

2. 治疗

1）左旋咪唑：25mg/kg体重，1次内服。

2）阿苯达唑（丙硫咪唑）：10～20 mg/kg体重，1次内服。

3）伊维菌素：0.1～0.3 mg/kg体重，1次内服。

二、实践案例

1. 病例

某养殖户在自家果园放养的1000羽小麻鸡，于4月龄时逐渐出现精神沉郁，食欲下降，重者消瘦、贫血，有零星死亡。剖检病死鸡发现小肠肠腔内有大量蛔虫寄生，病鸡机体消瘦明显。

2. 治疗方案

1）全群用左旋咪唑拌饲1周。

2）加强饲养管理，搞好卫生消毒，病死鸡作无害化处理。

一、填空题

1. 鸡蛔虫的寄生部位是________，其形态呈________。
2. 可驱除鸡蛔虫的药物有________、________、________等。

二、选择题

1. 对鸡蛔虫形态描述正确的是（　　）。
   A. 细豆芽状　　B. 扁平带状　　C. 葵花子状
2. 可驱除鸡蛔虫的药物是（　　）。
   A. 左旋咪唑　　B. 吡喹酮　　C. 硫双二氯酚
3. 丙硫咪唑又称（　　）。
   A. 左旋咪唑　　B. 阿苯达唑　　C. 酚苯达唑

三、判断题

（　　）1. 在土质地面饲养的鸡群鸡蛔虫病的发病率较高。

（　　）2. 吡喹酮对鸡蛔虫等线虫无驱除作用。

（　　）3. 土质地面放养的鸡群，最好在2月龄后每月驱虫1次。

（　　）4. 伊维菌素对鸡蛔虫等线虫无驱除作用。

任务 2　鸡异刺线虫病的诊断和防治

一、必备知识

鸡异刺线虫病是由异刺线虫寄生于鸡、火鸡、孔雀的盲肠而引起的一种蠕虫病。鸡异刺线虫又称“盲肠虫”，成虫长度为 7～15mm，可作为传播鸡组织滴虫的媒介。

（一）诊断要点

1）7～8 月份为高发期。

2）病鸡生长不良、消瘦，偶见衰竭死亡。

3）剖检病死鸡盲肠，（常在末端）发现虫体即可确诊（图 4-2-1～图 4-2-3）。

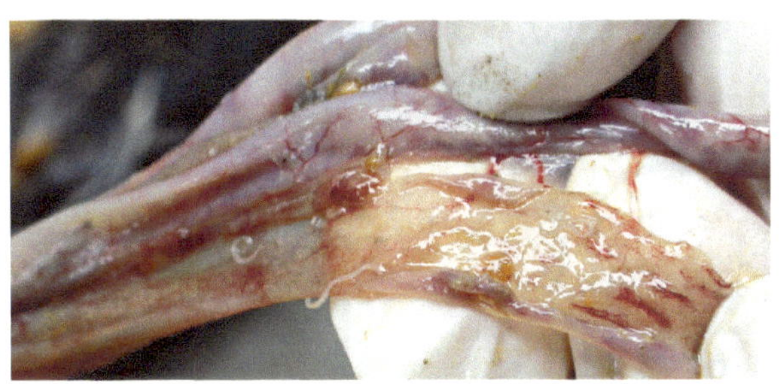

图 4-2-1　病鸡盲肠中寄生的异刺线虫

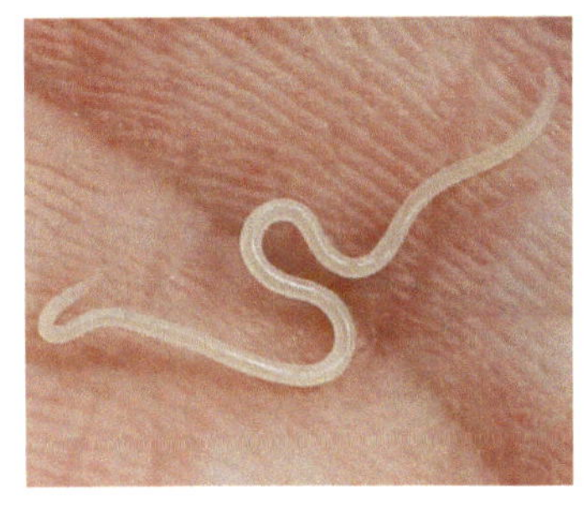

图 4-2-2　病死鸡盲肠中摘除的异刺线虫（1）

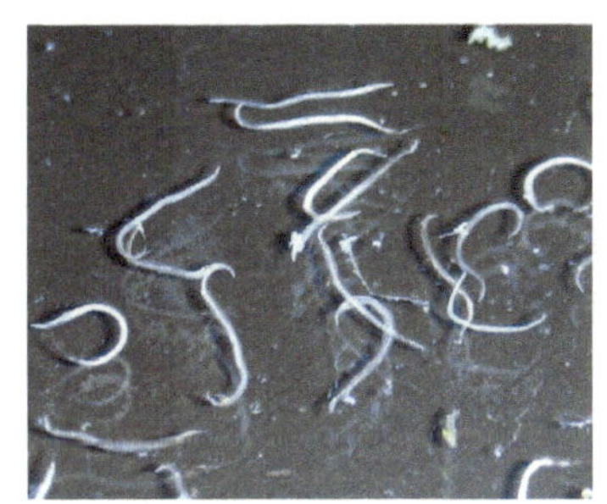

图 4-2-3　病死鸡盲肠中摘除的异刺线虫（2）

（二）防治措施

可参照鸡蛔虫病的防治措施。

二、实践案例

1. 病例

某养殖户在自家果园放养的 1000 羽“土 2 号”鸡，于 3 月龄时剖检病死鸡，发现盲肠肠腔内有鸡异刺线虫寄生。

2. 治疗方案

1）全群用左旋咪唑拌饲 1 周。

2）加强饲养管理，搞好卫生消毒，病死鸡作无害化处理。

一、填空题

1．鸡异刺线虫的寄生部位是________，故又称________。

2．可驱除鸡异刺线虫的药物有________、________等。

二、选择题

1．以下可驱除鸡异刺线虫的药物是（　　）。

A．左旋咪唑　　B．头孢菌素　　C．氯苯胍

2．以下不可驱除鸡异刺线虫的药物是（　　）。

A．伊维菌素　　B．阿苯达唑　　C．氯苯胍

三、判断题

（　　）1．鸡异刺线虫可传播鸡组织滴虫。

（　　）2．鸡终年可感染鸡异刺线虫，但以7～8月份多发。

任务3　鸡绦虫病的诊断和防治

一、必备知识

鸡绦虫病是由鸡绦虫寄生于鸡小肠引起的一种蠕虫病。常见的鸡绦虫有4种，即四角赖利绦虫、棘沟赖利绦虫、有轮赖利绦虫和节片戴文绦虫。鸡绦虫发育需要中间宿主的参与才能完成。四角赖利绦虫和棘沟赖利绦虫的中间宿主为蚂蚁；有轮赖利绦虫的中间宿主是甲虫、家蝇类等。节片戴文绦虫的中间宿主是蛞蝓（俗称“鼻涕虫”）。幼虫寄生的宿主称中间宿主，成虫寄生的宿主称终末宿主。

（一）诊断要点

1）鸡经口食入含有绦虫虫卵的中间宿主而感染，以17～40日龄雏鸡于夏秋季节多发。

2）病鸡生长不良、消瘦、下痢，严重寄生时可见带血粪便，偶见衰竭死亡。

3）节片戴文绦虫感染可见神经症状。

4）剖检发现扁平带状的虫体或在粪便中发现绦虫节片即可确诊（图4-3-1）。

图4-3-1　病鸡小肠中寄生的鸡绦虫

（二）防治措施

1. 预防

1）搞好环境卫生，及时清除粪便，并堆积发酵杀灭虫卵。
2）使用伊维菌素+阿苯达唑进行定期驱虫。

2. 治疗

1）氯硝柳胺（灭绦灵）：50～60mg/kg 体重，1 次内服。
2）吡喹酮：10～20 mg/kg 体重，1 次内服。
3）阿苯达唑（丙硫咪唑）：10～20mg/kg 体重，1 次内服。

二、实践案例

1. 病例

某养殖户在自家果园放养的 2000 羽灵山土鸡，于 3 月龄时发病，剖检病死鸡发现小肠肠腔内有鸡绦虫寄生。

2. 治疗方案

1）全群用阿苯达唑拌饲 1 周。
2）加强饲养管理，搞好卫生消毒，病死鸡作无害化处理。

职业能力测试

一、填空题

1. 鸡绦虫有________、________、________、________。
2. 可驱除鸡绦虫的药物有________、________、________等。
3. 四角赖利绦虫和棘沟赖利绦虫的中间宿主为________；有轮赖利绦虫的中间宿主是________；节片戴文绦虫的中间宿主是________。

二、选择题

1. 对鸡绦虫形态描述正确的是（　　）。
　A. 细豆芽状　　B. 扁平带状　　C. 葵花子状
2. 可驱除鸡绦虫的药物是（　　）。
　A. 左旋咪唑　　B. 吡喹酮　　C. 伊维菌素
3. 对鸡绦虫无驱除作用的药物是（　　）。
　A. 左旋咪唑　　B. 阿苯达唑　　C. 氯硝柳胺

三、判断题

（　　）1. 成虫寄生的宿主称中间宿主，幼虫寄生的宿主称终末宿主。

（　　）2．吡喹酮对鸡绦虫无驱除作用。
（　　）3．蚯蚓俗称“鼻涕虫”。
（　　）4．伊维菌素对鸡绦虫有良好的驱除作用。

任务4　禽蜘蛛昆虫病的诊断和防治

一、必备知识

禽蜘蛛昆虫是一类寄生于鸡体外的寄生虫，常见的蜘蛛昆虫有禽羽虱、鸡皮刺螨和突变膝螨。

（一）禽羽虱的诊断要点

1）禽羽虱以禽的羽毛和皮屑为食，有时也吞食皮肤损伤部位的血液。寄生量多时禽体奇痒，因啄痒造成羽毛断折、脱落，影响休息，病禽消瘦，生长发育受阻，产蛋量下降，皮肤上有损伤，有时可见皮下有出血块。

2）在禽皮肤和羽毛上发现羽虱即可确诊。

（二）鸡皮刺螨的诊断要点

1）鸡皮刺螨以刺吸鸡血液为食，也可侵袭人吸血，危害颇大。虫体白天隐匿在鸡巢内、墙壁缝隙等隐蔽处，主要在夜间侵袭鸡体吸血。侵袭严重时，患鸡不安，日渐消瘦，贫血，生长缓慢，产蛋减少，可致雏鸡成批死亡。

2）在宿主体表或窝巢等处发现虫体即可确诊，但虫体较小、爬动速度很快，较难发现。

（三）突变膝螨的诊断要点

1）突变膝螨寄生于鸡腿无毛处及脚趾部皮内的坑道内进行发育和繁殖，引起患部炎症，发痒，起鳞片，继而皮肤增厚、粗糙，甚至干裂，渗出物干燥后形成灰白色痂皮，如同涂石灰样，故称“石灰脚”。重者跛行，生长缓慢，产蛋减少。

2）在宿主体表或窝巢等处发现虫体即可确诊，但虫体较小、爬动速度很快，较难发现。

（四）禽蜘蛛昆虫病的防治

1．预防

1）搞好禽舍、笼具、用具等的卫生消毒及定期杀虫工作。

2）定期使用伊维菌素＋阿苯达唑作预防性驱虫；必要时可用5%高效氯氰菊酯喷雾杀虫。

2．治疗

1）发病禽群用5%高效氯氰菊酯30～100倍稀释液喷雾、涂擦或浸泡杀虫。

2）伊维菌素：0.1～0.3 mg/kg 体重，1 次内服。

二、实践案例

1. 病例

某养殖户饲养的 1000 羽灵山土鸡，于 4 月龄时出现脚部发炎，患部有石灰样的鳞片和痂皮，体表发现有突变膝螨寄生。

2. 治疗方案

1）全群用伊维菌素拌饲 1 周。
2）5%高效氯氰菊酯 50 倍稀释后涂擦病鸡患部。
3）5%高效氯氰菊酯 100 倍稀释后喷洒场地及用具。

一、填空题

1. 常见的蜘蛛昆虫有________、________、________。
2. 外用杀灭蜘蛛昆虫的药物有________，内服的有________等。
3. 四角赖利绦虫和棘沟赖利绦虫的中间宿主为________；有轮赖利绦虫的中间宿主是________；节片戴文绦虫的中间宿主是________。

二、选择题

1. 病鸡可出现“石灰脚”的寄生虫病是（　　）。
A. 禽羽虱　　B. 鸡皮刺螨　　C. 突变膝螨
2. 以鸡的羽毛和皮屑为食的寄生虫是（　　）。
A. 禽羽虱　　B. 鸡皮刺螨　　C. 突变膝螨
3. 以刺吸血液为食的寄生虫是（　　）。
A. 禽羽虱　　B. 鸡皮刺螨　　C. 突变膝螨
4. 白天隐匿，夜间侵袭鸡体的寄生虫是（　　）。
A. 禽羽虱　　B. 鸡皮刺螨　　C. 突变膝螨

三、判断题

（　　）1. 鸡蜘蛛昆虫是一类寄生于鸡体外的寄生虫。
（　　）2. 阿苯达唑对虱螨等蜘蛛昆虫有良好的驱除效果。

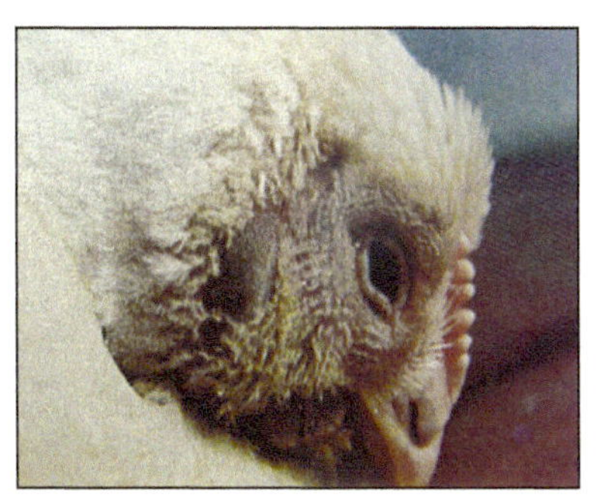

模块 3

禽非传染性疾病防治

项目 5　禽营养代谢病防治
项目 6　禽中毒病防治

项目5 禽营养代谢病防治

任务 常见禽营养代谢病的诊断和防治

一、必备知识

营养代谢病的共同特点是发病慢，病程长，多为群发性但无传染性，早期诊断困难，治疗时间长。营养代谢病的防治原则是给予全价的日粮，发病禽缺什么补什么，并调节营养及代谢平衡。

（一）维生素A缺乏症

1. 病因

1）维生素A添加量不足。
2）维生素A被破坏（饲料贮存过久、发霉变质、暴晒）。
3）蛋白质、脂肪、维生素E不足。
4）维生素A和胡萝卜素吸收障碍（肝肠疾病）。

2. 诊断要点

1）病禽皮肤干燥、坏死、皮屑脱落（图5-1-1），上喙角质粗糙。
2）病禽眼结膜炎，角膜浑浊、溃疡。
3）病禽口、咽、食道黏膜出现小脓包样结节（图5-1-2）。

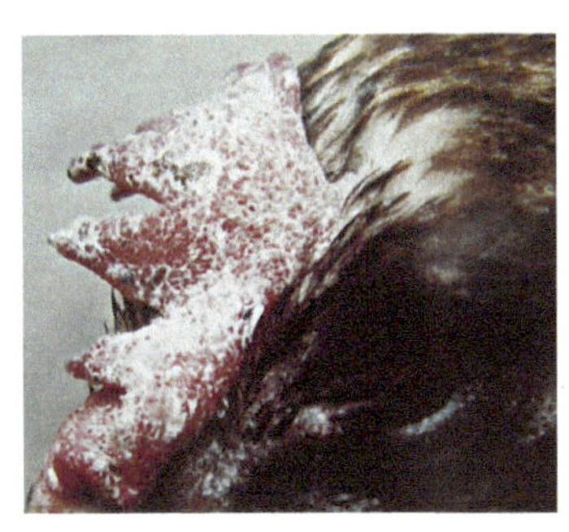

图5-1-1 病鸡皮肤干燥、坏死、皮屑脱落

图5-1-2 病鸡食道黏膜有白色小脓疱样结节

3. 防治

1）预防：保证日粮中含有足量的维生素 A，妥善保管饲料，防发霉、防暴晒、防

酸败、防贮存过久。

2）治疗。

① 维生素A 2000～5000IU/kg 饲喂。

② 鱼肝油或鱼肝油粉拌料。

③ 滴服鱼肝油，2～3 滴/羽。

（二）维生素 B_1（硫胺素）缺乏症

1. 病因

1）饲料贮存过久或日光暴晒。

2）饲料中含有破坏硫胺或硫胺拮抗物质。

3）大量饲喂含硫胺酶的物质。

4）鸡球虫感染或患某些消化道疾病影响维生素 B_1 的吸收。

图 5-1-3 病鸭出现“观星状”姿势

2. 诊断要点

病禽出现扭颈、转圈、摇头、抽搐或呈特征性的“观星状”姿势（图 5-1-3）。

3. 防治

1）预防：保证日粮中含有足量的维生素 B_1，妥善保管饲料，防止硫胺的破坏。

2）治疗：饲料中添加复合维生素 B 粉 5～10mg/kg 饲喂，重症可注射维生素 B_1 注射液 3～5mL/羽。

（三）维生素 B_2（核黄素）缺乏症

1. 病因

1）饲料中维生素 B_2 含量不足。

2）饲料长期贮存、暴晒或含有碱性物质。

3）某些消化道疾病影响维生素 B_2 的吸收。

2. 诊断要点

病鸡出现“蜷爪麻痹症”：病鸡双脚趾爪向内蜷曲，跗关节着地不能站立（图 5-1-4 和图 5-1-5）。

3. 防治

1）预防：保证日粮中含有足量的维生素 B_2，妥善保管饲料，防止核黄素的破坏。

2）治疗：饲料中添加复合维生素 B 粉 6～9mg/kg 饲喂。

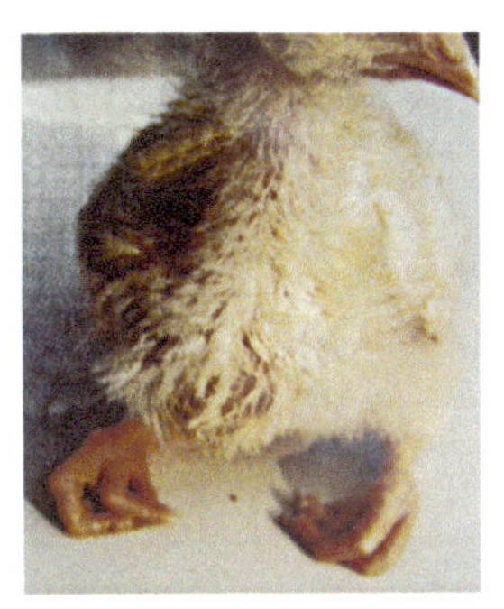
图 5-1-4　病鸡出现“蜷爪麻痹症”（1）

图 5-1-5　病鸡出现“蜷爪麻痹症”（2）

（四）钙磷缺乏症

1. 病因

1）维生素 D 缺乏。
2）钙磷不足。
3）钙磷比例失调。
4）鸡长期腹泻或患有慢性肝胆疾病影响钙磷吸收。

2. 诊断要点

1）病禽异食癖，常卧地，不愿走动，重者以跗关节着地，甚至瘫痪。
2）产蛋鸡产软壳蛋（图 5-1-6）。
3）病禽骨骼变形，喙变形，肋软骨呈串珠样膨大（图 5-1-7～图 5-1-10）。

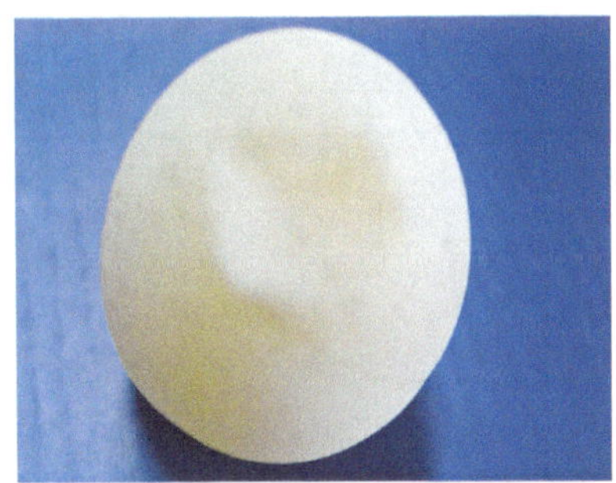
图 5-1-6　病鸡产软壳蛋

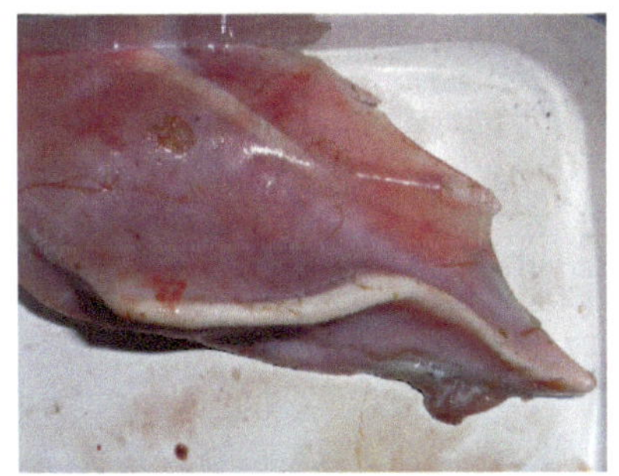
图 5-1-7　病鸡胸骨变形

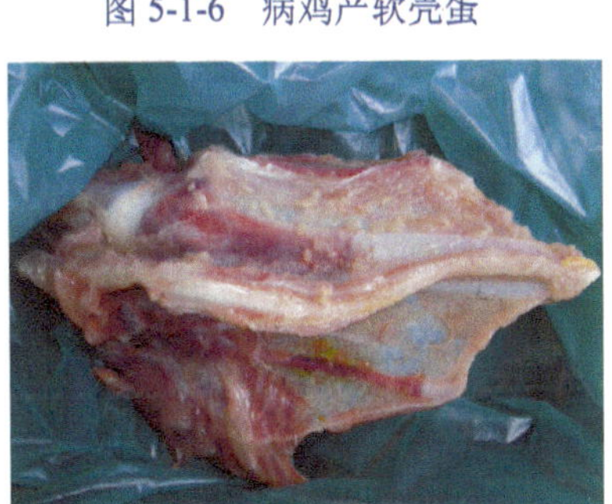
图 5-1-8　病鸡胸骨变形弯曲

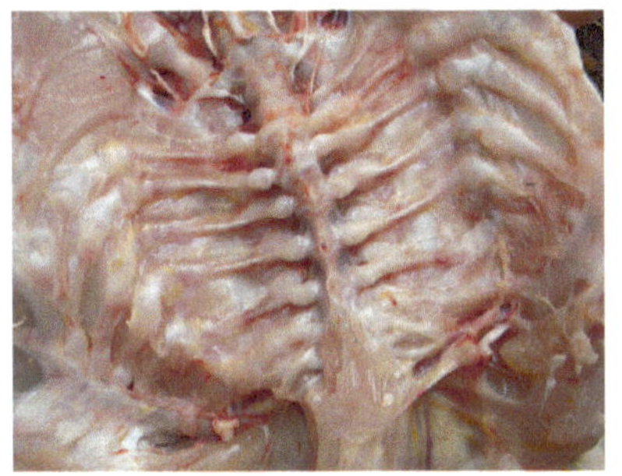
图 5-1-9　病鸡肋软骨呈串珠样膨大

图 5-1-10　病鸭胫骨变形弯曲

3. 防治

1）预防：按家禽需要调配日粮中的维生素 D 及钙磷含量。

2）治疗：使用骨粉、维生素 AD 粉或鱼肝油拌料，必要时可滴服鱼肝油。

（五）维生素 E-硒缺乏症

1. 病因

1）地方性缺硒致饲料原料含硒量不足。

2）微量元素或维生素 E 添加量不足。

3）饲料加工、贮存不当及其他因素引起维生素 E 失活而导致缺乏。

2. 诊断要点

1）渗出性素质：病鸡下颌部、翼下皮下组织水肿呈蓝绿色（图 5-1-11 和图 5-1-12）。

图 5-1-11　病鸡面部、颌下皮肤水肿呈蓝绿色

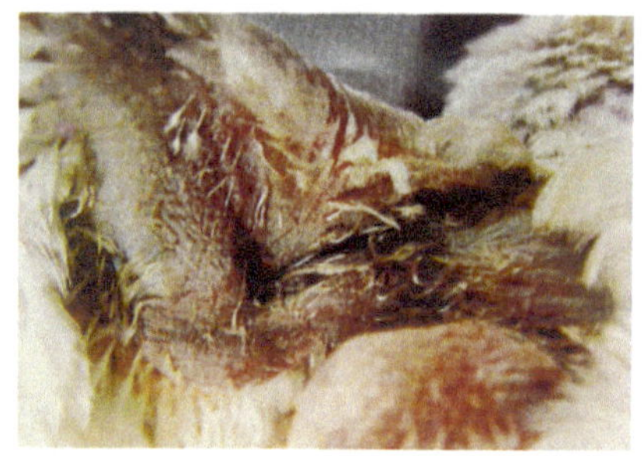

图 5-1-12　病鸡翼下皮肤水肿呈蓝绿色

2）脑软化症：病鸡扭颈、转圈、抽搐及共济失调，小脑出血、大脑软化缺损（图 5-1-13～图 5-1-15）。

图 5-1-13　病鸡歪头、扭颈、软脚的神经症状

图 5-1-14　病死鸡大脑组织缺损

3）白肌病：病鸡胸部、腿部肌肉苍白、坏死（图 5-1-16）。

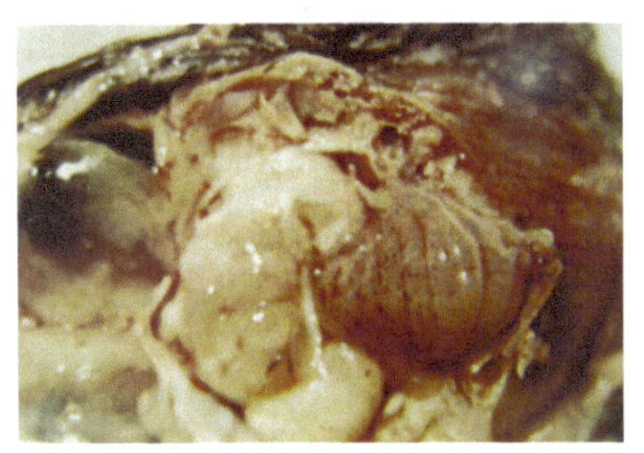

图 5-1-15　病死鸡大脑组织缺损、小脑出血

图 5-1-16　病死鸡腿肌条纹状白色坏死

3. 防治

1）预防：饲料中添加足够的维生素 E、硒及含硫氨基酸。

2）治疗：饲料中添加亚硒酸钠-维生素 E，必要时注射给药。

（六）痛风

1. 病因

1）饲喂富含核蛋白或嘌呤碱的高蛋白饲料。

2）饲料高钙低磷或维生素 A 缺乏。

3）各种理化因素或疾病造成禽只肾脏损伤。

2. 诊断要点

1）内脏痛风：病禽排白色米汤样稀粪，肾小管、输尿管内充满白色尿酸盐。重者在心包、气囊、肝脏、脾脏、胃肠表面有石灰样的尿酸盐沉积（图 5-1-17～图 5-1-26）。

2）关节痛风：病禽运动障碍，在跗关节、膝关节等多个关节内有石灰样尿酸盐沉积（图 5-1-27～图 5-1-30）。

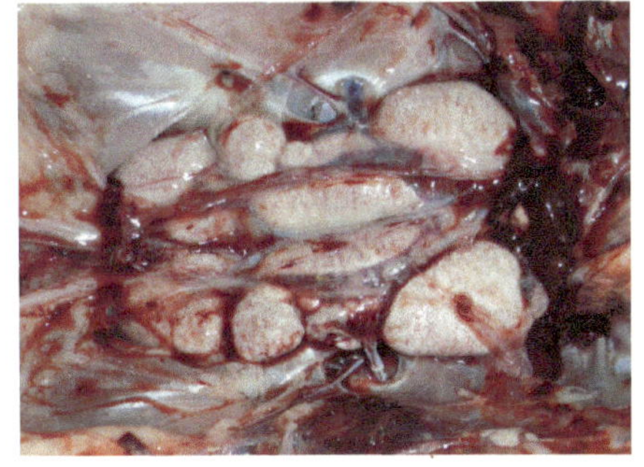

图 5-1-17　病死鸡肾小管、输尿管充满尿酸盐

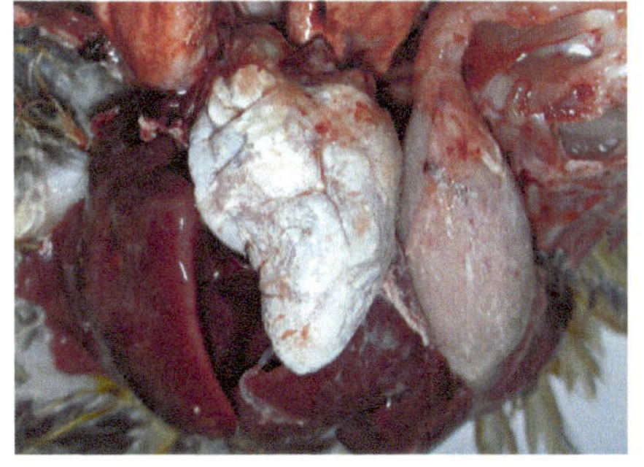

图 5-1-18　病死鸡心包膜有白色尿酸盐沉积（1）

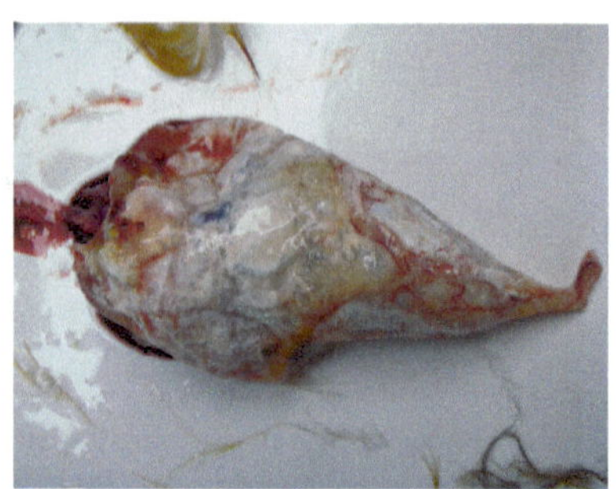

图 5-1-19　病死鸡心包膜有白色尿酸盐沉积（2）

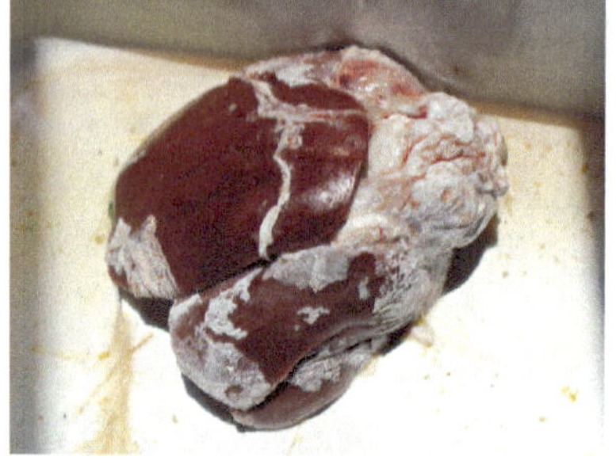

图 5-1-20　病死鸡心包、肝脏有白色尿酸盐沉积

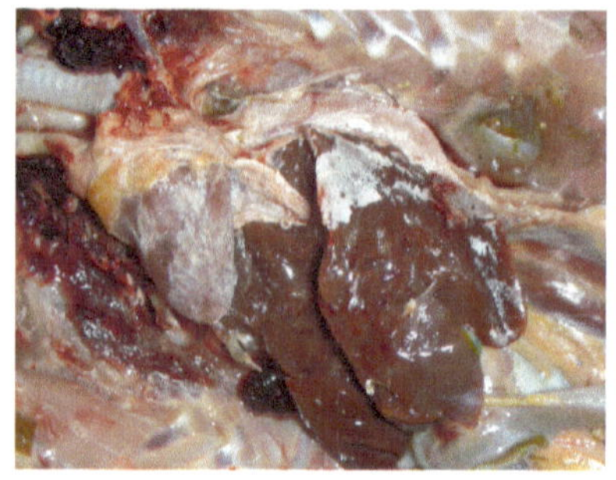

图 5-1-21　病死孔雀心、肝有白色尿酸盐沉积

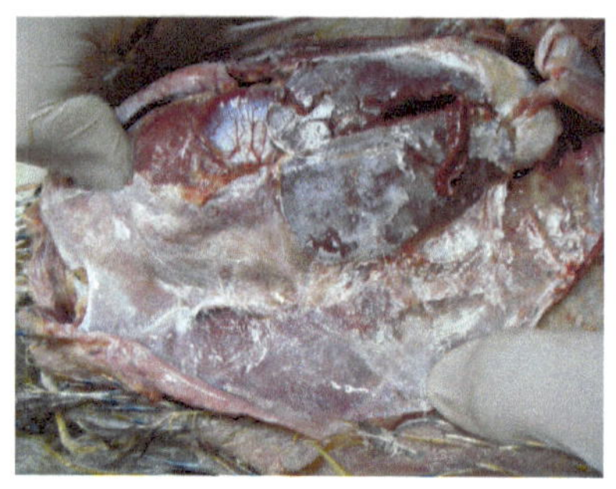

图 5-1-22　病死鸡胸腹腔器官组织有尿酸盐沉积

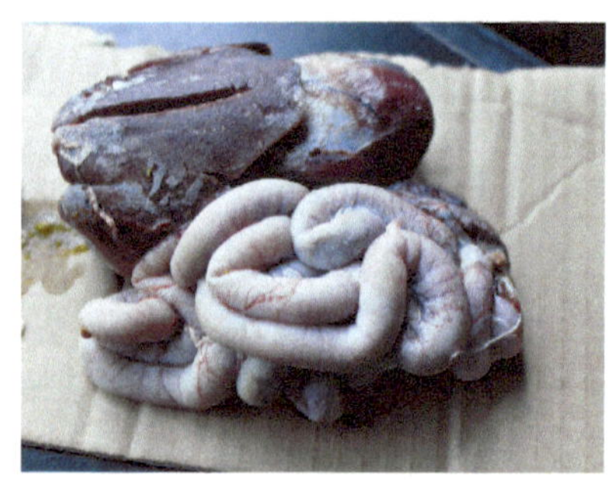

图 5-1-23　病死鸡肝脏、胃肠浆膜有尿酸盐沉积

图 5-1-24　病死鸡脾脏浆膜有白色尿酸盐沉积

图 5-1-25　病死鸡嗉囊浆膜有尿酸盐沉积

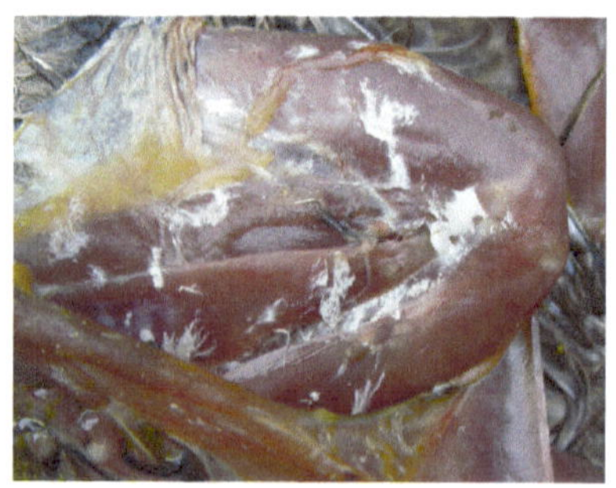

图 5-1-26　病死鸡皮下肌肉有白色尿酸盐沉积

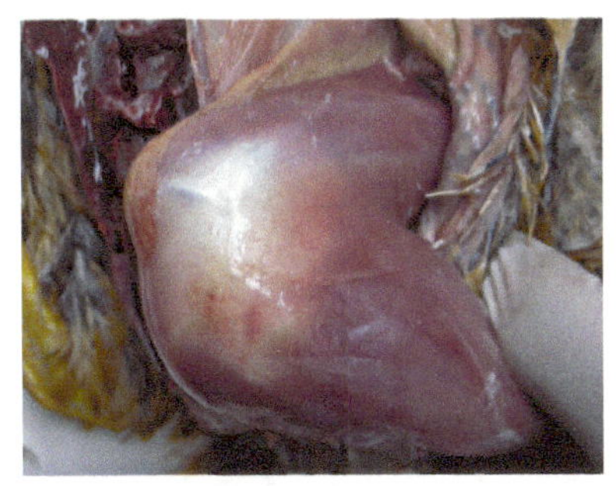
图 5-1-27　病死鸡膝关节肿胀内有白色尿酸盐沉积

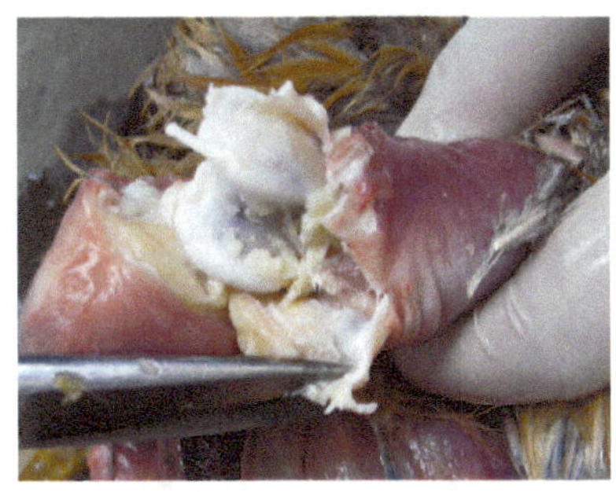
图 5-1-28　病死鸡膝关节有白色尿酸盐沉积（1）

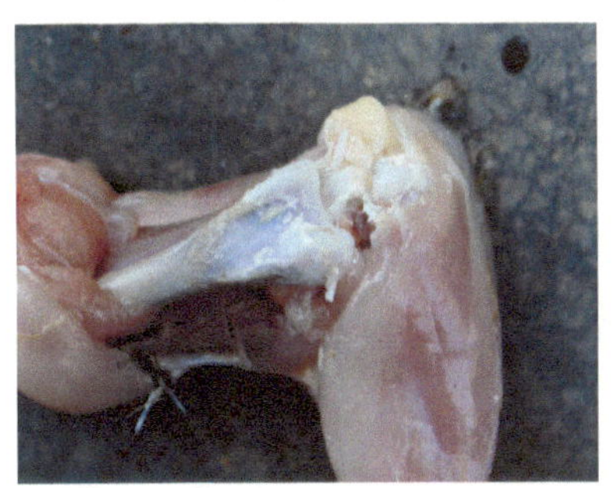
图 5-1-29　病死鸡膝关节有白色尿酸盐沉积（2）

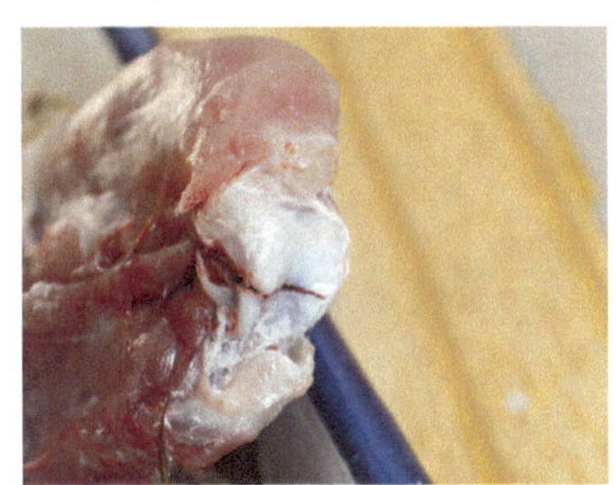
图 5-1-30　病死鸡膝关节有白色尿酸盐沉积（3）

3. 防治

1）预防：合理配比日粮中的蛋白质饲料；避免过量使用磺胺类、庆大霉素等影响肾脏功能的药物；预防损害肾脏的疾病，如鸡传染性法氏囊病及鸡传染性支气管炎。

2）治疗：降低饲料中蛋白质的含量，增加饮水并在饮水中添加肾肿解毒药和丙磺舒。

（七）啄癖

啄癖是家禽的一种对除饲料外的杂物有异常啄食嗜食的疾病，常见的有啄肛、啄羽、啄蛋、啄趾等。

1. 病因

1）饲料中缺乏某些营养物质。

2）饲养密度过大，光照不足或过强，应激因素。

3）禽群患有皮肤病或某些其他疾病。

2. 诊断要点

1）病禽背部、尾部羽毛被啄光，皮肤损伤，尾上腺、尾椎、脚趾被啄损出血（图 5-1-31～图 5-1-34）。

2）产蛋禽啄食禽蛋。

图 5-1-31 尾椎被病鸡啄损出血

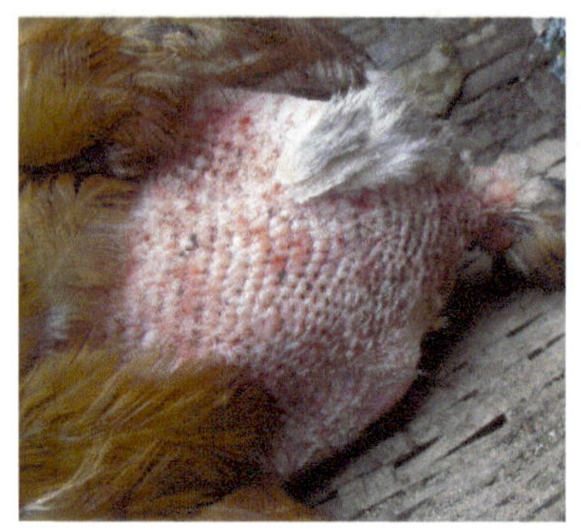

图 5-1-32 背部、尾部羽毛被病鸡啄光

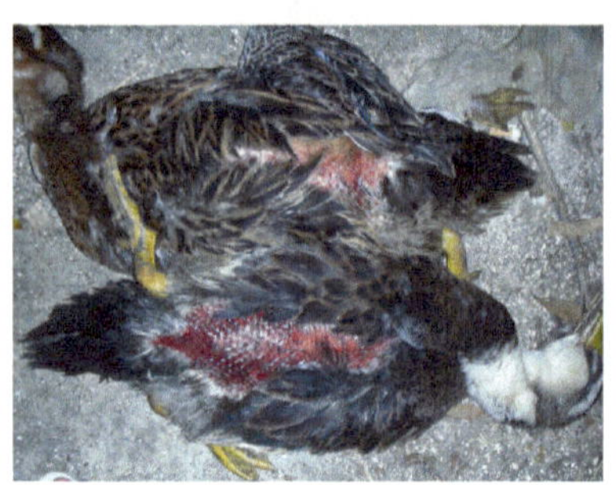

图 5-1-33 背部羽毛被病鸭啄光，皮肤出血（1）

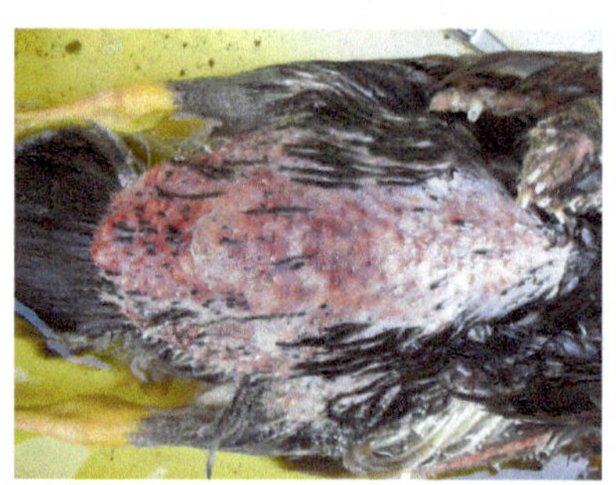

图 5-1-34 背部羽毛被病鸭啄光，皮肤出血（2）

3. 防治

1）预防：加强饲养管理，消除应激因素。合理配比饲料，补充重要的氨基酸、维生素、矿物质、微量元素等。实践证明适时断喙是预防啄癖的有效方法。

2）治疗：立即隔离病禽和被啄禽，饲料中增加含硫氨基酸、维生素、矿物质、微量元素的含量，添加生石膏粉、食盐等。必要时全群断喙。

二、实践案例

1. 病例

某养殖户饲养的2000羽麻花鸡，于45日龄时出现精神沉郁，排白色稀粪，日死亡8～15羽。剖检病死鸡发现肝脏、心包、气囊、肾脏、胃肠等器官浆膜有石灰样的尿酸盐沉积，经查畜主已经在饲料中掺入约10%的病猪肉达10d以上。

2. 诊断

根据发病鸡症状表现、剖检病变，结合饲喂动物蛋白的病史并对照痛风的诊断要点初步诊断为痛风。

3. 防治方案

1）立即停止添加病猪肉。

2）饮水中添加肾肿解毒药和丙磺舒饮用 5～7d。

职业能力测试

一、填空题

1．维生素 A 缺乏症的特征性病变为病禽口、咽、食道黏膜________。

2．硒-维生素 E 缺乏症临床上常表现为________、________、________。

3．钙磷缺乏症的病因有________、________、________及长期腹泻、慢性肝胆疾病影响钙磷吸收。

4．禽痛风临床上有________、________两种类型。

5．解决啄癖最有效的方法是________。

6．啄癖主要表现为________、________、________、________。

7．家禽痛风的特征性病变是在内脏、关节等器官组织________。

二、选择题

1．以下对维生素 A 缺乏症有防治作用的是（　　）。
A．植物油　　B．鱼肝油　　C．亚硒酸钠

2．病禽维生素 B_1 缺乏症的特征性症状是（　　）。
A．头颈震颤　　B．蜷爪麻痹症　　C．观星状姿势

3．病禽维生素 B_2 缺乏症的特征性症状是（　　）。
A．头颈震颤　　B．蜷爪麻痹症　　C．观星状姿势

4．不属于病禽钙磷缺乏症特征性表现的是（　　）。
A．骨骼变形　　B．蜷爪麻痹症　　C．肋软骨呈串珠样膨大

5．钙磷相对平衡的饲料是（　　）。
A．骨粉　　B．贝壳粉　　C．磷酸氢钙

三、判断题

（　　）1．维生素 A 缺乏症的病禽可出现皮肤干燥、皮屑多及结膜炎。

（　　）2．家禽过量饲喂富含核蛋白或嘌呤碱的高蛋白饲料可引起痛风。

（　　）3．家禽长期使用高钙低磷的饲料可引起痛风。

（　　）4．家禽维生素 A 缺乏可引起干眼病，不会出现痛风。

（　　）5．家禽痛风的特征性病变是心包炎、肝周炎和气囊。

（　　）6．鸭不会出现啄癖。

（　　）7．当家禽维生素 D 缺乏时，对钙、磷的吸收无影响。

（　　）8．磺胺类药物中毒的主要原因是超量应用及疗程过长。

项目6

禽中毒病防治

任务　常见禽中毒病的诊断和防治

一、必备知识

（一）磺胺类药物中毒

1. 病因

1）禽饲料中维生素A添加量不足。
2）禽使用磺胺类药剂量过大、疗程过长。
3）在禽肝肾功能不全或机体缺乏维生素B、维生素K的情况下使用磺胺类药。

2. 诊断要点

1）病禽呼吸困难，张口喘气，脚软，惊厥，扭头和震颤。
2）病禽眼流带血分泌物。
3）病禽皮下、肌肉、胸壁出血，尤以胸肌、腿肌出血更明显（图6-1-1）。
4）病禽肝、脾、肾有尿酸盐沉积（图6-1-2）。

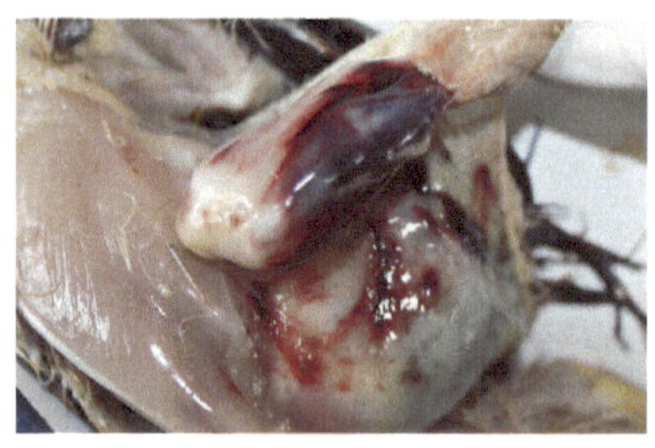
图 6-1-1　病鸡腿肌及腹部皮下出血

图 6-1-2　病鸡心脏、肝脏有尿酸盐沉积

3. 防治

1）预防：避免滥用磺胺类药，剂量准确、疗程适宜、拌饲均匀。适量补充维生素 B 和维生素 K。添加等量碳酸氢钠可有效减轻磺胺类药的毒副作用。

2）治疗：立即停用磺胺药，无特效解毒药。可在饮水中添加 2%多维葡萄糖和 1%碳酸氢钠。

（二）黄曲霉毒素中毒

1. 病因

饲喂发霉变质的饲料。

2. 诊断要点

1）以雏鸭和火鸡最易感。
2）病禽步态不稳、下痢、抽搐、角弓反张、脚蹼发绀（图 6-1-3）。
3）病死禽肝脏肿大、变性、出血、坏死、发绿、癌变（图 6-1-4～图 6-1-8）。

图 6-1-3　病死鸭脚蹼皮肤发绀

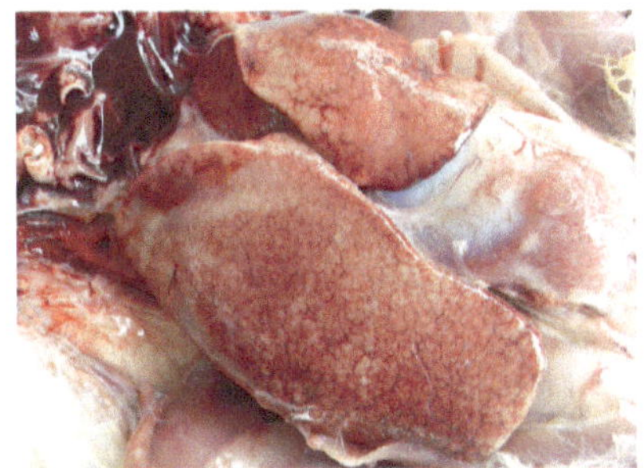
图 6-1-4　病死鸭肝脏肿大充血变性

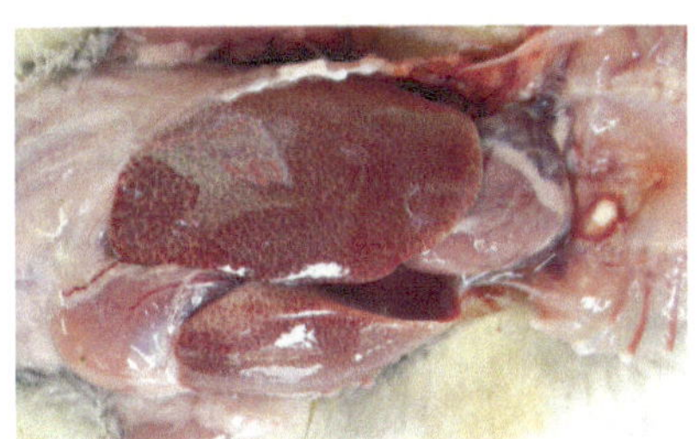
图 6-1-5　病死鸭肝小叶周边坏死

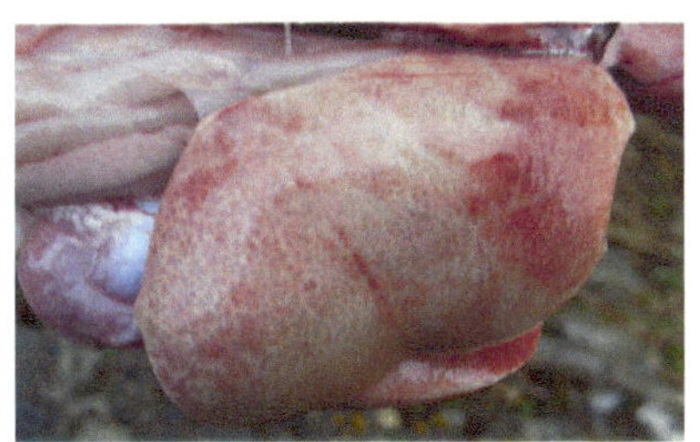
图 6-1-6　病死鸭肝小叶周边坏死，发绿

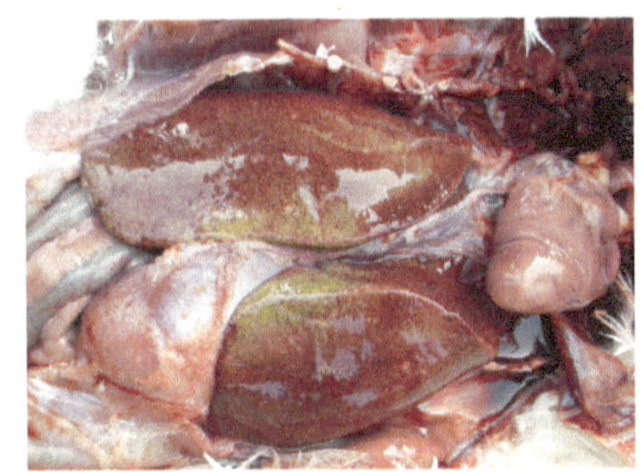
图 6-1-7　病死鸭肝脏肿大、变性、坏死、发绿

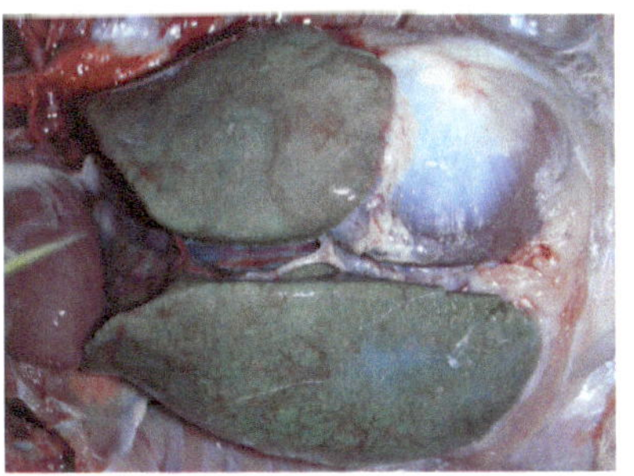
图 6-1-8　病死鸭肝脏发青、癌变

3. 防治

1）预防：妥善保管饲料，不使用发霉的原料，不饲喂发霉的饲料。
2）治疗：立即更换饲料，在饮水中添加 2%多维葡萄糖或电解多维；在饲料中加入霉菌毒素吸附剂。

二、实践案例

1. 病例

某养殖户饲养的1000羽麻花鸡，于25日龄时出现脚软、喘气的症状，日死亡10～20羽；剖检病死鸡发现胸肌、腿肌出血，肾有尿酸盐沉积；经查畜主已经在饲料中添加2倍量的磺胺二甲氧嘧啶8d。

2. 诊断

根据发病鸡症状表现、剖检病变，结合发病鸡的用药史并对照磺胺类药物中毒的诊断要点，初步诊断为磺胺类药物中毒。

3. 防治方案

1）立即停用磺胺二甲氧嘧啶。
2）饮水中添加肾肿解毒药和多维葡萄糖7d。

判断题

（　　）1. 使用磺胺类药物剂量过大、疗程过长，或在禽肝肾功能不全、机体缺乏维生素B、维生素K的情况下使用磺胺类药物极易造成中毒。
（　　）2. 病禽磺胺类药物中毒可见眼流带血分泌物。
（　　）3. 剖检磺胺类药物中毒的病禽，常可见肌肉出血。
（　　）4. 剖检磺胺类药物中毒的病禽，内脏不会出现尿酸盐沉积。
（　　）5. 饲喂发霉变质的饲料可能引起禽霉菌毒素中毒。
（　　）6. 禽类中对霉菌毒素最敏感的是雏鸭。

附　录

鸡舍消毒程序

1．全进全出出栏

2．机械性消毒：铲、扫、洗

3．4%烧碱喷洒消毒，1～2d 后冲洗

4．1∶300 复合碘喷洒消毒

5．进鸡前 3d 1%过氧乙酸再消毒 1 次

6．定期消毒

肉鸡免疫程序

1 日龄：鸡马立克氏病疫苗颈部皮下注射 1 羽份/羽

6 日龄：新支二联苗（La Sota 株＋H120）点眼滴鼻 2 羽份/羽

9 日龄：禽流感 H5（Re-6 株）＋H9 二价苗皮下注射 0.5mL

12 日龄：法氏囊活疫苗饮水免疫 2 羽份/羽

18 日龄：新支二联苗饮水免疫 2 羽份/羽

22 日龄：法氏囊活疫苗饮水免疫 2 羽份/羽

45 日龄：禽流感 H5＋H9 二价苗皮下注射 0.8mL（饲养期 2 月龄以下鸡不接种）

60 日龄：新城疫Ⅰ系（M 株）苗肌注 2 羽份/羽（饲养期 2 月龄以下鸡不接种）

肉鸭免疫程序

1 日龄：鸭病毒性肝炎精制卵黄抗体皮下注射 0.5mL

3 日龄：鸭传染性浆膜炎＋大肠杆菌二联苗皮下注射 0.5mL

7 日龄：禽流感 H5（Re-6 株）＋H9 二价苗皮下注射 0.6mL

30 日龄：鸭传染性浆膜炎＋大肠杆菌二联苗皮下注射 1.2mL（樱桃谷鸭不接种）

35 日龄：禽流感 H5（Re-6 株）＋H9 二价苗皮下注射 1.2mL（樱桃谷鸭不接种）

肉鹅免疫程序

1 日龄：皮下注射小鹅瘟血清 0.5mL

3 日龄：浆膜炎＋大肠杆菌二联苗皮下注射 0.6mL

7 日龄：禽流感 H5（Re-6 株）＋H9 二价苗皮下注射 0.6mL

12 日龄：鹅副黏病毒灭活苗皮下注射 0.6mL

30 日龄：鸭传染性浆膜炎＋大肠杆菌二联苗皮下注射 1.5mL

35 日龄：禽流感 H5＋H9 二价苗皮下注射 1.5mL

40 日龄：鹅副黏病毒灭活苗皮下注射 1.5mL

主要参考文献

蔡宝祥．2003．家畜传染病学．北京：中国农业出版社．

陈建红，张济培．2002．禽病诊治彩色图谱．北京：中国农业出版社．

崔治中．2003．禽病诊治彩色图谱．北京：中国农业出版社．

甘孟侯．2003．中国禽病学．北京：中国农业出版社．

李生涛．2009．禽病防治．2版．北京：中国农业出版社．

陆新浩，任祖伊．2011．禽病类症鉴别诊疗彩色图谱．北京：中国农业出版社．

钟静宁．2010．动物疾病防治．北京：中国农业出版社．